高等院校土建专业互联网+新形态创新系列教材

工程造价与计量

邹继雪　雷　雨　编著

清華大學出版社
北　京

内 容 简 介

本书根据《建设工程工程量清单计价规范》(GB 50500—2013)、《房屋建筑与装饰工程工程量计算规范》(GB 50854—2013)、《建筑工程建筑面积计算规范》(GB/T 50353—2013)及《建筑安装工程费用项目组成》(建标〔2013〕44号)等进行编写，从理论与实践两方面全面系统地进行分析，重点阐述了工程造价概述、建设工程造价构成、建筑工程定额与概预算、建设工程工程量清单计价规范、建筑面积计算规则、房屋建筑与装饰工程工程量计算规范、招标投标阶段的工程估价、合同价款的确定与工程结算、工程建设全过程造价管理等。

本书既可以作为普通高等教育院校土木工程、工程管理、工程造价及相关专业教材，也可作为培训工程造价编制、管理人员的教材或参考书籍。

图书在版编目(CIP)数据

工程造价与计量/邹继雪，雷雨编著. —北京：清华大学出版社，2022.9(2025.1 重印)
高等院校土建专业互联网+新形态创新系列教材
ISBN 978-7-302-61564-4

Ⅰ. ①工… Ⅱ. ①邹… ②雷… Ⅲ. ①工程造价—高等学校—教材 ②建筑工程—计量—高等学校—教材 Ⅳ. ①TU723.3

中国版本图书馆 CIP 数据核字(2022)第 139161 号

责任编辑：孙晓红
封面设计：刘孝琼
责任校对：周剑云
责任印制：宋 林
出版发行：清华大学出版社
网　　址：https://www.tup.com.cn, https://www.wqxuetang.com
地　　址：北京清华大学学研大厦 A 座　　**邮　　编**：100084
社 总 机：010-83470000　　**邮　　购**：010-62786544
投稿与读者服务：010-62776969, c-service@tup.tsinghua.edu.cn
质量反馈：010-62772015, zhiliang@tup.tsinghua.edu.cn
课件下载：https://www.tup.com.cn, 010-62791865
印 装 者：三河市君旺印务有限公司
经　　销：全国新华书店
开　　本：185mm×260mm　　**印　　张**：16.5　　**字　　数**：401 千字
版　　次：2022 年 11 月第 1 版　　**印　　次**：2025 年 1 月第 2 次印刷
定　　价：49.00 元

产品编号：076755-01

前　言

随着我国建筑行业的日益规范和不断完善，以及国家法律法规、建筑标准、造价文件的修订及细化，工程造价也出现了一些新的变化和要求。为了更好地培养信息化管理与咨询在全过程工程咨询领域的应用型工程造价专业人才，满足新形势下工程管理及相关专业的教学需要，本书编著者依据近年来最新的工程造价管理制度、法规、规范、政策文件、定额资料、造价信息和研究成果，结合教学实践，编写了本书。

本书具有以下特点。

(1) 系统地阐述了建设项目投资估算、设计概算、施工图预算、施工预算、竣工结算等工程建设全过程的工程造价方法。本书着眼于工程造价体制改革的前沿内容，在编写过程中依据建筑业“营改增”、《建设工程工程量清单计价规范》(GB 50500—2013)等国家标准规范，对工程造价知识进行了全面梳理和展现。

(2) 除介绍工程造价中的基本原理外，还附有大量的图例、例题、常用的表格。既保持简明扼要的编写风格，又力求具有实用性和可操作性。

(3) 知识体系覆盖面广泛，从建设项目的角度出发，全面构建一个完整的工程项目造价的计算规则和方法，并结合时代发展方向，对工程建设全过程造价管理进行讲解。

本书分为九章，主要内容包括：工程造价概述、建设工程造价构成、建筑工程定额与概预算、建设工程工程量清单计价规范、建筑面积计算规则、房屋建筑与装饰工程工程量计算规范、招标投标阶段的工程估价、合同价款的确定与工程结算、工程建设全过程造价管理等。

本书由西安欧亚学院邹继雪和雷雨共同编写，在本书编写过程中，参阅和引用了大量专家、学者论著中的有关资料，以及全国一级造价工程师职业资格考试培训系列教材，在此表示衷心的感谢。

编著者以编写一本通俗易懂、规范标准的工程造价教材为初衷。由于作者的理论水平和工作实际经验有限，成书过程中，难免存在疏漏和不足之处，敬请各位专家和读者不吝赐教。

编　者

目　录

第1章

工程造价概述

1.1　工程造价基本内容

1.1.1　工程造价含义

工程造价通常是指工程项目在建设期(预计或实际)支出的建设费用。由于所处的角度不同，工程造价有不同的含义。

含义一：从投资者(业主)角度分析，工程造价是指建设一项工程预期开支或实际开支的全部固定资产投资费用。投资者为了获得投资项目的预期效益，需要对项目进行策划决策、建设实施(设计、施工)直至竣工验收等一系列活动。在上述活动中所花费的全部费用，即构成工程造价。从这个意义上讲，工程造价就是建设工程固定资产总投资。

含义二：从市场交易角度分析，工程造价是指在工程发承包交易活动中形成的建筑安装工程费用或建设工程总费用。显然，工程造价的这种含义是指以建设工程这种特定的商品形式作为交易对象，通过招标投标或其他交易方式，在多次预估的基础上，最终由市场形成的价格。这里的工程既可以是整个建设工程项目，也可以是其中一个或几个单项工程或单位工程，还可以是其中一个或几个分部工程，如建筑安装工程、装饰装修工程等。随着经济发展、技术进步、分工细化和市场的不断完善，工程建设中的中间产品会越来越多，商品交换会更加频繁，工程价格的种类和形式也会更丰富。

工程承发包价格是一种重要且较为典型的工程造价形式，是在建筑市场通过发承包交易(多数为招标投标)，由需求主体(投资者或建设单位)和供给主体(承包商)共同认可的价格。

工程造价的两种含义实质上就是从不同角度把握同一事物的本质。对投资者而言，工程造价就是项目投资，是“购买”工程项目需支付的费用。同时，工程造价也是投资者作为市场供给主体“出售”工程项目时确定价格和衡量投资效益的尺度。

1.1.2　工程造价特征

由工程项目的特点决定，工程造价具有以下特征。

1．造价的单件性

建筑产品的单件性特点决定了每项工程都必须单独计算造价。

2．造价的多次性

工程项目需要按程序进行策划决策和建设实施，工程造价也需要在不同阶段多次进行，以保证工程造价计算的准确性和控制的有效性，如图 1-1 所示。多次造价是一个逐步深入和细化、不断接近实际造价的过程。

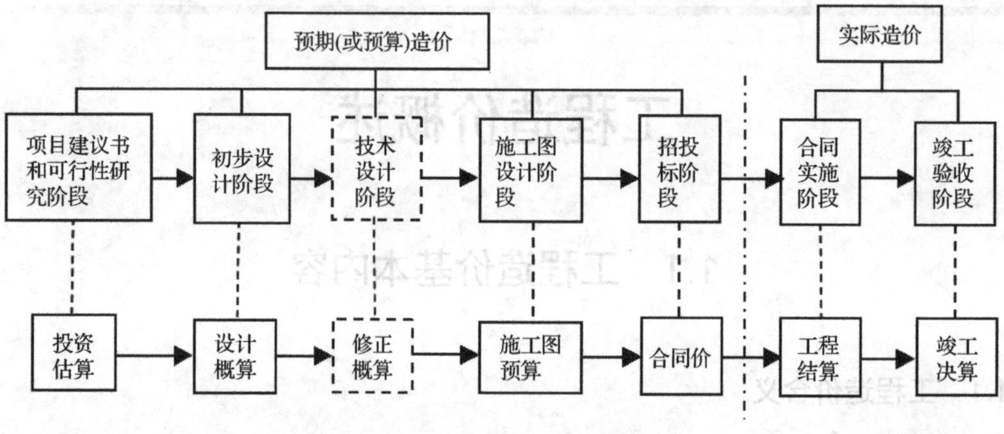

图 1-1　不同建设阶段对应的工程造价

【知识拓展】

(1) 投资估算。投资估算是指在项目建议书和可行性研究阶段通过编制估算文件预先测算的工程造价。投资估算是进行项目决策、筹集资金和合理控制造价的主要依据。

(2) 工程概算。工程概算是指在初步设计阶段，根据设计意图，通过编制工程概算文件，预先测算的工程造价。与投资估算相比，工程概算的准确性有所提高，但仍受投资估算的控制。工程概算一般又可分为：建设项目总概算、各单项工程综合概算、各单位工程概算。

(3) 修正概算。修正概算是指在技术设计阶段，根据技术设计要求，通过编制修正概算文件预先测算的工程造价。修正概算是对初步设计概算的修正和调整，比工程概算准确，但仍受工程概算的控制。

(4) 施工图预算。施工图预算是指在施工图设计阶段，根据施工图纸，通过编制预算文件预先测算的工程造价。施工图预算比工程概算或修正概算更详尽和准确，但同样要受前一阶段工程造价的控制。目前，有些工程项目在招标时需要确定招标控制价，以限制最高投标报价。

(5) 合同价。合同价是指在工程发承包阶段通过签订合同所确定的价格。合同价属于市场价格，它是由发承包双方根据市场行情通过招投标等方式达成一致、共同认可的成交价格。但应注意：合同价并不等同于最终结算的实际工程造价。由于计价方式不同，合同价内涵也会有所不同。

(6) 工程结算。工程结算包括施工过程中的中间结算和竣工验收阶段的竣工结算。工程结算需要按实际完成的合同范围内合格的工程量考虑，同时按合同调价范围和调价方法，对实际发生的工程量增减、设备和材料价差等进行调整后确定结算价格。工程结算反映的是工程项目实际造价。工程结算文件一般由承包单位编制，由发包单位审查，也可委托工程造价咨询机构进行审查。

(7) 竣工决算。竣工决算是指工程竣工决算阶段，以实物数量和货币指标为计量单位，综合反映工程项目从开始筹建到项目峻工交付使用为止的全部建设费用。竣工决算文件一般是由建设单位编制，上报相关主管部门审查。

3. 计价的组合型

工程造价的计算与建设项目的组合性有关。一个建设项目是一个工程综合体，可按单项工程、单位工程、分部工程、分项工程等不同层次分解为许多有内在联系的组成部分。建设项目的组合性决定了工程计价的逐步组合过程。工程造价的组合过程是：分部分项工程造价→单位工程造价→单项工程造价→建设项目总造价。

计算工程造价时，往往从局部到整体，通过对分项工程、分部工程、单位工程、单项工程的费用计算后，汇总成为建设项目的工程造价。

【知识拓展】

建设项目的层次划分

1. 建设项目

建设项目是指在一个总体设计或初步设计的范围内，由一个或若干个单项工程组成，经济上实行统一核算，行政上有独立机构或组织形式，实行统一管理的工程项目。其特征是，每一个建设项目都编制有设计任务书和独立的总体设计。如某一家工厂或一所学校建设，均可称作建设项目。

2. 单项工程

单项工程又称工程项目。单项工程是指具有独立的设计文件，能够独立存在的完整的建筑安装工程的整体。其特征是，该单项工程建成后，可以独立进行生产或交付使用。如学校建设项目中的教学楼、办公楼、图书馆、学生宿舍、职工住宅工程等。一个或若干个单项工程可组成建设项目。

3. 单位工程

单位工程是指具有独立的施工图纸，可以独立组织施工，但完工后不能独立交付使用的工程。例如，工厂一个车间建设中的土建工程、设备安装工程、电气安装工程、管道安装工程等。一个或若干个单位工程可组成单项工程。

4. 分部工程

分部工程是按照单位工程的各个部分，由不同工种的工人，利用不同的工具、材料和机械完成的局部工程。其特征是，分部工程往往按建筑物、构筑物的主要部位划分。如土石方工程分部、混凝土和钢筋混凝土工程分部等。一个或若干个分部工程可组成单位工程。

5. 分项工程

分项工程是将分部工程进一步划分为若干部分。如砖石工程中的砖基础、墙身、零星砖砌体等。一个或若干个分项工程可组成分部工程。

4. 计价方法的多样性

工程项目的多次计价有其各不相同的计价依据，每次计价的精确度要求也各不相同，因此决定了计价方法的多样性。例如，投资估算方法有设备系数法、生产能力指数估算法等，概预算方法有单价法和实物法等。不同的方法有不同的适用条件，计价时应根据具体情况加以选择。

5. 计价依据的复杂性

工程造价的影响因素较多，决定了工程计价依据的复杂性。计价依据主要可分为以下七类。

(1) 设备和工程量计算依据，包括项目建议书、可行性研究报告、设计文件等。

(2) 人工、材料、机械等实物消耗量计算依据，包括投资估算指标、概算定额、预算定额等。

(3) 工程单价计算依据，包括人工单价、材料价格、材料运杂费、机械台班费等。

(4) 设备单价计算依据，包括设备原价、设备运杂费、进口设备关税等。

(5) 措施费、间接费和工程建设其他费用计算依据，主要是相关的费用定额和指标。

(6) 政府规定的税、费。

(7) 物价指数和工程造价指数。

1.2 工程造价相关概念

1.2.1 静态投资与动态投资

静态投资是指不考虑物价上涨、建设期贷款利息等影响因素的建设投资。静态投资包括建筑安装工程费、设备和工器具购置费、工程建设其他费、基本预备费，以及因工程量误差而引起的工程造价增减值等。

动态投资是指考虑物价上涨、建设期贷款利息等影响因素的建设投资。动态投资除包括静态投资外，还包括建设期贷款利息、涨价预备费等。相比之下，动态投资更符合市场价格运行机制，使投资估算和控制更加符合实际。

静态投资与动态投资密切相关。动态投资包含静态投资，静态投资是动态投资最主要的组成部分，也是动态投资的计算基础。

1.2.2 建设项目总投资与固定资产投资

建设项目总投资是指为完成工程项目建设，在建设期(预计或实际)投入的全部费用总和。建设项目按用途可分为生产性建设项目和非生产性建设项目。生产性建设项目总投资包括固定资产投资和流动资产投资两部分；非生产性建设项目总投资只包括固定资产投资，不含流动资产投资。建设项目总造价是指项目总投资中的固定资产投资总额。

固定资产投资是投资主体为达到预期收益的资金垫付行为。建设项目固定资产投资也就是建设项目工程造价，二者在量上是等同的。其中，建筑安装工程投资也就是建筑安装工程造价，二者在量上是等同的。从这里也可以看出工程造价两种含义的同一性。

1.2.3　建筑安装工程造价

建筑安装工程造价也称建筑安装产品价格。从投资的角度看，它是建设项目投资中的建筑安装工程投资，也是工程造价的组成部分。从市场交易的角度看，建筑安装工程实际造价是投资者和承包商双方共同认可的、由市场形成的价格。

1.3　国内外工程造价管理发展

1.3.1　发达国家和地区工程造价管理

当今，国际工程造价管理有着几种主要模式，包括英国、美国、日本，以及继承了英国模式，又结合自身特点而形成独特工程造价管理模式的国家和地区，如新加坡、马来西亚和我国香港地区。

1. 英国工程造价管理

英国是世界上最早出现工程造价咨询行业并成立相关行业协会的国家。英国的工程造价管理至今已有近 400 年的历史。在世界近代工程造价管理的发展史上，作为早期世界强国的英国，由于其工程造价管理发展较早，且其联邦成员国和地区分布较广，时至今日，其工程造价管理模式在世界范围内仍具有较强的影响力。

在英国，政府投资工程和私人投资工程分别采用不同的工程造价管理方法，但这些工程项目通常需要聘请专业造价咨询公司进行业务合作。其中，政府投资工程是由政府有关部门负责管理，包括计划、采购、建设咨询、实施和维护，对从工程项目立项到竣工各个环节的工程造价控制都较为严格，遵循政府统一发布的价格指数，通过市场竞争，形成工程造价。目前，英国政府投资工程占整个国家公共投资的 50%左右，在工程造价业务方面要求必须委托给相应的工程造价咨询机构进行管理。英国建设主管部门的工作重点则是制定有关政策和法律，以全面规范工程造价咨询行为。

对于私人投资工程，政府通过相关的法律法规对此类工程项目的经营活动进行一定的规范和引导，只要在国家法律允许的范围内，政府一般不予干预。此外，社会上还有许多政府所属代理机构及社会团体组织，如英国皇家特许测量师学会(RICS)等协助政府部门进行行业管理，主要对咨询单位进行业务指导和从业人员管理。英国工程造价咨询行业的制度、规定和规范体系都较为完善。

英国工料测量师行经营的内容较为广泛，涉及建设工程全寿命期各个阶段，主要包括项目策划咨询、可行性研究、成本计划和控制、市场行情的趋势预测；招投标活动及施工合同管理；建筑采购、招标文件编制；投标书分析与评价，标后谈判，合同文件准备；工程施工阶段成本控制，财务报表，洽商变更；竣工工程估价、决算，合同索赔保护；成本重新估计；对承包商破产或被并购后的应对措施；应急合同财务管理，后期物业管理等。

2. 美国工程造价管理

美国拥有世界最发达的市场经济体系。美国的建筑业也十分发达，具有投资多元化和高度现代化、智能化的建筑技术与管理的广泛应用相结合的行业特点。美国的工程造价管理是建立在高度发达的自由竞争市场经济基础之上的。

美国的建设工程主要分为政府投资和私人投资两大类。其中，私人投资工程可占到整个建筑业投资总额的 60%～70%。美国联邦政府没有主管建筑业的政府部门，因而也没有主管工程造价咨询业的专门政府部门，工程造价咨询业完全由行业协会管理。工程造价咨询业涉及多个行业协会，如美国土木工程师协会、总承包商协会、建筑标准协会、工程咨询业协会、国际造价管理联合会等。

美国工程造价管理具有以下特点。

(1) 完全市场化的工程造价管理模式。在没有全国统一的工程量计算规则和计价依据的情况下，一方面，由各级政府部门制定各自管辖的政府投资工程相应的计价标准，另一方面，承包商需根据自身积累的经验进行报价。同时，工程造价咨询公司依据自身积累的造价数据和市场信息，协助业主和承包商对工程项目提供全过程、全方位的管理与服务。

(2) 具有较完备的法律及信誉保障体系。美国工程造价管理是建立在相关的法律制度基础上的。例如，在建筑行业中对合同的管理十分严格，合同对当事人各方都具有严格的法律制约，即业主、承包商、分包商、提供咨询服务的第三方之间，都必须采用合同的方式开展业务，严格履行相应的权利和义务。

同时，美国的工程造价咨询企业自身具有较为完备的合同管理体系和完善的企业信誉管理平台。各个企业视自身的业绩和荣誉为企业长期发展的重要条件。

(3) 具有较成熟的社会化管理体系。美国的工程造价咨询业主要依靠政府和行业协会的共同管理与监督，实行“小政府、大社会”的行业管理模式。美国的相关政府管理机构对整个行业的发展进行宏观调控，更多的具体的管理工作主要依靠行业协会，由行业协会更多地承担对专业人员和法人团体的监督和管理职能。

(4) 拥有现代化的管理手段。当今的工程造价管理均需采用先进的计算机技术和现代化的网络信息技术。在美国，信息技术的广泛应用，不但大大提高了工程项目参与各方之间的沟通、文件传递等的工作效率，也可及时、准确地提供市场信息，同时也使工程造价咨询公司收集整理和分析各种复杂繁多的工程项目数据成为可能。

3. 日本工程造价管理

在日本，工程积算制度是日本工程造价管理所采用的主要模式。工程造价咨询行业由日本政府建设主管部门和日本建筑积算协会统一进行业务管理和行业指导。其中，政府建设主管部门负责制定发布工程造价政策、相关法律法规、管理办法，对工程造价咨询业的发展进行宏观调控。

日本建筑积算协会作为全国工程咨询的主要行业协会，其主要的服务范围是：推进工程造价管理的研究；工程量计算标准的编制、建筑成本等相关信息的收集、整理与发布；专业人员的业务培训及个人执业资格准入制度的制定与具体执行等。

工程造价咨询公司在日本被称为工程积算所，主要由建筑积算师组成。日本的工程积算所一般对委托方提供以工程造价管理为核心的全方位、全过程的工程咨询服务。其主要业务范围包括工程项目的可行性研究、投资估算、工程量计算、单价调查、工程造价细算、标底价编制与审核、招标代理、合同谈判、变更成本积算及工程造价后期控制与评估等。

4. 我国香港地区工程造价管理

香港工程造价管理模式是沿袭英国的做法，但在管理主体、具体计量规则的制定、工料测量事务所和专业人士的执业范围和深度等方面，都根据自身特点进行了适当调整，使之更适应香港地区工程造价管理的实际需要。

在香港，专业保险在工程造价管理中得到了较好的应用。一般情况下，由于工料测量师事务所受雇于业主，在收取一定比例咨询服务费的同时，要对工程造价控制负有较大责任。因此，工料测量师事务所在接受委托，特别是控制工期较长、难度较大的项目造价时，都需购买专业保险，以防工作失误时因对业主进行赔偿后而破产。可以说，工程保险的引入，一方面加强了工料测量师事务所防范风险和抵抗风险的能力，另一方面也为香港工程造价业务向国际市场开拓提供了有力保障。

从 20 世纪 60 年代开始，香港的工料测量事务所已发展为可对工程建设全过程进行成本控制，并影响建筑设计事务所和承包商的专业服务类公司，在工程建设过程中扮演着越来越重要的角色。政府对测量事务所合伙人有严格要求，要求公司的合伙人必须具有较高的专业知识和技能，并获得相关专业学会颁发的注册测量师执业资格，否则，领不到公司营业执照，无法开业经营。香港的工料测量师以自己的实力、专业知识、服务质量在社会上赢得声誉，以公正、中立的身份从事各种服务。

香港地区的专业学会是在众多测量师事务所、专业人士之间相互联系和沟通的纽带。这种学会在保护行业利益和推行政府决策方面起着重要作用，同时，学会与政府之间也保持着密切联系。学会内部互相监督、互相协调、互通情报，强调职业道德和经营作风。学会对工程造价起着指导和间接管理的作用，甚至充当工程造价纠纷仲裁机构，如当承发包双方不能相互协调或对工料测量师事务所的计价有异议时，可以向学会提出仲裁申请。

1.3.2　我国工程造价管理

中华人民共和国成立后，我国参照苏联的工程建设管理经验，逐步建立了一套与计划经济体制相适应的定额管理体系，并陆续颁布了多项规章制度和定额，在国民经济的复苏与发展中起到了十分重要的作用。改革开放以来，我国工程造价管理进入黄金发展期，工程计价依据和方法不断改革，工程造价管理体系不断完善，工程造价咨询行业得到了快速发展。近年来，我国工程造价管理呈现出国际化、信息化和专业化的发展趋势。

1. 工程造价管理国际化

随着我国经济日益融入全球资本市场，在我国的外资和跨国工程项目不断增多，这些工程项目大多需要通过国际招标、咨询等方式运作。同时，我国政府和企业在海外投资和经营的工程项目也在不断增加。国内市场国际化，国内外市场的全面融合，使得我国工程造价管理的国际化成为一种趋势。境外工程造价咨询机构在长期的市场竞争中已形成自己独特的核心竞争力，在资本、技术、管理、人才、服务等方面均占有一定优势。面对日益严峻的市场竞争，我国工程造价咨询企业应以市场为导向，转换经营模式，增强应变能力，在竞争中求生存，在拼搏中求发展，在未来激烈的市场竞争中取得主动。

2．工程造价管理信息化

我国工程造价领域的信息化是从 20 世纪 80 年代末期伴随着定额管理推广应用工程造价管理软件开始的。进入 20 世纪 90 年代中期，伴随着计算机和互联网技术的普及，全国性的工程造价管理信息化已成必然趋势。近年来，尽管全国各地及各专业工程造价管理机构逐步建立了工程造价信息平台，工程造价咨询企业也大多拥有专业的计算机系统和工程造价管理软件，但仍停留在工程量计算、汇总及工程造价的初步统计分析阶段。从整个工程造价行业看，还未建立统一规划、统一编码的工程造价信息资源共享平台；从工程造价咨询企业层面看，工程造价管理的数据库、知识库尚未建立和完善。目前，发达国家和地区的工程造价管理已大量运用计算机网络和信息技术，实现工程造价管理的网络化、虚拟化。特别是建筑信息建模(building information modeling，BIM)技术的推广应用，必将推动工程造价管理的信息化发展。

(a) (b)

BIM　　BIM 应用管理软件

3．工程造价管理专业化

经过长期的市场细分和行业分化，未来工程造价咨询企业应向更加适合自身特长的专业方向发展。作为服务型的第三产业，工程造价咨询企业应避免走大而全的规模化，而应朝着集约化和专业化模式发展。企业专业化的优势在于：经验较丰富，人员精干，服务更加专业，更有利于保证工程项目的咨询质量，防范专业风险能力较强。在企业专业化的同时，对于日益复杂、涉及专业较多的工程项目而言，势必引发和增强企业之间尤其是不同专业的企业之间的强强联手和相互配合。同时，不同企业之间的优势互补、相互合作，也将给目前的大多数实行公司制的工程造价咨询企业在经营模式方面带来转变，即企业将进一步朝着合伙制的经营模式自我完善和发展。鼓励及加速实现我国工程造价咨询企业合伙制经营，是提高企业竞争力的有效手段，也是我国未来工程造价咨询企业的主要组织模式。合伙制企业因对其组织方面具有强有力的风险约束性，能够促使其不断强化风险意识，提高咨询质量，保持较高的职业道德水平，自觉维护自身信誉。正因为如此，在完善的工程保险制度下的合伙制也是目前发达国家和地区工程造价咨询企业所采用的典型经营模式。

本 章 小 结

工程造价是指某建设项目(工程)的建造价格，广义上，从投资者的角度来定义，是指建设项目的建设成本；狭义上，从市场经济的角度来定义，是指建设项目的承发包价格。工程造价由建筑安装工程费、设备及器具购置费、工程建设其他费用、预备费、建设期贷款利息构成。

工程造价按研究对象的不同可分为建设工程造价、单项工程造价和单位工程造价，按项目建设阶段的不同可分为预期造价(包括投资估算、设计概算、施工图预算、合同价等)和实际造价(包括工程结算、竣工决算)，按单位工程的专业不同可分为建筑工程造价、装饰工程造价、安装工程造价、市政工程造价和园林绿化工程造价等。

国际工程造价管理有着几种主要模式，主要包括英国、美国、日本，以及继承了英国模式，又结合自身特点而形成独特工程造价管理模式的国家和地区，如新加坡、马来西亚和我国香港地区。我国工程造价管理呈现出国际化、信息化和专业化发展趋势。

习　题

单项选择题

1. 从投资者的角度来定义，工程造价是指建设一项工程预期开支或实际开支的全部(　　)费用。

A. 建筑安装工程　　B. 有形资产投资
C. 静态投资　　D. 固定资产投资

2. 根据现行建设项目工程造价构成的相关规定，工程造价是指(　　)。

A. 在建设期内预计或实际支出的建设费用
B. 建设期内直接用于工程建造、设备购置及其安装的建设投资
C. 为完成工程项目建设，在建设期内投入且形成现金流出的全部费用
D. 为完成工程项目建造，生产性设备及配合工程安装设备的费用

3. 关于我国建设项目投资，下列说法中正确的是(　　)。

A. 非生产性建设项目总投资由固定资产投资和铺底流动资金组成
B. 生产性建设项目总投资由工程费用、工程建设其他费用和预备费三部分组成
C. 建设投资是为了完成工程项目建设，在建设期内投入且形成现金流出的全部费用
D. 建设投资由固定资产投资和建设期利息组成

4. 建设项目中，凡具有独立设计文件，竣工后可以独立发挥生产能力或产生投资效益的工程，称为(　　)。

A. 建设项目　　B. 单项工程　　C. 单位工程　　D. 分部工程

5. 根据建设程序进展阶段不同，工程造价分为：①施工预算；②竣工决算；③设计概算；④投资估算；⑤工程结算；⑥施工图预算。请按照时间顺序排序，正确的是(　　)。

A. ③④⑥①⑤②　　B. ④③⑥①⑤②
C. ④③①⑥②⑤　　D. ③④①⑥②⑤

第2章

建设工程造价构成

2.1　我国建设项目总投资及工程造价的构成

建设项目总投资是为完成工程项目建设并达到使用要求或生产条件，在建设期内预计或实际投入的全部费用的总和。生产性建设项目总投资包括建设投资、建设期利息和流动资金三部分；非生产性建设项目总投资包括建设投资和建设期利息两部分。其中建设投资和建设期利息之和对应于固定资产投资，固定资产投资与建设项目的工程造价在量上相等。工程造价基本构成包括用于购买工程项目所需的各种设备的费用，用于建筑施工和安装施工所需支出的费用，用于委托工程勘察设计应支付的费用，用于购置土地所需的费用，也包括用于建设单位自身进行项目筹建和项目管理所花费的费用等。总之，工程造价是指在建设期预计或实际支出的建设费用。

工程造价中的主要构成部分是建设投资，建设投资是为完成工程项目建设，在建设期内投入且形成现金流出的全部费用。根据国家发改委和建设部发布的《建设项目经济评价方法与参数(第三版)》(发改投资〔2006〕1325号)的规定，建设投资包括工程费用、工程建设其他费用和预备费三部分。工程费用是指建设期内直接用于工程建造、设备购置及其安装的建设投资，可以分为建筑安装工程费和设备及工器具购置费。工程建设其他费用是指建设期发生为项目建设或运营必须发生的但不包括在工程费用中的费用。预备费是在建设期内因各种不可预见因素的变化而预留的可能增加的费用，包括基本预备费和价差预备费。建设项目总投资的具体构成内容如图2-1所示。

流动资金是指为进行正常生产运营，用于购买原材料、燃料、支付工资及其他运营费用等所需的周转资金。在可行性研究阶段用于财务分析时计为全部流动资金，在初步设计及以后阶段用于计算“项目报批总投资”或“项目概算总投资”时计为铺底流动资金。铺底流动资金是指生产经营性建设项目为保证投产后正常地生产运营所需，并在项目资本金中筹措的自有流动资金。

- 建设项目总投资
  - 固定资产投资——工程造价
    - 建设投资
      - 工程费用
        - 设备及工器具购置费
        - 建筑安装工程费
      - 工程建设其他费用
        - 建设单位管理费
        - 用地与工程准备费
        - 市政公用配套设施费
        - 技术服务费
        - 建设期计列的生产经营费
        - 工程保险费
        - 税费
      - 预备费
        - 基本预备费
        - 价差预备费
    - 建设期利息
  - 流动资产投资——流动资金

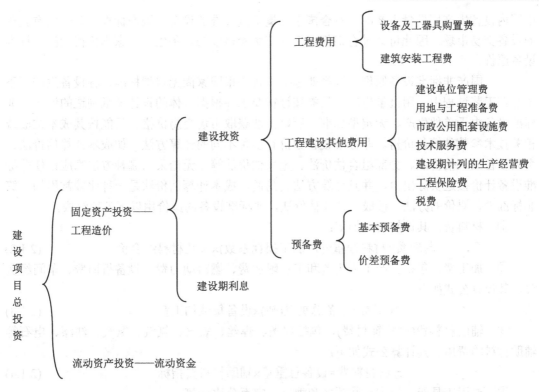

图 2-1　我国现行建设项目总投资构成

2.1.1　设备及工、器具购置费用的构成和计算

设备及工、器具购置费用的构成和计算

设备及工、器具购置费用是由设备购置费和工具、器具及生产家具购置费组成的，它是固定资产投资中的积极部分。在生产性工程建设中，设备及工、器具购置费用占工程造价比重的增大，意味着生产技术的进步和资本有机构成的提高。

1. 设备购置费的构成和计算

设备购置费是指购置或自制的达到固定资产标准的设备、工器具及生产家具等所需的费用。它由设备原价和设备运杂费构成。

$$设备购置费=设备原价(含备品备件费)+设备运杂费 \tag{2.1.1}$$

式中，设备原价是指国内采购设备的出厂(场)价格，或国外采购设备的抵岸价格，设备原价通常包含备品备件费在内，备品备件费是指设备购置时随设备同时订货的首套备品备件所发生的费用；设备运杂费是指除设备原价之外的关于设备采购、运输、途中包装及仓库保管等方面支出费用的总和。

1)　国产设备原价的构成及计算

国产设备原价一般指的是设备制造厂的交货价或订货合同价，即出厂(场)价格。它一般根据生产厂或供应商的询价、报价、合同价确定，或采用一定的方法计算确定。国产设备原价分为国产标准设备原价和国产非标准设备原价。

(1)　国产标准设备原价。国产标准设备是指按照主管部门颁布的标准图纸和技术要求，由国内设备生产厂批量生产的，符合国家质量检测标准的设备。国产标准设备一般有完善的设备交易市场，因此可通过查询相关交易市场价格或向设备生产厂家询价得到国产标准设备原价。

(2) 国产非标准设备原价。国产非标准设备是指国家尚无定型标准，各设备生产厂不可能在工艺过程中采用批量生产，只能按订货要求并根据具体的设计图纸制造的设备。非标准设备由于单件生产、无定型标准，所以无法获取市场交易价格，只能按其成本构成或相关技术参数估算其价格。非标准设备原价有多种不同的计算方法，如成本计算估价法、系列设备插入估价法、分部组合估价法、定额估价法等。无论采用哪种方法都应该使非标准设备计价接近实际出价，并且计算方法要简便。成本计算估价法是一种比较常用的估算非标准设备原价的方法。按成本计算估价法，非标准设备的原价由以下各项组成。

① 材料费，其计算公式如下：

$$材料费=材料净重\times(1+加工损耗系数)\times每吨材料综合价 \tag{2.1.2}$$

② 加工费，包括生产工人工资和工资附加费、燃料动力费、设备折旧费、车间经费等，其计算公式如下：

$$加工费=设备总重量(吨)\times设备每吨加工费 \tag{2.1.3}$$

③ 辅助材料费(简称辅材费)，包括焊条、焊丝、氧气、氩气、氮气、油漆、电石等辅助材料的费用。其计算公式如下：

$$辅助材料费=设备总重量\times辅助材料费指标 \tag{2.1.4}$$

④ 专用工具费，按①～③项之和乘以一定百分比计算。

⑤ 废品损失费，按①～④项之和乘以一定百分比计算。

⑥ 外购配套件费，按设备设计图纸所列的外购配套件的名称、型号、规格、数量、重量，根据相应的价格加运杂费计算。

⑦ 包装费，按以上①～⑥项之和乘以一定百分比计算。

⑧ 利润，可按①～⑤项加第⑦项之和乘以一定利润率计算。

⑨ 税金，主要指增值税，通常是指设备制造厂销售设备时向购入设备方收取的销项税额。其计算公式为

$$当期销项税额=销售额\times适用增值税率 \tag{2.1.5}$$

其中，销售额为①～⑧项之和。

⑩ 非标准设备设计费，按国家规定的设计费收费标准计算。

综上所述，单台非标准设备原价可用下面公式表达：

$$\begin{aligned}单台非标准设备原价=&\{[(材料费+加工费+辅助材料费)\times(1+专用工具费率)\times(1+废品损失费率)+外购配套件费]\times(1+包装费率)-外购配套件费\}\times(1+利润率)\\&+外购配套件费+销项税额+非标准设备设计费\end{aligned} \tag{2.1.6}$$

【例 2.1】某工厂采购一台国产非标准设备，制造厂生产该台设备所用材料费用 20 万元，加工费 2 万元，辅助材料费 0.4 万元，专用工具费率 1.5%，废品损失费率 10%，外购配套件费 5 万元，包装费率 1%，利润率为 7%，增值税税率为 13%，非标准设备设计费 2 万元，求该国产非标准设备的原价。

解： 专用工具费=(20+2+0.4) × 1.5%=0.336(万元)

废品损失费=(20+2+0.4+0.336) × 10%=2.274(万元)

包装费=(22.4+0.336+2.274+5) × 1%=0.300(万元)

利润=(22.4+0.336+2.274+0.3) × 7%=1.772(万元)

销项税额=(22.4+0.336+2.274+5+0.3+1.772) × 13%=4.171(万元)

该国产非标准设备的原价=22.4+0.336+2.274+0.3+1.772+4.171+2+5
=38.253(万元)

2) 进口设备原价的构成及计算

进口设备的原价是指进口设备的抵岸价，即设备抵达买方边境、港口或车站，缴纳完各种手续、税费后形成的价格。抵岸价通常是由进口设备到岸价(CIF)和进口从属费构成。进口设备的到岸价，即设备抵达买方边境港口或边境车站所形成的价格。在国际贸易中，交易双方所使用的交货类别不同，则交易价格的构成内容也有所差异。进口设备从属费用是指进口设备在办理进口手续过程中发生的应计入设备原价的银行财务费、外贸手续费、进口关税、消费税、进口环节增值税及进口车辆的车辆购置税等。

(1) 进口设备的交易价格。在国际贸易中，较为广泛使用的交易价格术语有 FOB、CFR 和 CIF。

① FOB(free on board)，意为装运港船上交货，亦称为离岸价格。FOB 术语是指当货物在装运港被装上指定船时，卖方即完成交货义务。风险转移，以在指定的装运港货物被装上指定船时为分界点。费用划分与风险转移的分界点相一致。

在 FOB 交货方式下，卖方的基本义务有：在合同规定的时间或期限内，在装运港按照习惯方式将货物交到买方指派的船上，并及时通知买方；自负风险和费用，取得出口许可证或其他官方批准证件，在需要办理海关手续时，办理货物出口所需的一切海关手续；负担货物在装运港至装上船为止的一切费用和风险；自付费用提供证明货物已交至船上的通常单据或具有同等效力的电子单证。买方的基本义务有：自负风险和费用取得进口许可证或其他官方批准的证件，在需要办理海关手续时，办理货物进口以及经由他国过境的一切海关手续，并支付有关费用及过境费；负责租船或订舱，支付运费，并给予卖方关于船名、装船地点和要求交货时间的充分的通知；负担货物在装运港装上船后的一切费用和风险；接受卖方提供的有关单据，受领货物，并按合同规定支付货款。

② CFR(cost and freight)，意为成本加运费，或称之为运费在内价。CFR 术语是指在装运港货物被装上指定船时卖方即完成交货，卖方必须支付将货物运至指定的目的港所需的运费和费用，但交货后货物灭失或损坏的风险，以及由于各种事件造成的任何额外费用，即由卖方转移到买方。与 FOB 价格相比，CFR 的费用划分与风险转移的分界点是不一致的。

在 CFR 交货方式下，卖方的基本义务有：自负风险和费用，取得出口许可证或其他官方批准的证件，在需要办理海关手续时，办理货物出口所需的一切海关手续；签订从指定装运港承运货物运往指定目的港的运输合同；在买卖合同规定的时间和港口，将货物装上船并支付至目的港的运费，装船后及时通知买方；负担货物在装运港到装上船为止的一切费用和风险；向买方提供通常的运输单据或具有同等效力的电子单证。买方的基本义务有：自负风险和费用，取得进口许可证或其他官方批准的证件，在需要办理海关手续时，办理货物进口以及必要时经由另一国过境的一切海关手续，并支付有关费用及过境费；负担货物在装运港装上船后的一切费用和风险；接受卖方提供的有关单据，受领货物，并按合同规定支付货款；支付除通常运费以外的有关货物在运输途中所产生的各项费用以及包括驳运费和码头费在内的卸货费。

③ CIF(cost insurance and freight)，意为成本加保险费、运费，习惯称到岸价格。在CIF术语中，卖方除负有与CFR相同的义务外，还应办理货物在运输途中最低险别的海运保险，并应支付保险费。如买方需要更高的保险险别，则需要与卖方明确地达成协议，或者自行作出额外的保险安排。除保险这项义务之外，买方的义务与CFR相同。

(2) 进口设备到岸价的构成及计算。

进口设备到岸价(CIF)=离岸价格(FOB)+国际运费+运输保险费

=运费在内价(CFR)+运输保险费 (2.1.7)

① 货价，一般指装运港船上交货价(FOB)。设备货价分为原币货价和人民币货价，原币货价一律折算为美元表示，人民币货价按原币货价乘以外汇市场美元兑换人民币汇率中间价确定。进口设备货价按有关生产厂商询价、报价、订货合同价计算。

② 国际运费，即从装运港(站)到达我国目的港(站)的运费。我国进口设备大部分采用海洋运输，小部分采用铁路运输，个别采用航空运输。进口设备国际运费计算公式为

国际运费(海、陆、空)=原币货价(FOB)×运费率 (2.1.8)

国际运费(海、陆、空)=单位运价×运量 (2.1.9)

其中，运费率或单位运价参照有关部门或进出口公司的规定执行。

③ 运输保险费，对外贸易货物运输保险是由保险人(保险公司)与被保险人(出口人或进口人)订立保险契约，在被保险人交付议定的保险费后，保险人根据保险契约的规定对货物在运输过程中发生的承保责任范围内的损失给予经济上的补偿。这是一种财产保险，其计算公式为

运输保险费=(原币货价(FOB)+国际运费)÷(1−保险费率)×保险费率 (2.1.10)

其中，保险费率按保险公司规定的进口货物保险费率计算。

(3) 进口从属费的构成及计算。

进口从属费=银行财务费+外贸手续费+关税+消费税

+进口环节增值税+车辆购置税 (2.1.11)

① 银行财务费，一般是指在国际贸易结算中，中国银行为进出口商提供金融结算服务所收取的费用，可按下式简化计算：

银行财务费=离岸价格(FOB)×人民币外汇汇率×银行财务费率 (2.1.12)

② 外贸手续费，指按对外经济贸易部门规定的外贸手续费率计取的费用，外贸手续费率一般取1.5%，其计算公式为

外贸手续费=到岸价格(CIF)×人民币外汇汇率×外贸手续费率 (2.1.13)

③ 关税，由海关对进出国境或关境的货物和物品征收的一种税，其计算公式为

关税=到岸价格(CIF)×人民币外汇汇率×进口关税税率 (2.1.14)

到岸价格作为关税的计征基数时，通常又可称为关税完税价格。进口关税税率分为优惠和普通两种。优惠税率适用于与我国签订关税互惠条款的贸易条约或协定的国家的进口设备；普通税率适用于与我国未签订关税互惠条款的贸易条约或协定的国家的进口设备。进口关税税率按我国海关总署发布的进口关税税率计算。

④ 消费税，仅对部分进口设备(如轿车、摩托车等)征收，其计算公式为

应纳消费税税额=(到岸价格(CIF)×人民币外汇汇率+关税)÷(1−消费税税率)

×消费税税率 (2.1.15)

其中，消费税税率根据规定的税率计算。

⑤ 进口环节增值税，是对从事进口贸易的单位和个人，在进口商品报关进口后征收的税种。我国《增值税征收条例》规定，进口应税产品均按组成计税价格和增值税税率直接计算应纳税额，即：

$$进口环节增值税额=组成计税价格\times增值税税率 \tag{2.1.16}$$

$$组成计税价格=关税完税价格+关税+消费税 \tag{2.1.17}$$

增值税税率根据规定的税率计算。

⑥ 车辆购置税，进口车辆需缴纳进口车辆购置税，其公式如下：

$$进口车辆购置税=(关税完税价格+关税+消费税)\times车辆购置税率 \tag{2.1.18}$$

【例 2.2】从某国进口应纳消费税的设备，重量 1 000 吨，装运港船上交货价为 400 万美元，工程建设项目位于国内某省会城市。如果国际运费标准为每吨 300 美元，海上运输保险费率为 0.3%，银行财务费率为 0.5%，外贸手续费率为 1.5%，关税税率为 20%，增值税的税率为 16%，消费税税率 10%，银行外汇牌价为 1 美元=6.9 元人民币，对该设备的原价进行估算。

解：进口设备 FOB=400 × 6.9=2 760(万元)

国际运费=300 × 1 000 × 6.9=207(万元)

海运保险费=(2 760+207)÷(1−0.3%) × 0.3%=8.93(万元)

CIF=2 760+207+8.93=2 975.93(万元)

银行财务费=2 760 × 0.5%=13.8(万元)

外贸手续费=2 975.93 × 1.5%=44.64(万元)

关税=2 975.93 × 20%=595.19(万元)

消费税=(2 975.93+595.19)÷(1−10%) × 10%=396.79(万元)

增值税=(2 975.93+595.19+396.79) × 16%=634.87(万元)

进口从属费=13.8+44.64+595.19+396.79+634.87=1 685.29(万元)

进口设备原价=2 975.93+1 685.29=4 661.22(万元)

3) 设备运杂费的构成及计算

(1) 设备运杂费的构成。设备运杂费是指国内采购设备自来源地、国外采购设备自到岸港运至工地仓库或指定堆放地点发生的采购、运输、运输保险、保管、装卸等费用，通常由下列各项构成。

① 运费和装卸费。国产设备由设备制造厂交货地点起至工地仓库(或施工组织设计指定的需要安装设备的堆放地点)止所发生的运费和装卸费；进口设备由我国到岸港口或边境车站起至工地仓库(或施工组织设计指定的需要安装设备的堆放地点)止所发生的运费和装卸费。

② 包装费。在设备原价中没有包含的，为运输而进行的包装支出的各种费用。

③ 设备供销部门的手续费。按有关部门规定的统一费率计算。

④ 采购与仓库保管费。这是指采购、验收、保管和收发设备所发生的各种费用，包括设备采购人员、保管人员和管理人员的工资、工资附加费、办公费、差旅交通费，设备供应部门办公和仓库所占固定资产使用费、工具用具使用费、劳动保护费、检验试验费等。这些费用可按主管部门规定的采购与保管费费率计算。

(2) 设备运杂费的计算。设备运杂费按设备原价乘以设备运杂费率计算，其公式为

设备运杂费=设备原价×设备运杂费率 (2.1.19)

其中，设备运杂费率按各部门及省、市有关规定计取。

2. 工具、器具及生产家具购置费的构成和计算

工具、器具及生产家具购置费，是指新建或扩建项目初步设计规定的，保证初期正常生产必须购置的没有达到固定资产标准的设备、仪器、工卡模具、器具、生产家具和备品备件等的购置费用。它一般以设备购置费为计算基数，按照部门或行业规定的工具、器具及生产家具购置费的费率计算。其计算公式为

工具、器具及生产家具购置费=设备购置费×定额费率 (2.1.20)

2.1.2 建筑安装工程费的构成和计算

建筑安装工程费项目的组成可按造价形成和费用构成两类划分。二者所含的内容相同，前者能够满足建筑安装工程在工程交接和工程实施阶段的工程造价的组价要求，后者便于企业进行成本控制。

1. 按造价形成划分的建筑安装工程费用项目组成

按造价形成划分的建筑安装工程费用由分部分项工程费、措施项目费、其他项目费、规费、税金组成，分部分项工程费、措施项目费、其他项目费包含人工费、材料费、施工机具使用费、企业管理费和利润，如图 2-2 所示。

1) 分部分项工程费

分部分项工程费是指各专业工程的分部分项工程应予列支的各项费用。

(1) 专业工程。专业工程是指按现行国家计量规范划分的房屋建筑与装饰工程、仿古建筑工程、通用安装工程、市政工程、园林绿化工程、矿山工程、构筑物工程、城市轨道交通工程、爆破工程等各类工程。

(2) 分部分项工程。分部分项工程是按现行国家计量规范对各专业工程划分的项目。如房屋建筑与装饰工程划分的土石方工程、地基处理与边坡支护工程、砌筑工程、钢筋及钢筋混凝土工程等。

各类专业工程的分部分项工程划分见现行国家或行业计量规范。

2) 措施项目费

措施项目费是指为完成建设工程施工，发生于该工程施工准备和施工过程中的技术、生活、安全、环境保护等方面的费用。措施项目及其包含的内容应遵循各类专业工程的现行国家或行业工程量计算规范。以《房屋建筑与装饰工程工程量计算规范》(GB 50854—2013)中的规定为例，措施项目费可以归纳为以下 4 项。

(1) 安全文明施工费。安全文明施工费是指工程项目施工期间，施工单位为保证安全施工、文明施工和保护现场内外环境等所发生的措施项目费用，通常由环境保护费、文明施工费、安全施工费、临时设施费组成。

① 环境保护费，施工现场为达到环保部门要求所需要的各项费用。

② 文明施工费，施工现场文明施工所需要的各项费用。

- 建筑安装工程费
  - 分部分项工程费
    - 1.房屋建筑与装饰工程
      - 土石方工程
      - 桩基工程
      - ……
    - 2.仿古建筑工程
    - 3.通用安装工程
    - 4.市政工程
    - 5.园林绿化工程
    - 6.矿山工程
    - 7.构筑物工程
    - 8.城市轨道交通工程
    - 9.爆破工程
  - 措施项目费
    - 1.安全文明施工费
    - 2.夜间施工增加费
    - 3.非夜间施工照明费
    - 4.二次搬运费
    - 5.冬雨季施工增加费
    - 6.地上、地下设施和建筑物的临时保护设施费
    - 7.已完工程及设备保护费
    - 8.脚手架费
    - 9.混凝土模板及支架(撑)费
    - 10.垂直运输费
    - 11.超高施工增加费
    - 12.大型机械设备进出场及安拆费
    - 13.施工排水、降水费
    - 14.其他
  - 其他项目费
    - 1.暂列金额
    - 2.暂估价
    - 3.计日工
    - 4.总承包服务费
  - 规费
    - 1.社会保险费
      - 1.养老保险费
      - 2.失业保险费
      - 3.医疗保险费
      - 4.生育保险费
      - 5.工伤保险费
    - 2.住房公积金
  - 税金——增值税

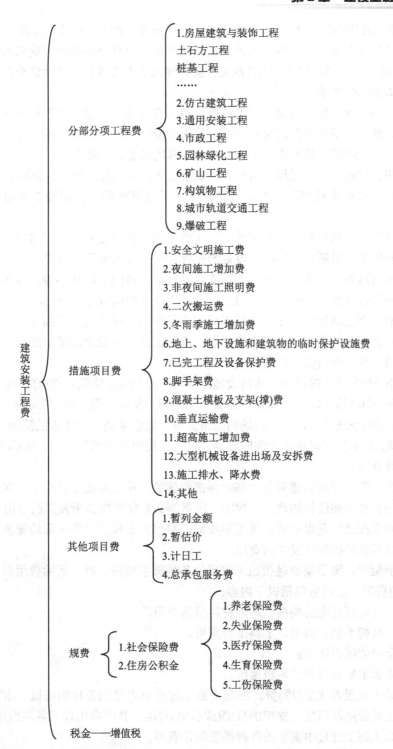

图 2-2 建筑安装工程费用项目组成表(按造价形式划分)

③ 安全施工费，施工现场安全施工所需要的各项费用。

④ 临时设施费，施工企业为进行建设工程施工所必须搭设的生活和生产用的临时建

筑物、构筑物和其他临时设施费用，包括临时设施的搭设、维修、拆除、清理费或销毁费等。

注：根据住房和城乡建设部、人力资源和社会保障部联合发布的《建筑工人实名制管理办法(试行)》(建市〔2019〕18号)的规定，实施建筑工人实名制管理所需费用可列入安全文明施工费工费和管理费。

(2) 夜间施工增加费。夜间施工增加费是指因夜间施工所发生的夜班补助费、夜间施工降效、夜间施工照明设备摊销及照明用电等措施费用。内容由以下各项组成。

① 夜间固定照明灯具和临时可移动照明灯具的设置、拆除费用。

② 夜间施工时，施工现场交通标志、安全标牌、警示灯的设置、移动、拆除费用。

③ 夜间照明设备摊销及照明用电、施工人员夜班补助、夜间施工劳动效率降低等费用。

(3) 非夜间施工照明费。非夜间施工照明费是指为保证工程施工正常进行，在地下室等特殊施工部位施工时所采用的照明设备的安拆、维护及照明用电等费用。

(4) 二次搬运费。二次搬运费是指因施工管理需要或因场地狭小等，导致建筑材料、设备等不能一次搬运到位，必须发生的二次或二次以上搬运所需的费用。

(5) 冬雨季施工增加费。冬雨季施工增加费是指因冬雨季天气原因导致施工效率降低必须加大投入而增加的费用，以及为确保冬雨季施工质量和安全而采取的保温、防雨等措施所需的费用。其内容由以下各项组成。

① 冬雨(风)季施工时增加的临时设施(防寒保温、防雨、防风设施)的搭设、拆除费用。

② 冬雨(风)季施工时，对砌体、混凝土等采用的特殊加温、保温和养护措施费用。

③ 冬雨(风)季施工时，施工现场的防滑处理、对影响施工的雨雪的清除费用。

④ 冬雨(风)季施工时增加的临时设施、施工人员的劳动保护用品、冬雨(风)季施工劳动效率降低等费用。

(6) 地上、地下设施和建筑物的临时保护设施费。在工程施工过程中，对已建成的地上、地下设施和建筑物进行的遮盖、封闭、隔离等必要保护措施所发生的费用。

(7) 已完工程及设备保护费。竣工验收前，对已完工程及设备采取的覆盖、包裹、封闭、隔离等必要保护措施所发生的费用。

(8) 脚手架费。脚手架费是指施工需要的各种脚手架搭、拆、运输费用以及脚手架的摊销(或租赁)费用。它通常包括以下内容。

① 施工时可能发生的场内、场外材料搬运费用。

② 搭、拆脚手架、斜道、上料平台费用。

③ 安全网的铺设费用。

④ 拆除脚手架后材料的堆放费用。

(9) 混凝土模板及支架(撑)费。混凝土施工过程中需要的各种钢模板、木模板、支架等的支拆、运输费用及模板、支架的摊销(或租赁)费用。其内容由以下各项组成。

① 混凝土施工过程中需要的各种模板制作费用。

② 模板安装、拆除、整理堆放及场内外运输费用。

③ 清理模板黏结物及模内杂物、刷隔离剂等费用。

(10) 垂直运输费。垂直运输费是指现场所用材料、机具从地面运至相应高度以及职工人员上下工作面等所发生的运输费用。其内容由以下各项组成。

① 垂直运输机械的固定装置、基础制作、安装费。

② 行走式垂直运输机械轨道的铺设、拆除、推销费。

(11) 超高施工增加费。当单层建筑物檐口高度超过 20m，多层建筑物超过 6 层时，可计算超高施工增加费。其内容由以下各项组成。

① 建筑物超高引起的人工工效降低以及由于人工工效降低引起的机械降效费。

② 高层施工用水加压水泵的安装、拆除及工作台班费。

③ 通信联络设备的使用及推销费。

(12) 大型机械设备进出场及安拆费。机械整体或分体自停放场地运至施工现场或由一个施工地点运至另一个施工地点，所发生的机械进出场运输和转移费用及机械在施工现场进行安装、拆卸所需的人工费、材料费、机具费、试运转费和安装所需的辅助设施的费用。其内容由安拆费和进出场费组成。

① 安拆费包括施工机械、设备在现场进行安装拆卸所需人工、材料、机具和试运转费用以及机械辅助设施的折旧、搭设、拆除等费用。

② 进出场费包括施工机械、设备整体或分体自停放地点运至施工现场或由一施工地点运至另一施工地点所发生的运输、装卸、辅助材料等费用。

(13) 施工排水、降水费。施工排水、降水费是指将施工期间有碍施工作业和影响工程质量的水排到施工场地以外，以及防止在地下水位较高的地区开挖深基坑出现基坑浸水、地基承载力下降，在动水压力作用下还可能引起流砂、管涌和边坡失稳等现象而必须采取有效的降水和排水措施费用。该项费用由成井和排水、降水两个独立的费用项目组成。

① 成井。成井的费用主要包括：准备钻孔机械、埋设护筒、钻机就位，泥浆制作固壁，成孔、出渣、清孔等费用；对接上、下井管(滤管)，焊接，安防，下滤料，洗井，连接试抽等费用。

② 排水、降水。排水、降水的费用主要包括：管道安装、拆除，场内搬运等费用；抽水、值班、降水设备维修等费用。

(14) 其他。根据项目的专业特点或所在地区不同，可能会出现其他的措施项目费，如工程定位复测费和特殊地区施工增加费等。

3) 其他项目费

(1) 暂列金额。暂列金额是指建设单位在工程量清单中暂定并包括在工程合同价款中的一笔款项，用于施工合同签订时尚未确定或者不可预见的所需材料、工程设备、服务的采购，施工中可能发生的工程变更、合同约定调整因素出现时的工程价款调整以及发生的索赔、现场签证确认等的费用。

暂列金额由建设单位根据工程特点，按有关计价规定估算，施工过程中由建设单位掌握使用、扣除合同价款调整后如有余额，归建设单位。

(2) 暂估价。暂估价是指招标人在工程量清单中提供的用于支付必然发生但暂时不能确定价格的材料、工程设备的单价以及专业工程的金额。

暂估价中的材料、工程设备暂估单价根据工程造价信息或参照市场价格估算，计入综合单价；专业工程暂估价分不同专业，按有关计价规定估算。暂估价在施工中按照合同约定再加以调整。

(3) 计日工。计日工是指在施工过程中，施工单位完成建设单位提出的工程合同范围以外的零星项目或工作，按照合同中约定的单价计价形成的费用。

计日工由建设单位和施工单位按施工过程中形成的有效签证来计价。

(4) 总承包服务费。总承包服务费是指总承包人为配合、协调建设单位进行的专业工程发包，对建设单位自行采购的材料、工程设备等进行保管以及施工现场管理、竣工资料汇总整理等服务所需的费用。

总承包服务费由建设单位在招标控制价中根据总包范围和有关计价规定编制，施工单位投标时自主报价，施工过程中按签约合同价执行。

4) 规费

规费是指按国家法律、法规的规定，由省级政府和省级有关权力部门规定必须缴纳或计取的费用，包括社会保险费、住房公积金。

(1) 社会保险费，包括①养老保险费，是指企业按照规定标准为职工缴纳的基本养老保险费；②失业保险费，是指企业按照规定标准为职工缴纳的失业保险费；③医疗保险费，是指企业按照规定标准为职工缴纳的基本医疗保险费；④生育保险费，是指企业按照规定标准为职工缴纳的生育保险费；⑤工伤保险费，是指企业按照规定标准为职工缴纳的工伤保险费。

(2) 住房公积金。住房公积金是指企业按规定标准为职工缴纳的住房公积金。

其他应列而未列入的规费，按实际发生计取。

5) 税金

建筑安装工程费的税金是指国家税法规定的应计入建筑安装工程造价内的增值税销项税额。

2. 按费用构成要素划分的建筑安装工程费用项目组成

按费用构成要素划分的建筑安装工程费由人工费、材料(包含工程设备，下同)费、施工机具使用费、企业管理费、利润、规费和税金组成。其中人工费、材料费、施工机具使用费、企业管理费和利润包含在分部分项工程费、措施项目费、其他项目费中，如图 2-3 所示。

1) 人工费

人工费是指按工资总额构成规定，支付给从事建筑安装工程施工的生产工人和附属生产单位工人的各项费用，主要包括以下内容。

(1) 计时工资或计件工资，是指按计时工资标准和工作时间或对已做工作按计件单价支付给个人的劳动报酬。

(2) 奖金，是指对超额劳动和增收节支支付给个人的劳动报酬，如节约奖等。

(3) 津贴补贴，是指为了补偿职工特殊或额外的劳动消耗和因其他特殊原因支付给个人的津贴，以及为了保证职工工资水平不受物价影响而支付给个人的物价补贴，如流动施工津贴、特殊地区施工津贴、高温(寒)作业临时津贴、高空津贴等。

(4) 加班加点工资，是指按规定支付的在法定节假日工作的加班工资和在法定日工作时间外延时工作的加点工资。

(5) 特殊情况下支付的工资，是指根据国家法律、法规和政策规定，因病、工伤、产假、计划生育假、婚丧假、事假、探亲假、定期休假、停工学习、执行国家或社会义务等原因按计时工资标准或计时工资标准的一定比例支付的工资。

- 建筑安装工程费
  - 人工费
    - 1.计时工资或计件工资
    - 2.奖金
    - 3.津贴、补贴
    - 4.加班加点工资
    - 5.特殊情况下支付的工资
  - 材料费
    - 1.材料原价
    - 2.运杂费
    - 3.运输损耗费
    - 4.采购及保管费
  - 施工机具使用费
    - 1.施工机械使用费
      - 1.折旧费
      - 2.大修理费
      - 3.经常修理费
      - 4.安拆费及场外运费
      - 5.人工费
      - 6.燃料动力费
      - 7.税费
    - 2.仪器仪表使用费
  - 企业管理费
    - 1.管理人员工资
    - 2.办公费
    - 3.差旅交通费
    - 4.固定资产使用费
    - 5.工具用具使用费
    - 6.劳动保险和职工福利费
    - 7.劳动保护费
    - 8.检验试验费
    - 9.工会经费
    - 10. 职工教育经费
    - 11. 财产保险费
    - 12. 财务费
    - 13. 税金
    - 14. 其他
  - 利润
  - 规费
    - 1.社会保险费
      - 1.养老保险费
      - 2.失业保险费
      - 3.医疗保险费
      - 4.生育保险费
      - 5.工伤保险费
    - 2.住房公积金
  - 税金——增值税

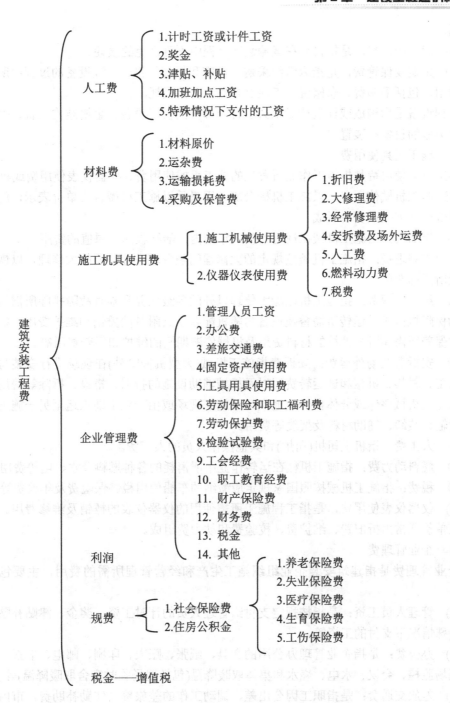

图 2-3 建筑安装工程费用项目组成表(按费用构成要素划分)

2) 材料费

材料费是指施工过程中耗费的原材料、辅助材料、构配件、零件、半成品或成品、工程设备的费用，主要包括以下内容。

(1) 材料原价，是指材料、工程设备的出厂价格或商家供应价格。

(2) 运杂费，是指材料、工程设备自来源地运至工地仓库或指定堆放地点所发生的全部费用。

(3) 运输损耗费，是指材料在运输装卸过程中不可避免的损耗。

(4) 采购及保管费，是指为组织采购、供应和保管材料、工程设备的过程中所需要的各项费用，包括采购费、仓储费、工地保管费、仓储损耗。

工程设备是指构成或计划构成永久工程一部分的机电设备、金属结构设备、仪器装置及其他类似的设备和装置。

3) 施工机具使用费

施工机具使用费是指施工作业所发生的施工机械使用费、仪器仪表使用费或租赁费。

(1) 施工机械使用费，以施工机械台班耗用量乘以施工机械台班单价表示，施工机械台班单价由下列七项费用组成。

① 折旧费：指施工机械在规定的使用年限内，陆续收回其原值的费用。

② 大修理费：指施工机械按规定的大修理间隔台班进行必要的大修理，以恢复其正常功能所需的费用。

③ 经常修理费：指施工机械除大修理以外的各级保养和临时故障排除所需的费用，包括为保障机械正常运转所需替换设备与随机配备工具附具的摊销和维护费用，机械运转中日常保养所需润滑与擦拭的材料费用及机械停滞期间的维护和保养费用等。

④ 安拆费及场外运费：安拆费指施工机械(大型机械除外)在现场进行安装与拆卸所需的人工、材料、机械和试运转费用以及机械辅助设施的折旧、搭设、拆除等费用；场外运费指施工机械整体或分体自停放地点运至施工现场或由一施工地点运至另一施工地点所需的运输、装卸、辅助材料及架线等费用。

⑤ 人工费：指机上司机(司炉)和其他操作人员的人工费。

⑥ 燃料动力费：指施工机械在运转作业中所消耗的各种燃料及水、电等费用。

⑦ 税费：指施工机械按照国家规定应缴纳的车船使用税、保险费及年检费等。

(2) 仪器仪表使用费，是指工程施工所需使用的仪器仪表的摊销及维修费用。仪器仪表台班单价通常由折旧费、维护费、校验费和动力费组成。

4) 企业管理费

企业管理费是指建筑安装企业组织施工生产和经营管理所需的费用，主要包括以下内容。

(1) 管理人员工资：是指按规定支付给管理人员的计时工资、奖金、津贴补贴、加班费及特殊情况下支付的工资等。

(2) 办公费：是指企业管理办公用的文具、纸张、账表、印刷、邮电、书报、办公软件、现场监控、会议、水电、烧水和集体取暖降温(包括现场临时宿舍取暖降温)等费用。

(3) 差旅交通费：是指职工因公出差、调动工作的差旅费、住勤补助费，市内交通费和午餐补助费，职工探亲路费，劳动力招募费，职工退休、退职一次性路费，工伤人员就医路费，工地转移费以及管理部门使用的交通工具的油料、燃料等费用。

(4) 固定资产使用费：是指管理和试验部门及附属生产单位使用的属于固定资产的房屋、设备、仪器等的折旧、大修、维修或租赁费。

(5) 工具用具使用费：是指企业施工生产和管理使用的不属于固定资产的工具、器具、家具、交通工具和检验、试验、测绘、消防用具等的购置维修和摊销费。

(6) 劳动保险和职工福利费：是指由企业支付的职工退休金、按规定支付给离休干部的经费，集体福利费，夏季防暑降温、冬季取暖补贴，上下班交通补贴等。

(7) 劳动保护费：是企业按规定发放的劳动保护用品的支出，如工作服、手套、防暑降温饮料以及在有碍身体健康的环境中施工的保健费用等。

(8) 检验试验费：是指施工企业按照有关标准规定，对建筑以及材料、构件和建筑安装物进行一般鉴定、检查所发生的费用，包括自设试验室进行试验所耗用的材料等费用。不包括新结构、新材料的试验费，对构件做破坏性试验及其他特殊要求检验试验的费用和建设单位委托检测机构进行检测的费用，对此类检测发生的费用，由建设单位在工程建设其他费用中列支。但对施工企业提供的具有合格证明的材料进行检测不合格的，该检测费用由施工企业支付。

(9) 工会经费：是指企业按《中华人民共和国工会法》规定的全部职工工资总额比例计提的工会经费。

(10) 职工教育经费：是指按职工工资总额的规定比例计提，企业为职工进行专业技术和职业技能培训，专业技术人员继续教育，职工职业技能鉴定、职业资格认定以及根据需要对职工进行各类文化教育所发生的费用。

(11) 财产保险费：是指施工管理用财产、车辆等的保险费用。

(12) 财务费：是指企业为施工生产筹集资金或提供预付款担保、履约担保、职工工资支付担保等所发生的各种费用。

(13) 税金：是指企业按规定缴纳的房产税、车船使用税、土地使用税、印花税等。

(14) 其他：包括技术转让费、技术开发费、投标费、业务招待费、绿化费、广告费、公证费、法律顾问费、审计费、咨询费、保险费等。

5) 利润

利润是指施工企业完成所承包工程获得的盈利。

6) 规费和税金

规费和税金的构成和计算与“按造价形成划分的建筑安装工程费用项目组成”部分是相同的。

2.1.3 工程建设其他费用的构成和计算

工程建设其他费用是指建设期发生的与土地使用权取得、全部工程项目建设以及未来生产经营有关的，除工程费用、预备费、增值税、建设期融资费用、流动资金以外的费用。

政府有关部门对建设项目管理监督所发生的，并由其部门财政支出的费用，不得列入相应建设项目的工程造价。

1. 建设单位管理费

1) 建设单位管理费的内容

建设单位管理费是指项目建设单位从项目筹建之日起至办理竣工财务决算之日止发生的管理性质的支出。建设单位管理费包括工作人员薪酬及相关费用、办公费、办公场地租用费、差旅交通费、劳动保护费、工具用具使用费、固定资产使用费、招募生产工人费、技术图书资料费(含软件)、业务招待费、竣工验收费和其他管理性质开支。

2) 建设单位管理费的计算

建设单位管理费按照工程费用之和(包括设备工器具购置费和建筑安装工程费用)乘以建设单位管理费费率计算。

$$建设单位管理费 = 工程费用 \times 建设单位管理费费率 \quad (2.1.21)$$

实行代建制管理的项目，计列代建管理费等同建设单位管理费，不得同时计列建设单位管理费。委托第三方行使部分管理职能的，其技术服务费列入技术服务费项目。

2. 用地与工程准备费

用地与工程准备费是指取得土地与工程建设施工准备所发生的费用，包括土地使用费和补偿费、场地准备费、临时设施费等。

其中，建设用地的取得，实质是依法获取国有土地的使用权。根据《中华人民共和国土地管理法》《中华人民共和国土地管理法实施条例》《中华人民共和国城市房地产管理法》的规定，获取国有土地使用权的基本方法有两种：一是出让方式；二是划拨方式。建设土地取得的基本方式还包括租赁和转让方式。

建设用地如通过行政划拨方式取得，则须承担征地补偿费用或对原用地单位或个人的拆迁补偿费用；若通过市场机制取得，则不但须承担以上费用，还须向土地所有者支付有偿使用费，即土地出让金。

3. 市政公用配套设施费

市政公用配套设施费是指使用市政公用设施的工程项目，按照项目所在地政府有关规定建设或缴纳的市政公用设施建设配套费用。

市政公用配套设施可以是界区外配套的水、电、路、信等，包括绿化、人防等配套设施。

4. 技术服务费

技术服务费是指在项目建设全部过程中委托第三方提供项目策划、技术咨询、勘察设计、项目管理和跟踪验收评估等技术服务发生的费用。技术服务费包括可行性研究费、专项评价费、勘察设计费、监理费、研究试验费、特殊设备安全监督检验费、监造费、招标费、设计评审费、技术经济标准使用费、工程造价咨询费及其他咨询费。按照国家发展改革委关于《进一步放开建设项目专业服务价格的通知》(发改价格〔2015〕299号)的规定，技术服务费应实行市场调节价。

5. 建设期计列的生产经营费

建设期计列的生产经营费是指为达到生产经营条件在建设期发生或将要发生的费用，包括专利及专有技术使用费、联合试运转费、生产准备费等。

6. 工程保险费

工程保险费是指为转移工程项目建设的意外风险，在建设期内对建筑工程、安装工程、机械设备和人身安全进行投保而发生的费用，包括建筑安装工程一切险、引进设备财产保险和人身意外伤害险等。不同的建设项目可根据工程特点选择投保险种。根据不同的工程类别，分别以其建筑、安装工程费乘以建筑、安装工程保险费率计算。

7．税费

按财政部《基本建设项目建设成本管理规定》(财建〔2016〕504 号)的有关规定，税费统一归纳计列，是指耕地占用税、城镇土地使用税、印花税、车船使用税等，以及行政性收费，不包括增值税。

2.1.4　预备费的计算

预备费和建设期利息的计算

预备费是指在建设期内因各种不可预见因素的变化而预留的可能增加的费用，包括基本预备费和涨价预备费。

1．基本预备费

1)　基本预备费的内容

基本预备费是指投资估算或工程概算阶段预留的，由于工程实施中不可预见的工程变更及洽商、一般自然灾害处理、地下障碍物处理、超规超限设备运输等而可能增加的费用，亦可称为工程建设不可预见费。基本预备费一般由以下四部分构成。

(1)　工程变更及洽商。在批准的初步设计范围内，技术设计、施工图设计及施工过程中所增加的工程费用；设计变更、工程变更、材料代用、局部地基处理等增加的费用。

(2)　一般自然灾害处理。一般自然灾害造成的损失和预防自然灾害所采取的措施费用。实行工程保险的工程项目，该费用应适当降低。

(3)　不可预见的地下障碍物处理的费用。

(4)　超规超限设备运输增加的费用。

2)　基本预备费的计算

基本预备费是按工程费用和工程建设其他费用二者之和为计取基础，乘以基本预备费费率进行计算的。

$$\text{基本预备费}=(\text{设备及工器具购置费}+\text{建筑安装工程费}+\text{工程建设其他费})\times\text{基本预备费费率} \tag{2.1.22}$$

基本预备费费率的取值应执行国家及有关部门的规定。

2．价差预备费

价差预备费是指项目在建设期内由于价格等变化引起投资增加，需要事先预留的费用。其计算公式为

$$\mathrm{PF}=\sum_{t=1}^{n} I_t[(1+f)^m(1+f)^{0.5}(1+f)^{t-1}-1] \tag{2.1.23}$$

式中：PF——价差预备费；

I_t——建筑期中第 t 年的静态投资计划额；

n——建设期年份数；

f——年涨价率；

m——建设前期年限(从编制估算到开工建设，单位：年)。

【例 2.3】某建设项目建安工程费 5 000 万元，设备购置费 3 000 万元，工程建设其他费用 2 000 万元，已知基本预备费率 5%，项目建设前期年限为 1 年，建设期为 3 年，各年投资计划额为：第一年完成投资 20%，第二年 60%，第三年 20%。年均投资价格上涨率为

6%，求建设项目建设期间价差预备费。

解： 基本预备费=(5 000+3 000+2 000) × 5%=500(万元)

静态投资=5 000+3 000+2 000+500=10 500(万元)

建设期第一年完成投资=10 500 × 20%=2 100(万元)

第一年价差预备费为：$PF_1=I_1[(1+f)(1+f)^{0.5}-1]$=191.8(万元)

第二年完成投资=10 500 × 60%=6 300(万元)

第二年价差预备费为：$PF_2=I_2[(1+f)(1+f)^{0.5}(1+f)-1]$=987.9(万元)

第三年完成投资=10 500 × 20%=2 100(万元)

第三年价差预备费为：$PF_3=I_3[(1+f)(1+f)^{0.5}(1+f)^2-1]$=475.1(万元)

所以，建设期的价差预备费为

PF=191.8+987.9+475.1=1 654.8(万元)

2.1.5 建设期利息的计算

建设期利息主要是指在建设期内发生的为工程项目筹措资金的融资费用及债务资金利息。

建设期利息的计算，根据建设期资金用款计划，在总贷款分年均衡发放的前提下，可按当年借款在年中支用考虑，即当年借款按半年计息，上年借款按全年计息。其计算公式为

$$\text{各年应计利息}=(\text{年初借款本息累计}+\text{本年借款额}\div 2)\times\text{年利率} \quad (2.1.24)$$

【例 2.4】某新建项目，建设期为 3 年，共向银行贷款 1 300 万元，贷款时间为：第一年 300 万元，第二年 600 万元，第三年 400 万元。年利率为 6%，计算建设期利息。

解： 在建设期，各年利息计算如下：

第 1 年应计利息=300÷2 × 6%=9(万元)

第 2 年应计利息=(300+9+600÷2) × 6%=36.54(万元)

第 3 年应计利息=(300+9+600+36.54+400÷2) × 6%=68.73(万元)

建设期利息=9+36.54+68.73=114.27(万元)。

2.1.6 流动资金的估算方法

流动资金是指建设项目投产后为维持正常生产经营用于购买原材料、燃料，支付工资及其他生产经营费用等所必不可少的周转资金。它是伴随着固定资产投资而发生的永久性流动投资，其值等于项目投产运营后所需全部流动资产扣除流动负债后的余额。其中，流动资产主要考虑应收及预付账款、现金和存货，流动负债主要考虑应付和预收款。由此看出，这里所揭示的流动资金的概念，实际上就是财务中的营运资金。

流动资金的估算一般采用两种方法。

1. 扩大指标估算法

扩大指标估算法是指按照流动资金占某种基数的比率来估算流动资金。一般常用的基数有销售收入、经营成本、总成本费用和固定资产投资等，究竟采用何种基数依行业习惯而定。

(1) 产值(或销售收入)资金率估算法。

$$流动资金额=年产值(年销售收入额)\times产值(销售收入)资金率 \quad (2.1.25)$$

(2) 经营成本(或总成本)资金率估算法。经营成本是一项反映物质、劳动消耗和技术水平、生产管理水平的综合指标，一些工业项目，尤其是采掘工业项目经常采用经营成本(或总成本)资金率估算流动资金。

$$流动资金额=年经营成本(年总成本)\times经营成本资金率(总成本资金率) \quad (2.1.26)$$

(3) 固定资产投资资金率估算法。固定资产投资资金率是流动资金占固定资产投资的百分比，如化工项目流动资金占固定资产投资的 15%～20%，一般工业项目流动资金占固定资产投资的 5%～12%。

$$流动资金额=固定资产投资\times固定资产投资资金率 \quad (2.1.27)$$

(4) 单位产量资金率估算法。单位产量资金率，即单位产量占用流动资金的数额。

$$流动资金额=年生产能力\times单位产量资金率 \quad (2.1.28)$$

2. 分项详细估算法

分项详细评估算法，也称分项定额估算法。它是国际上同行的流动资金估算方法，详见下列公式。

$$流动资金=流动资产-流动负债 \quad (2.1.29)$$

$$流动资产=应收账款+预付账款+存货+库存现金 \quad (2.1.30)$$

$$流动负债=应付账款+预付账款 \quad (2.1.31)$$

$$流动资金本年增加额=本年流动资金-上一年流动资金 \quad (2.1.32)$$

(1) 现金估算：

$$现金=(年工资及福利费+年其他费用)\div资金周转天数 \quad (2.1.33)$$

$$年其他费用=制造费用+管理费用+销售费用-(以上三项中所包含的工资及福利费、折旧费、维建费、摊销费、修理费等) \quad (2.1.34)$$

(2) 应收(预付)账款的估算：

$$应收账款=年经营成本\div周转次数 \quad (2.1.35)$$

(3) 存货的估算：

存货估算包括各种外购材料、燃料、包装物、低值易耗品、在产品、外购商品、协作件、自制半成品和产成品等。在估算中的存货一般仅考虑外购原材料、燃料、在产品、产成品，也可以考虑备品备件。

$$外购原材料、燃料=年外购原材料、燃料费用\div周转次数 \quad (2.1.36)$$

$$在产品=(年外购原材料、燃料及动力费+年工资及福利费+年修理费+年其他制造费用)\div周转次数 \quad (2.1.37)$$

(4) 应付账款的估算：

$$应付账款=年外购原材料动力和备品备件费用\div周转次数 \quad (2.1.38)$$

【例 2.5】已知某建设项目达到设计生产能力后全厂定员 1 000 人，工资和福利费按每人每年 8 000 元估算。每年的其他费用为 800 万元。年外购原材料、燃料及动力费估算为 21 000 万元。年经营成本 25 000 万元，年修理费占年经营成本的 10%。各项流动资金的最低周转天数分别为：应收账款 30 天，现金 40 天，应付账款 30 天，存货 40 天。试对项目进行流动资金的估算。

解：用分项详细估算法估算流动资金

(1) 应收账款=年经营成本÷年周转次数=25 000÷(360÷30)=2 083.33(万元)

(2) 现金=(年工资福利费+年其他费)÷年周转次数

=(1 000×0.8+800)÷(360÷40)=177.78(万元)

(3) 存货：外购原材料、燃料=年外购原材料、燃料动力费÷年周转次数

=21 000÷(360÷40)=2 333.33(万元)

在产品=(年工资福利费+年其他费+年外购原材料、燃料及动力费+年修理费)÷年周转次数

=(1 000×0.8+800+21 000+25 000×10%)÷(360÷40)=2 788.89(万元)

产成品=年经营成本÷年周转次数=25 000÷(360÷40)=2 777.78(万元)

存货=2 333.33+2 788.89+2 777.78=7 900(万元)

(4) 流动资产=现金+应收账款+存货=177.78+2 083.33+7 900=10 161.11(万元)

(5) 应付账款=年外购原材料、燃料及动力和商品备件费用÷年周转次数

=21 000÷(360÷30)=1 750(万元)

(6) 流动负债=应付账款=1 750(万元)

(7) 流动资金=流动资产−流动负债=10 161.11−1 750=8 411.11(万元)

2.2 国外建设工程造价构成

国外各个国家的建设工程造价构成有所不同，具有代表性的是世界银行、国际咨询工程师联合会对建设工程造价构成的规定。这些国际组织对工程项目的总建设成本(相当于我国的工程造价)作了统一规定，工程项目总建设成本包括项目直接建设成本、项目间接建设成本、应急费和建设成本上升费等。各部分详细内容如下。

1. 项目直接建设成本

项目直接建设成本包括以下内容。

(1) 土地征购费。

(2) 场外设施费用，如道路、码头、桥梁、机场、输电线路等设施费用。

(3) 场地费用，指用于场地准备、厂区道路、铁路、围栏、场内设施等的建设费用。

(4) 工艺设备费，指主要设备、辅助设备及零配件的购置费用，包括海运包装费用交货港离岸价，但不包括税金。

(5) 设备安装费，指设备供应商的监理费用，本国劳务及工资费用，辅助材料、施工设备及消耗品和工具等费用，以及安装承包商的管理费和利润等。

(6) 管道系统费用，指与管道系统的材料及劳务相关的全部费用。

(7) 电气设备费，其内容与第(4)项类似。

(8) 电气安装费，指设备供应商的监理费用，本国劳务与工资费用，辅助材料、电缆管道和工具费用，以及营造承包商的管理费和利润。

(9) 仪器仪表费，指所有自动仪表、控制板、配线和辅助材料的费用以及供应商的监理费用、外国或本国劳务及工资费用、承包商的管理费和利润。

(10) 机械的绝缘和油漆费，指与机械及管道的绝缘和油漆相关的全部费用。

(11) 工艺建筑费，指原材料、劳务费以及与基础、建筑结构、屋顶、内外装修、公共设施有关的全部费用。

(12) 服务性建筑费用，其内容与第(11)项相似。

(13) 工厂普通公共设施费，包括材料和劳务费以及与供水、燃料供应、通风、蒸发及分配、下水道、污物处理等公共设施有关的费用。

(14) 车辆费，指工艺操作所必需的机动设备零件费用，包括海运包装费用以及交货港的离岸价，但不包括税金。

(15) 其他当地费用，指那些不能归类于以上任何一个项目，不能计项目间接成本，但在建设期间又是必不可少的当地费用。例如，临时设备、临时公共设施及场地的维持费，营地设施及其管理费，建筑保险和债券、杂项开支等费用。

2. 项目间接建设成本

项目间接建设成本包括以下内容。

(1) 项目管理费，包括：总部人员的薪金和福利费，以及用于初步和详细工程设计、采购、时间和成本控制、行政和其他一般管理的费用；施工管理现场人员的工资、福利费和用于施工现场监督、质量保证、现场采购、时间及成本控制、行政及其他施工管理机构的费用；零星杂项费用，如返工、旅行、生活津贴、业务支出等；各种酬金。

(2) 开工试车费，指工厂投料试车必需的劳务和材料费用。

(3) 业主的行政性费用，指业主的项目管理人员费用及支出。

(4) 生产前费用，指前期研究、探测、建矿、采矿等费用。

(5) 运费和保险费，指海运、国内运输、许可证及佣金、海洋保险、综合保险等费用。

(6) 税金，指关税、地方税及对特殊项目征收的税金。

3. 应急费

应急费包括以下内容。

(1) 未明确项目的准备金。此项准备金用于在估算时不可能明确的潜在项目，包括那些在做成本估算时因为缺乏完整、准确和详细的资料而不能完全预见和不能注明的项目，并且这些项目是必须完成的，或它们的费用是必定要发生的。在每一个组成部分中均单独以一定的百分比确定，并作为估算的一个项目单独列出。此项准备金不是为了支付工作范围以外可能增加的项目，不是用以应付天灾、非正常经济情况及罢工等情况，也不是用来补偿估算的任何误差，而是用来支付那些几乎可以肯定要发生的费用。因此，它是估算不可缺少的一个组成部分。

(2) 不可预见准备金。此项准备金(在未明确项目准备金之外)用于在估算达到了一定的完整性并符合技术标准的基础上，由于物质、社会和经济的变化，导致估算增加的情况。这种情况可能发生，也可能不发生。因此，不可预见准备金只是一种储备，可能不动用。

4. 建设成本上升费用

通常，估算中使用的构成工资率、材料和设备价格基础的截止日期就是“估算日期”，必须对该日期或已知成本基础进行调整，以补偿直至工程结束时的未知价格增长。

工程的各个主要组成部分(国内劳务和相关成本、本国材料、外国材料、本国设备、外国设备、项目管理机构)的细目划分确定以后，便可确定每一个主要组成部分的增长率。这个增长率是一项判断因素。它以已发表的国内和国际成本指数、公司记录的历史经验数据等为依据，并与实际供应商进行核对，然后根据确定的增长率和从工程进度表中获得的各主要组成部分的中位数值，计算出每项主要组成部分的成本上升值。

本章小结

建设项目总投资是为完成工程项目建设并达到使用要求或生产条件，在建设期内预计或实际投入的全部费用总和。生产性建设项目总投资包括建设投资、建设期利息和流动资金三部分；非生产性建设项目总投资包括建设投资和建设期利息两部分。总之，工程造价是指在建设期预计或实际支出的建设费用。

国外工程项目的总建设成本包括直接建设成本、间接建设成本、应急费和建设成本上升费等。

习 题

一、单项选择题

1. 根据现行建设项目投资构成的相关规定，固定资产投资应为(　　)。

A. 工程费用+工程建设其他费用

B. 建设投资+建设期利息

C. 建设安装工程费+设备及工器具购置费

D. 建设项目总投资

2. 根据现行建设项目投资构成的相关规定，下列费用中不属于工程建设其他费用的是(　　)。

A. 土地使用费　　B. 与建设项目有关的其他费

C. 建筑安装工程费　　D. 与未来企业生产经营有关的其他费

3. 根据现行建设项目投资构成的相关规定，下列费用中不属于建筑安装工程费的是(　　)。

A. 措施项目费　B. 其他项目费　C. 规费、税金　D. 土地使用费

4. 根据现行建设项目投资构成的相关规定，下列费用中不属于建设投资费用的是(　　)。

A. 设备及工、器具购置费　　B. 建筑安装工程费

C. 预备费　　D. 铺底流动资金

5. 根据现行建筑安装工程费用项目组成规定，下列费用项目中，属于施工机具使用费的是(　　)。

A. 仪器仪表使用费　　B. 施工机械财产保险费

C. 大型机械进出场费　　D. 大型机械安折费

6. 根据现行建筑安装工程费用项目组成规定，下列费用项目属于按造价形成划分的是(　　)。

A. 人工费　　　B. 企业管理费　C. 利润　　　D. 税金

7. 根据现行工程量计算规范，下列属于应予计量的措施项目费的是(　　)。

A. 排水、降水费　　　　　　B. 冬雨季施工增加费

C. 临时设施费　　　　　　　D. 安全文明施工费

8. 根据《建筑安装工程费用项目组成》(建标〔2013〕44 号文)的规定，建筑安装工程生产工人的高温作业临时津贴应计入(　　)。

A. 劳动保护费　B. 规费　　　C. 企业管理费　D. 人工费

9. 关于规费的计算，下列说法正确的是(　　)。

A. 规费虽具有强制性，但根据其组成又可以细分为可竞争性的费用和不可竞争性的费用

B. 规费由社会保险费和工程排污费组成

C. 社会保险费由养老保险费、失业保险费、医疗保险费、生育保险费、工伤保险费组成

D. 规费由意外伤害保险费、住房公积金、工程排污费组成

10. 根据现行《建筑安装工程费用项目组成》(建标〔2013〕44 号)的规定，职工的劳动保护费应计入(　　)。

A. 规费　　　B. 企业管理费　C. 措施费　　　D. 人工费

11. 基本预备费的计费基数是(　　)。

A. 设备及工器具购置费

B. 建筑安装工程费

C. 设备及工器具购置费+建筑安装工程费

D. 设备及工器具购置费+建筑安装工程费+工程建设其他费用

12. 不应该计入人工工资单价的费用是(　　)。

A. 加班加点工资　B. 职工福利费　C. 劳动保护费　D. 工资性补贴

二、计算题

1. 某企业拟采购一台国产非标准设备。据调查，供货方生产设备所用材料费为 22 万元，加工费为 3 万元，辅助材料费为 0.2 万元。供货方为生产该设备，在材料采购过程中发生进项增值税额 1 万元。专用工具费率为 1.2%，废品损失费率为 12%，外购配套件费为 4.5 万元，包装费率为 1%，利润率为 6%，增值税税率为 13%，非标准设备设计费为 4 万元，试求该国产非标准设备的原价。

2. 某项目建设期为 2 年，第一年贷款 4 000 万元，第二年贷款 2 000 万元，贷款年利率 10%，贷款在年内均衡发放，建设期只计息不付息。计算该项目的建设期利息。

3. 某建设项目建筑安装工程费用 2 000 万元，设备购置费 3 000 万元，工程建设其他费用 1 000 万元，基本预备费率为 10%，年均投资价格上涨率 5%，项目建设前期为 2 年，建设期为 3 年，计划第一年完成投资 20%，其余投资在后两年平均投入。计算该项目建设期间价差预备费。

4. 某建设项目建筑工程费 2 000 万元，安装工程费 700 万元，设备购置费 1 100 万元，工程建设其他费 450 万元，预备费 180 万元，建设期贷款利息 120 万元，铺底流动资金 500 万元。计算该项目的工程造价。

第3章

建筑工程定额与概预算

3.1 工程定额体系

3.1.1 定额的概念

定额，即规定的额度，是人们根据不同的需要，对某一事物规定的数量标准。

工程定额是指在正常施工条件下完成规定计量单位的合格建筑安装工程所消耗的人工、材料、施工机具台班、工期天数及相关费率等的数量标准。

3.1.2 定额的作用

1．定额是节约社会劳动，提高劳动生产率的重要手段

降低劳动消耗，提高劳动生产率，是人类社会发展的普遍要求和基本条件。定额为生产者和管理者提供了评价劳动成果和经营效益的标准尺度。

2．定额是组织和协调社会化大生产的工具

随着生产力的发展，分工越来越细，生产社会化程度越来越高。任何一件商品都是许多劳动者共同完成的社会产品，所以必须借助定额来实现生产要素的合理配置，组织、指挥、协调社会生产，保证社会生产的顺利、持续发展。

3．定额是贯彻按劳分配原则的手段

定额作为评价劳动成果和经济效益的尺度，也就成为实现按劳分配原则的手段。比如，依据工时消耗定额可以对劳动者的工作进行考核，通过分析其完成工作量的多少，决定其劳动所得的高低。

4．定额是宏观调控的依据

我国实施的是社会主义市场经济，既要发展市场经济，又要有计划地指导和调节，就需要利用定额为预测、计划、调节和控制经济发展提供有依据的参数和计量标准。

3.1.3　定额的分类

工程定额是一个综合概念，是建设工程造价计价和管理中各类定额的总称，包括许多种类的定额，可以按照不同的原则和方法对它进行分类。

定额的分类

1．按定额反映的生产要素消耗内容分类

按定额反映的生产要素消耗内容分类，可以把工程定额划分为劳动消耗定额、材料消耗定额和机具消耗定额三种。

(1)　劳动消耗定额。劳动消耗定额简称劳动定额(也称为人工定额)，是在正常的施工技术和组织条件下，完成规定计量单位合格的建筑安装产品所消耗的人工工日的数量标准。劳动定额的主要表现形式是时间定额，但同时也表现为产量定额。

(2)　材料消耗定额。材料消耗定额简称材料定额，是指在正常的施工技术和组织条件下，完成规定计量单位合格的建筑安装产品所消耗的原材料、成品、半成品、构配件、燃料以及水、电等动力资源的数量标准。

(3)　机具消耗定额。机具消耗定额由机械消耗定额与仪器仪表消耗定额组成。机械消耗定额是以一台机械一个工作班为计量单位，所以又称为机械台班定额。机械消耗定额是指在正常的施工技术和组织条件下，完成规定计量单位合格的建筑安装产品所消耗的施工机械台班的数量标准。机械消耗定额的主要表现形式是机械时间定额，同时也以产量定额表现。施工仪器仪表消耗定额的表现形式与机械消耗定额类似。

2．按定额的编制程序和用途分类

按定额的编制程序和用途分类，可以把工程定额分为施工定额、预算定额、概算定额、概算指标、投资估算指标等。

(1)　施工定额。施工定额是完成一定计量单位的某一施工过程或基本工序所需人工、材料和施工机具台班数量标准。施工定额是施工企业(建筑安装企业)组织生产和加强管理在企业内部使用的一种定额，属于企业定额的性质。施工定额是以某一施工过程或基本工序作为研究对象，表示生产产品数量与生产要素消耗综合关系编制的定额。为适应组织生产和管理的需要，施工定额的项目划分很细，是工程定额中分项最细、定额子目最多的一种定额，也是工程定额中的基础性定额。

(2)　预算定额。预算定额是在正常的施工条件下，完成一定计量单位合格分项工程结构构件所需消耗的人工、材料、施工机具台班数量及其费用标准。从编制程序上看，预算定额是以施工定额为基础综合扩大编制的，同时它也是制定概算定额的基础。

(3)　概算定额。概算定额是完成单位合格扩大分项工程或扩大结构构件所需消耗的人工、材料和施工机具台班的数量及其费用标准，是一种计价性定额。概算定额是编制初步设计概算、确定建设项目投资额的依据。概算定额的项目划分粗细，与扩大初步设计的深度相适应，一般是在预算定额的基础上综合扩大而成的，每一扩大分项概算定额包含了数项预算定额。

(4)　概算指标。概算指标是以单位工程为对象，反映完成一个规定计量单位建筑产品的经济指标。概算指标是概算定额的扩大与合并，以扩大的计量单位来编制概算指标的内容，包括人工、材料、机具台班三个基本部分，同时还列出了分部工程量及单位工程的造

价，是一种计价定额。

(5) 投资估算指标。投资估算指标是以建设项目、单项工程、单位工程为对象，建设总投资及其各项费用构成的经济指标。它是在项目建议书和可行性研究阶段的估算指标，往往根据历史的预、决算资料和价格变动等资料编制，但其编制基础仍离不开预算定额、概算定额。

3. 按专业分类

由于工程建设涉及众多专业，不同的专业所含的内容也不同，因此就确定人工、材料和机具台班消耗数量标准的工程定额来说，也需按不同的专业分别进行编制和执行。

(1) 建筑工程定额按专业对象分为建筑及装饰工程定额、房屋修缮工程定额、市政工程定额、铁路工程定额、公路工程定额、矿山井巷工程定额、水利工程定额、水运工程定额等。

(2) 安装工程定额按专业对象分为电气设备安装工程定额、机械设备安装工程定额、热力设备安装工程定额、通信设备安装工程定额、化学工业设备安装工程定额、工业管道安装工程定额、工艺金属结构安装工程定额等。

4. 按主编单位和管理权限分类

工程定额可以分为全国统一定额、行业统一定额、地区统一定额、企业定额、补充定额等。

(1) 全国统一定额是由国家建设行政主管部门综合全国工程建设中技术和施工组织管理的情况编制，并在全国范围内执行的定额。

(2) 行业统一定额是考虑到各行业专业工程技术特点，以及施工生产和管理水平编制的，一般是只在本行业和相同专业性质的范围内使用。

(3) 地区统一定额包括省、自治区、直辖市定额。地区统一定额主要是考虑地区性特点和全国统一定额水平做适当调整和补充编制的。

(4) 企业定额是施工单位根据本企业的施工技术、机械装备和管理水平编制的人工、材料、机具台班等的消耗标准。企业定额在企业内部使用，是企业综合素质的标志。企业定额水平一般应高于国家现行定额标准，能满足生产技术发展、企业管理和市场竞争的需要。在工程量清单计价方法下，企业定额是施工企业进行投标报价的依据。

(5) 补充定额是指随着设计、施工技术的发展，在现行定额不能满足需要的情况下，为了补充缺陷所编制的定额。补充定额只能在指定的范围内使用，可以作为以后修订定额的基础。

上述各种定额虽然适用于不同的情况和用途，但是它们是一个互相联系的、有机的整体，在实际工作中配合使用。

3.2 施工定额与施工预算

3.2.1 施工定额与施工预算的概念

施工定额是指企业在正常的施工条件下，以同一性质的施工过程为测定对象而规定的完成单位合格产品所消耗的人工、材料、机械台班使用的数量标准。施工定额是根据企业的实际施工技术水平和管理水平编制的一种内部使用的生产定额，施工定额属于基础定额。

施工定额不仅是确定施工过程或单位合格产品的生产要素消耗量的基础，同时也是确定企业定员标准、实行计划管理、编制施工作业计划、推行经济责任制的主要依据，通过与其他企业的施工定额相比较，可以衡量本企业工人劳动生产效率的高低和企业技术管理水平的高低。

利用本企业的施工定额，确定完成单位合格产品所消耗的人、材、机数量，并考虑相应的价格，经编制、汇总得到的预算称为施工预算。某企业施工定额形式见表 3-1。

表 3-1 建筑工程施工定额实例

定额编号：166　　项目名称：一砖及一砖以上内墙　　计量单位：$10m^2$

项　目	单　位	数　量
人工	工日	15.22
材料：混合砂浆 M2.5	m^3	2.35
红(青)砖	千块	5.26
水	m^3	1.06
机械：灰浆搅拌机	台班	0.28
塔式起重机	台班	0.47

3.2.2 人工定额(劳动定额)

1. 定额时间的构成

工人工作时间消耗，是指工人在同一工作班内，全部劳动时间的消耗。工人在工作班内消耗的工作时间，按其消耗的性质，可分为两大类：必需消耗的时间和损失时间，如图 3-1 所示。

必需消耗的时间(也称为定额时间)，是指工人在正常施工条件下，为完成单位合格产品所消耗的时间。

损失时间(也称为非定额时间)，是指与产品生产无关，而与施工组织和技术上的缺点有关，与工人在施工过程中的个人过失或某些偶然因素有关的时间消耗。

制定人工定额时，考虑的是生产产品的定额时间，即图 3-1 中所示的必需消耗的时间。

2. 人工定额的确定方法

人工定额是根据国家的经济政策、劳动制度和有关技术文件及资料制定的。确定人工定额，常用的方法有以下四种。

(1) 技术测定法。技术测定法是根据生产技术和施工组织条件，对施工过程中各工序，采用测时法写实记录法、工作日写实法和简易测定法，测出各工序的工时消耗等资料，再对所获得的资料进行科学的分析，确定劳动定额的方法。

(2) 统计分析法。统计分析法是把过去施工生产中的同类工程或同类产品的工时消耗的统计资料，与当前生产技术和施工组织条件的变化因素结合起来，通过统计分析，确定定额的方法。这种方法简单易行，适用于施工条件正常、产品稳定、工序重复量大和统计工作制度健全的施工过程。

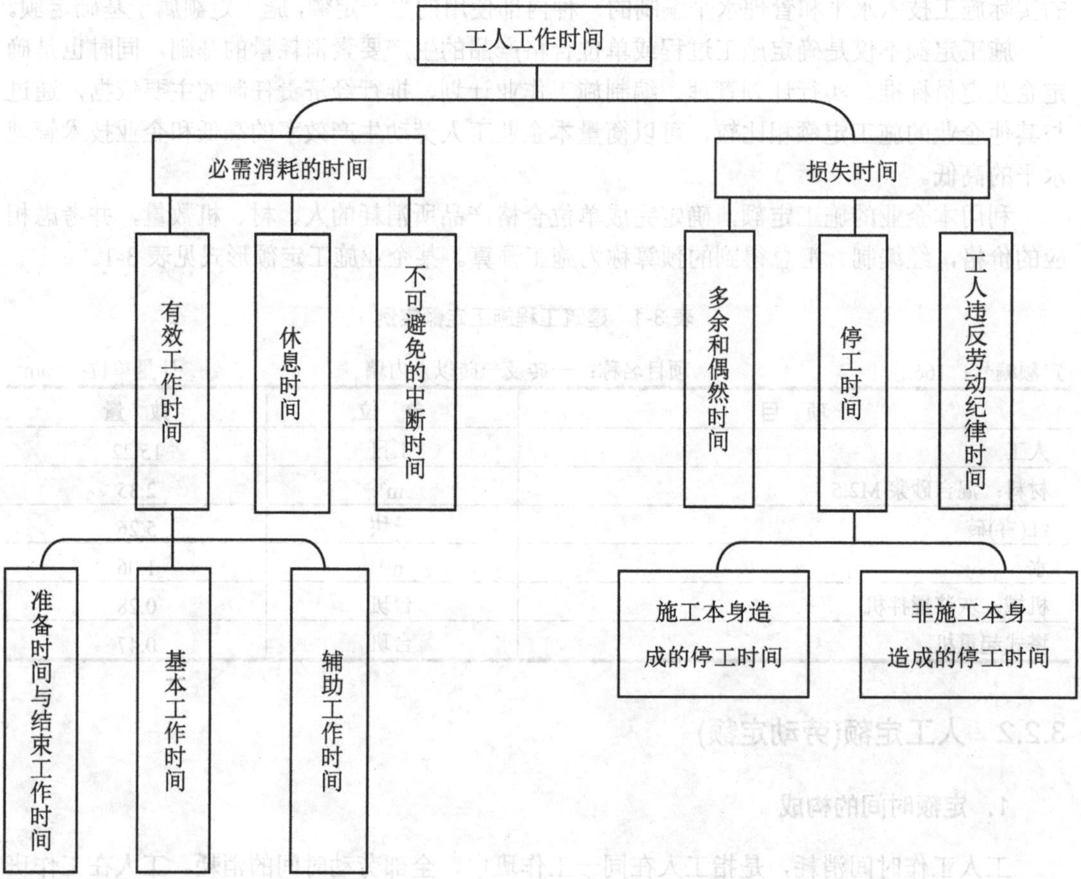

图 3-1　工人工作时间分类图

(3) 比较类推法。对于同类型产品规格多、工序重复、工作量小的施工过程，常用比较类推法。采用此法确定定额是以同类型工序和同类型产品的实耗工时为标准，类推出相似项目定额水平的方法。此法必须掌握类似的程度和各种影响因素的异同程度。

(4) 经验估计法。根据定额专业人员、经验丰富的工人和施工技术人员的实际工作经验，参考有关定额资料，对施工管理组织和现场技术条件进行调查，讨论和分析确定定额的方法，叫作经验估计法。经验估计法通常在确定一次性定额时使用。

3．人工定额的确定

1)　工序作业时间(简称作业时间)

工序作业时间由生产产品的基本工作时间和辅助工作时间构成，它是生产产品主要的、必需消耗的工作时间。

(1) 基本工作时间的确定。基本工作时间占必需消耗的工作时间的比重最大。拟定时要实测并记录单位产品施工生产中每道工序消耗的时间，再经综合计算而得。

$$T_{基本}=\sum_{i=1}^{n}t_i \tag{3.2.1}$$

式中，$T_{基本}$——单位产品基本工作时间；

t_i——i 组成部分的基本工作时间；

n——对应产品的工序道数。

(2) 辅助工作时间的确定。辅助工作时间一般按实测法计算，如有现行的工时(即工序作业时间)规范，也可以按工序作业时间的百分比计算。

2) 规范时间

规范时间包括工序作业时间以外的准备时间与结束时间、不可避免中断时间和休息时间。

规范时间一般都是以定额时间的百分数来确定的，见表 3-2。在有些教材中，定额时间为工作班时间或工作日延续时间。

表 3-2　规范时间占定额时间(8h)的比例

规范时间	占定额时间(8h)的比例(%)
准备时间与结束时间	2～6
不可避免中断时间	2～4
休息时间	4～16

3) 定额时间的拟定

定额时间的计算方法如下：

$$工序作业时间=基本工作时间+辅助工作时间 \tag{3.2.2}$$

辅助工作时间占工序作业时间的百分比用“辅助时间%”表示，则：

$$辅助工作时间=工序作业时间\times辅助时间\% \tag{3.2.3}$$

由式(3.2.2)和式(3.2.3)得：

$$工序作业时间=\frac{基本工作时间}{(1-辅助时间\%)} \tag{3.2.4}$$

规范时间=准备时间与结束时间+不可避免中断时间+休息时间

规范时间占定额时间的百分比用“规范时间%”表示，则：

$$规范时间=定额时间\times规范时间\% \tag{3.2.5}$$

$$定额时间=工序作业时间+规范时间 \tag{3.2.6}$$

由式(3.2.5)和式(3.2.6)得：

$$定额时间=\frac{工序作业时间}{1-规范时间\%} \tag{3.2.7}$$

4. 人工定额的基本形式

人工定额又称劳动定额，是指在正常的施工条件下，完成单位合格产品所必需的人工消耗量标准。人工定额有时间定额和产量定额两种基本形式。

1) 时间定额

时间定额是指在一定的生产技术和生产组织条件下，某工种和某种技术等级的工人小组或个人，完成单位合格产品所必须消耗的工作时间。时间定额的计量单位，通常以生产单位产品所消耗的工日来表示，每个工日的工作时间规定为 8 小时。

当定额时间的单位为分钟时，有：

$$时间定额=\frac{定额时间}{8\times 60}(工日) \tag{3.2.8}$$

时间定额的计算方法如下：

$$单位产品的时间定额(工日)=生产产品需消耗的工日数\div 产品的数量 \tag{3.2.9}$$

2) 产量定额

产量定额是指在一定的生产技术和生产组织条件下，某工种和某种技术等级的工人小组或个人，在单位时间(工日)内，完成合格产品的数量。

产量定额是以产品的单位(如 m、m^2、m^3、t、块、件等)作为计量单位。

产量定额的计算方法如下：

$$单位时间的产量定额=产品的数量\div 生产产品需消耗的工日数 \tag{3.2.10}$$

从时间定额和产量定额的概念和计算式可以看出，两者互为倒数关系，即

$$时间定额=1\div 产量定额$$

时间定额和产量定额，是劳动定额的两种不同的表现形式。但它们有各自的用途。时间定额以工日为单位，便于计算分部分项工程的工日需要量，计算工期和核算工资。因此，劳动定额通常采用时间定额进行计量。产量定额以产品的数量进行计量，用于分配工作量、编制作业计划和考核生产效率。

【例 3.1】完成 $1m^3$砌体的基本工作时间为 16.6h(折算成一人工作时间)，辅助工作时间占工序时间的 3%。其他时间均以占定额时间的百分比来计算，其中准备时间与结束时间为 2%，不可避免的中断时间为 2%，休息时间为 16%。求砌筑每立方米砖墙的时间定额和产量定额。

解： $$工序作业时间=\frac{基本工作时间}{1-辅助时间\%}=\frac{16.6}{1-3\%}=17.11(h)$$

$$定额时间=\frac{工序作业时间}{1-规范时间\%}=\frac{17.11}{1-(2\%+2\%+16\%)}=21.39(h)$$

时间定额=21.39÷8=2.67(工日)

产量定额=1÷2.67=0.375(m^3)

【例 3.2】某工程计划 8 月份完成砌一砖厚的砖墙 1 000m^3，求所需安排劳动力的数量(在劳动定额中查得，一砖墙每立方米砌体的时间定额为 0.802 工日，设每月有效施工天数为 25.5 天)。

解： 完成砌一砖厚的砖墙 1 000m^3 消耗的工日数为：1 000 × 0.802=802(工日)

所需安排劳动力的数量：802÷25.5≈32(人)

3.2.3 材料消耗定额

1. 材料消耗定额的概念

材料消耗定额是指在正常施工条件下，完成单位合格产品所必需消耗的材料和半成品(如构件和配件等)的数量标准。在建筑安装工程成本中，材料消耗的比重约占 65%，甚至更高，因此建筑产品的造价主要决定于材料消耗量的大小。加强材料消耗定额的管理工作，对于实行经济核算，具有重要的现实意义。

材料消耗定额可用于编制采购计划，及时地按计划供应施工所需要的材料，防止超储积压，加速资金周转，提高经济效益。同时也是确定材料需用量，签发限额领料单，考核和分析材料利用情况的依据。

2．材料消耗定额的确定方法

材料消耗定额的确定方法有四种：观测法，试验法，统计法，理论计算法。

(1) 观测法。观测法是在现场对施工过程进行观察，记录产品的完成数量、材料的消耗数量以及作业方法等具体情况，通过分析与计算来确定材料消耗指标的方法。

(2) 试验法。试验法是在试验室里，用专门的设备和仪器，来进行模拟试验，测定耗量的一种方法。如混凝土、砂浆、钢筋等材料消耗量的确定。试验法的优点是能在材料用于施工前就测定出材料的用途和性能；缺点是由于脱离施工现场，有些实际影响材料消耗量的因素难以估计。

(3) 统计法。统计法是以长期现场积累的分部分项工程的拨付材料数量、完成产品数量及完工后剩余材料数量的统计资料为基础，经过分析计算得出单位产品的材料消耗量的方法。统计法准确程度较差，应该结合实际施工过程，经过分析研究后，确定材料消耗指标。

(4) 理论计算法。有些建筑材料，可以根据施工图中所标明的材料及构造，结合理论公式计算消耗量，如红砖(或青砖)、型钢、玻璃和钢筋混凝土预制构件等，都可以通过理论计算法求出消耗量。

3．材料消耗定额的组成

材料消耗定额分为两部分。一部分是直接用于工程中的材料，称为材料净用量；另一部分是操作过程中不可避免的材料损耗量。即：

$$\text{材料总耗量}=\text{材料净用量}+\text{材料损耗量} \tag{3.2.11}$$

$$\text{材料总耗量}=\text{材料净用量}\times(1+\text{材料损耗率}) \tag{3.2.12}$$

其中，材料损耗率=(材料损耗量÷材料净用量)×100%

材料损耗率可按有关规定执行。

1)　砌体材料用量的确定

$$\text{砖的净用量}=\frac{2\times\text{墙厚的砖数}}{\text{墙厚}\times(\text{砖长}+\text{灰缝})\times(\text{砖厚}+\text{灰缝})} \tag{3.2.13}$$

式中的墙厚规定为：半砖墙 0.115m，一砖墙 0.24m，一砖半墙 0.365m。

$$\text{每立方米砌体砂浆净用量}=1-\text{砖的净用量}\times\text{单块砖体积} \tag{3.2.14}$$

【例 3.3】用标准砖砌筑一砖半的墙体，求每立方米砖砌体所用砖和砂浆的总耗量。已知砖的损耗率为 1%，砂浆的损耗率为 1%，灰缝宽 0.01m。

解： $\text{砖净用量}=\dfrac{2\times1.5}{0.365\times(0.24+0.01)\times(0.053+0.01)}=521.85(\text{块})$

砖的总用量=521.85 × (1+0.01) ≈527(块)

每立方米砖砌体砂浆的净用量=1−522 × 0.24 × 0.115 × 0.053=0.236(m^3)

每立方米砖砌体砂浆的总用量=0.236 × (1+0.01)=0.238(m^3)

2) 块料面层材料净用量的确定

以 $100m^2$ 为单位计算，有：

$$块料面层净用量=100\div[(块料长+灰缝)\times(块料宽+灰缝)] \quad (3.2.15)$$

$$灰缝材料净用量=[100-块料净用量\times块料长\times块料宽]\times灰缝厚 \quad (3.2.16)$$

$$结合层材料净用量=100\times结合层厚度 \quad (3.2.17)$$

【例 3.4】用 1∶3 水泥砂浆贴 300mm×300mm×20mm 的大理石块料面层，结合层厚度为 30mm，试计算 $100m^2$ 地面大理石块料面层和砂浆的总用量(设灰缝宽 3mm，大理石块的损耗率为 0.2%，砂浆的损耗率为 1%)。

解： 块料面层净用量=100÷[(0.3+0.003)×(0.3+0.003)]=1 089.22(块)

大理石块料总用量=1 089.22×(1+0.2%)≈1 092(块)

灰缝材料净用量=[100−1 089.22×0.3×0.3]×0.02=0.039(m^3)

结合层材料净用量 100×0.03=3(m^3)

砂浆总用量=(0.039+3)×(1+0.01)=3.07(m^3)

3.2.4 机械台班消耗定额

1．机械台班定额的概念

机械台班消耗定额，又称机械台班使用定额。它是指在正常的施工条件、合理的施工组织和合理地使用机械的前提下，生产单位质量合格的建筑产品必需消耗的机械台班的数量标准。

工人使用一台机械，工作 8h，称为一个机械台班。一个台班的工作，既包括了机械的运行，又包括了操纵机械的工人的劳动。

2．定额时间的构成

与工人工作时间分类相似，机械工作时间也分为两大类，如图 3-2 所示，机械的定额时间只包括机械必需消耗的时间。

3．机械台班定额消耗量的确定方法

1) 确定机械 1 小时纯工作正常生产率

(1) 循环动作机械的 1 小时纯工作正常生产率。

$$机械一次循环的正常延续时间=\sum 循环各组成部分正常延续时间-交叠时间 \quad (3.2.18)$$

$$机械纯工作1小时循环次数=\frac{60(\text{min})}{一次循环的正常延续时间(\text{min})} \quad (3.2.19)$$

$$机械纯工作1小时正常生产率=机械纯工作1小时循环次数\times一次循环生产的产品数量 \quad (3.2.20)$$

(2) 连续动作机械的 1 小时纯工作正常生产率。

$$连续动作机械的1小时纯工作正常生产率=\frac{工作时间内生产的产品数量}{工作时间(\text{h})} \quad (3.2.21)$$

2) 确定施工机械的正常利用系数

$$机械正常利用系数=\frac{机械一个台班内的纯工作时间(\text{h})}{8} \quad (3.2.22)$$

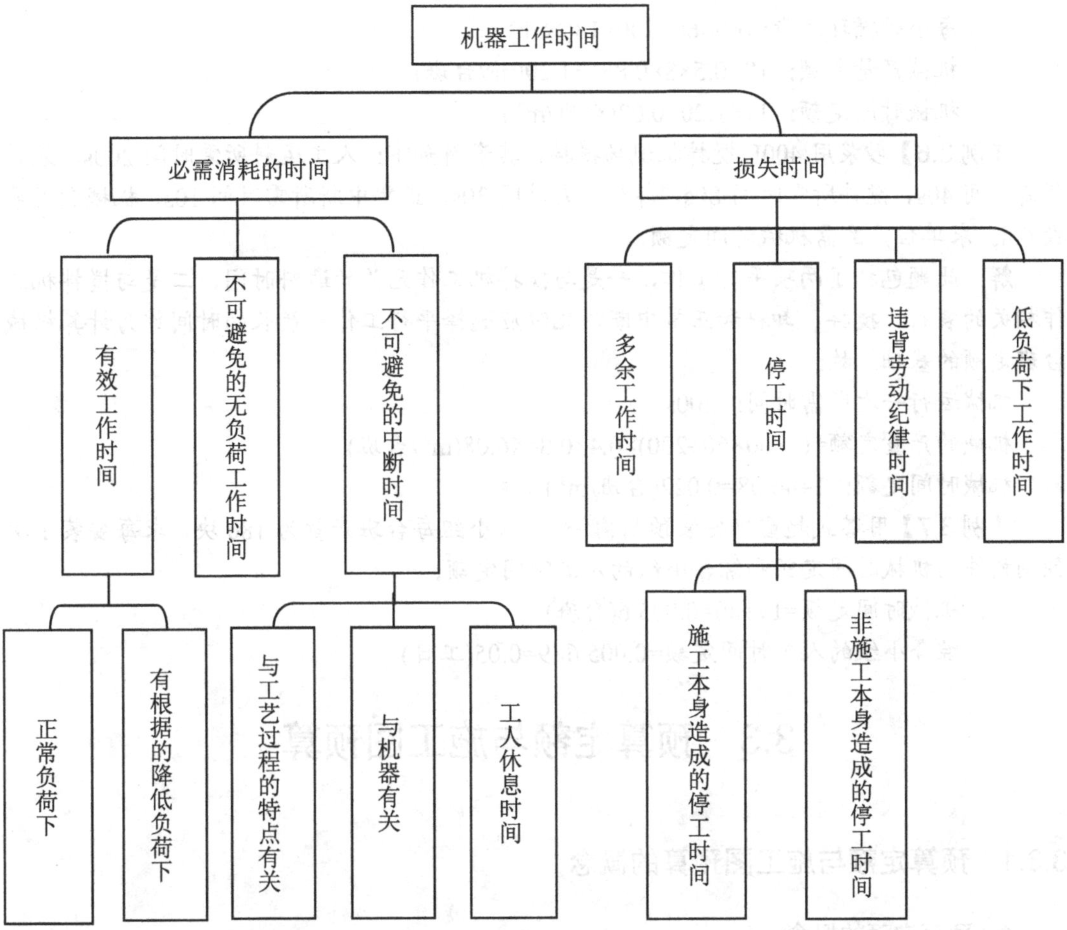

图 3-2 机械工作时间分类

3) 计算施工机械台班定额

(1) 机械台班产量定额。机械台班产量定额是指在合理的劳动组织和正常的施工条件下，使用某种机械在一个台班时间内生产的单位合格产品的数量。其计算公式为

$$施工机械台班产量定额=机械1小时纯工作正常生产率\times 工作班纯工作时间 \quad (3.2.23)$$

或

$$施工机械台班产量定额=机械1小时纯工作正常生产率\times 工作班延续时间\times 机械正常利用系数 \quad (3.2.24)$$

(2) 机械台班时间定额。机械台班时间定额是指在合理的劳动组织和正常的施工条件下，使用某种机械生产合格产品所消耗的台班数量。机械台班时间定额与机械台班产量定额互为倒数关系。

$$施工机械台班时间定额=\frac{1}{机械台班产量定额} \quad (3.2.25)$$

【例 3.5】已知用塔式起重机吊运混凝土。测定：塔节需时 50s，运行需时 60s，卸料需时 40s，返回需时 30s，中断需时 20s；每次装混凝土 0.5m^3，机械利用系数 0.85。求单位产品需机械时间定额。

解：一次循环时间：50+60+40+30+20=200(s)

每小时循环次数：60×60÷200=18(次/h)

机械产量定额：18×0.5×8×0.85=61.20(m³/台班)

机械时间定额：1÷61.20=0.02(台班/m³)

【例 3.6】砂浆用 400L 搅拌机现场搅拌，其资料如下：人工运料所需时间 200s，装料所需时间 40s，搅拌所需时间 80s，卸料所需时间 30s，正常中断所需时间 10s，机械利用系数 0.8。求单位产品需机械时间定额。

解：此题包括了两项平行工作，一是与搅拌机工作无关的运料时间，二是与搅拌机工作相关的装料、搅拌、卸料和正常中断，此时应选择平行工作中最长的时间作为计算机械台班定额的基础。故：

机械运行一次所需时间：200s

机械的产量定额=(8×60×60÷200)×0.4×0.8=46.08(m³/台班)

机械时间定额：1÷46.08=0.022(台班/m³)

【例 3.7】用塔式起重机安装预制构件，9 人小组每台班产量为 180 块，求每安装 1 块预制构件的机械时间定额和综合小组的人工时间定额。

解：机械时间定额=1÷180=0.005 6(台班)

综合小组的人工时间定额=0.005 6×9=0.05(工日)

3.3 预算定额与施工图预算

3.3.1 预算定额与施工图预算的概念

1. 预算定额的概念

预算定额是指在一定的生产条件下，采用科学的方法，完成一定计量单位分项工程所必需消耗的人工、材料、机械台班的数量标准。预算定额代表着社会平均水平，它是由国家或授权机关组织编制，审批并颁发执行。

预算定额是施工企业编制施工组织设计的依据，编制施工图预算，是确定建筑安装工程造价的依据，是编制概算定额与概算指标的依据。

预算定额单价往往是以消耗量与对应的价格(基价)形式呈现，一般称为单位估价表，如表 3-3 所示。

表 3-3 建筑工程单位估价表形式

定额编号	166
计量单位	10m³
项目名称	一砖及一砖以上内墙
基价(元)	1 633.15
其中	
人工费(元)	327.53
材料费(元)	1 096.89
机械费(元)	208.73

单位估价表是各省、市根据本省情况给出的完成单位产品的价格。在计划经济时代，投标人用的是估价表中给出的统一基价，中标能力的竞争成为一种计算能力的竞争。2013 年，中华人民共和国住房和城乡建设部发布了《建设工程工程量清单计价规范》(GB 50500—2013)，该规范对建筑产品价格的确定方法进行了改革，让投标企业根据市场情况和企业自身情况自主报价，一些省份编制的与工程量清单规范配套的工程量清单计价定额中的单价仅供招投标人参考。

2. 施工图预算的概念

施工图预算是根据国家颁布的《建设工程工程量清单计价规范》(GB50500—2013)和各地颁布的代表地方平均水平的《建筑工程预算定额》编制的工程造价的经济文件。施工图预算是确定工程造价的基础，是投标报价的依据，是施工单位进行施工准备、控制施工成本的依据。

3.3.2　人工工日消耗量的确定

预算定额中人工工日消耗量是指完成某一工程项目所必需的各种用工量的总和。它由基本用工量、超运距用工量、辅助用工量和人工幅度差组成，即：

人工工日消耗量 = 基本用工量 + 超运距用工量 + 辅助用工量 + 人工幅度差　(3.3.1)

1. 基本用工量

基本用工量是指完成合格产品所必需消耗的技术工种用工。它按技术工种的相应劳动定额计算，以不同工种列出定额工日。

2. 超运距用工量

超运距用工量是指预算定额中规定的材料、半成品取定的运输距离超过劳动定额规定的运输距离需增加的工日数量。

3. 辅助用工量

辅助用工量是指劳动定额中不包括而在预算定额内必须考虑的工时，如材料在现场加工所用的工时量等。

4. 人工幅度差

人工幅度差是指在劳动定额中未包括而在正常施工情况下不可避免的各种工时损失。其计算公式为

人工幅度差 = (基本用工量 + 超运距用工量 + 辅助用工量) × 人工幅度差系数　(3.3.2)

式中，人工幅度差系数——根据经验选取，一般土建工程取 10%，设备安装工程取 12%。

5. 人工工日消耗量

人工工日消耗量按下式计算：

人工工日消耗量 = (基本用工量 + 超运距用工量 + 辅助用工量)

人工工日消耗量 = (基本用工量 + 超运距用工量+辅助用工量) × (1 + 人工幅度差系数)

(3.3.3)

【例 3.8】已知砌筑一砖墙的基本用工为 2.77 工日/m^3，超运距用工为 0.136 工日/m^3，人工幅度差系数为 10%，试计算砌筑 $10m^3$ 一砖墙的人工工日消耗量指标。

解：人工工日消耗量=(基本用工量+超运距用工量)×(1+人工幅度差系数)

=10×(2.77+0.136)×1.1=31.97(工日)

3.3.3 材料消耗量的确定

与施工定额相比，预算定额的材料消耗量除考虑材料的净用量和合理损耗量外，还应根据不同地区施工企业的平均管理水平，考虑材料在以下几方面的不可避免损耗量。

(1) 施工操作中的材料损耗量，包括操作过程中不可避免的废料和损耗量。

(2) 领料时材料从工地仓库、现场堆放点及施工现场内的加工地点运至施工操作地点不可避免的场内运输损耗量、装卸损耗量。

(3) 材料在施工操作地点的不可避免的堆放损耗量。

3.3.4 机械台班消耗量的确定

预算定额中的机械台班消耗量为

$$机械台班消耗量 = 基础定额机械台班 \times (1 + 机械幅度差系数) \qquad (3.3.4)$$

机械幅度差系数是在基础定额中没有包括，而在合理的施工组织条件下机械所必需的停歇时间。机械幅度差通常包括以下几项内容。

(1) 施工中机械转移及配套机械互相影响损失的时间。

(2) 在正常施工情况下，机械不可避免的工序间歇。

(3) 工程结尾工作量不饱满所损失的时间。

(4) 检查工程质量影响机械操作时间。

(5) 临时水电线路的移动所发生的不可避免的机械操作间歇时间。

(6) 冬季施工期间内发动机械的时间。

(7) 不同厂牌机械的工效差。

(8) 配合机械施工的工人，在人工幅度差范围内的工作间歇影响的机械操作时间。

3.3.5 预算定额单价的确定

预算定额单价是指根据单位产品消耗的人工、材料和机械的数量与地区造价管理部门统计的人工、材料和机械价格两者相乘，分别求出单位产品的人工费、材料费和机械台班费，再将三者相加，得到预算单价(或称预算基价)，如表 3-4 所示。

编制施工图预算时，将工程的实际工程量按定额计量单位折算成定额工程数量，与预算单价相乘，并进行汇总，便得到工程的预算价。

在我国实施工程量清单计价方法后，不少省份编制了与清单配套的计价定额。定额给出了供投标单位参考的综合单价。从理论上讲，工程量清单中使用的综合单价应根据企业自身的生产与管理水平、国家相应法律法规确定，但在现阶段，各省的清单配套计价定额中的综合单价仍然在一定程度上反映的是社会平均水平，因此它仍具有预算定额单价的特性。

表 3-4　砌筑一砖及一砖以上内墙的单位估价表

定额编号:166　　　　　　　　　　　　　　　　　　　　　　　　　　　　计量单位：$10m^2$

项　目	单　位	单　价	数　量	合　价
人工费	工日	21.52	15.22	327.53
材料费				1 096.89
其中：混合砂浆 M2.3	m^3	98.87	2.35	232.34
红(青)砖	千块	164.00	5.26	862.64
水	m^3	1.80	1.06	1.91
机械费				208.73
其中：灰浆搅拌机	台班	44.70	0.28	12.52
塔式起重机	台班	417.47	0.47	196.21
合计				1 633.15

3.3.6　预算定额的组成与应用

1．预算定额的组成

为了使用方便，通常将预算定额项目表及相关的资料汇编成册，称为预算定额。预算定额一般由目录、总说明、建筑面积计算规则、分部工程说明、分部工程的工程量计算规则、项目表、附注及附录等内容组成。

总说明是对定额的说明，概述定额的编制依据、适用范围、编制过程中已考虑和未考虑的因素以及使用中应注意的问题。

分部工程说明是对各分部工程定额的说明，指明该分部工程定额的项目划分、施工方法、材料选用、定额换算以及使用中应注意的问题。

建筑面积计算规则和分部工程的工程量计算规则是对计算建筑面积和计算各分部分项工程的工程量所作的规定。

预算定额中篇幅最大的是项目表。项目表按分部、分项的顺序排列。每个分项可能有几个子目，项目表包括编号、名称和计量单位。有的定额采用全册顺序编号，有的定额采用分部工程顺序编号。

附注是附在定额项目表下(或上)的注释，是对某些定额项目的使用方法的补充说明。

附录是指收录在预算定额中的参考资料，包括施工机械台班费用定额、混凝土和砂浆配合比表、建筑工程材料预算价格表以及其他必要的资料。附录主要供使用者在进行工程预算单价换算时使用。

2．预算定额的应用

为了正确地使用预算定额，必须熟悉定额的总说明、各分部工程说明和附注等文字说明；熟悉定额项目表的项目划分、计量单位及各栏数字间的对应关系；熟悉定额附录资料的使用方法。在此基础上，编制施工图预算时才能迅速、准确地确定需要计算的分部分项工程的项目名称、计量单位、预算定额单价，正确地进行工程预算单价的套用和换算。

预算定额的应用主要分为定额的套用、定额的换算和定额的补充三种情况。

1) 定额的套用

套用定额应根据施工图纸、设计要求、做法说明，从工程内容、技术特征、施工方法等方面认真核对，当与定额条件完全相符时，才能直接套用。

例如，C20的混凝土板$10m^3$，套价时就要考虑该板是现浇还是预制的。若是预制的，还要考虑是现场预制的还是在预制厂预制的，条件不同，得出的预算价格就不同。现浇板不存在板的安装问题，预制板则存在安装问题。同样，预制厂生产的混凝土板要考虑运输、堆放损耗率，而现场预制的板则不必考虑运输、堆放损耗率。此外，在套价时，一定要使实际工程量的单位与定额规定的单位一致，以免造成价格套用错误。

【例3.9】 M5.0混合砂浆(细砂)砖墙$60m^3$，计算预算价格。

已在预算定额中查到M5.0混合砂浆(细砂)砖墙每$10m^3$的单价为2 063.66元。

解： 已知每m^3 M5.0混合砂浆(细砂)砖墙的单价为206.366元，因此：

预算价格=60×206.366=12 381.96(元)

2) 定额的换算

当工程内容或设计要求与定额不相同时，首先要弄清楚定额是否允许换算，如允许换算，应按定额的要求进行换算。

(1) 混凝土、砂浆强度等级的换算。一般定额规定，当定额中的混凝土和砂浆强度等级与设计要求不同时，允许按附录材料单价换算，但定额中各种配合比的材料用量不得调整。因此，换算时，应按照换价不换量的原则进行。

【例3.10】 已计算出M2.5混合砂浆(细砂)砖墙的工程量为$100m^3$，求该工程量中$10m^3$ M2.5混合砂浆(细砂)的预算价格。

已知：预算定额中无M2.5混合砂浆(细砂)砖墙子项，但有M5混合砂浆(细砂)砖墙子项，每$10m^3$ M5混合砂浆(细砂)砖墙的基价为2 063.66元。在相应的“材料”栏中，每$10m^3$ M5混合砂浆(细砂)砖墙的砂浆用量为$2.24m^3$，砂浆单价为142元/m^3。在定额附录中查得：M2.5混合砂浆(细砂)的单价为128.7元/m^3。

解： 此例为设计要求与定额条件在砂浆强度等级上不相符。根据换价不换量的原则，可以通过下述公式进行换算：

M2.5基价=M5基价−换出部分价值+换入部分价值

=2 063.66−2.24×142+2.24×128.7=2 033.87(元/$10m^3$)

预算价格=2 033.87×100=20 338.7(元)

(2) 工程量系数换算。工程量系数换算是将某工程量乘上一个规定的系数，使原工程量变大或变小，再按规定套用相应定额，求预算价格的方法。工程量系数一般在各分部的计算规则中。

【例3.11】 某预算定额规定，木百叶门刷油漆，执行单层木门刷油漆定额，工程量乘1.25的系数。已查得单层木门刷调和漆的基价为14.207 9元/m^2，求$39m^2$木百叶门刷调和漆的预算价格。

解： 预算价格=39×1.25×14.207 9=692.64(元)

(3) 其他换算。其他换算是指对基价中的人工费、材料费或机械费中的某些项目进行换算，换算系数一般在分部说明里给出。

【例3.12】 某预算定额的砌筑工程中规定，实心砖墙墙身如为弧形时，执行普通实心砖墙定额，但定额人工费乘以1.10系数，砖用量增加2.5%。已查得：每$10m^3$普通M5.0

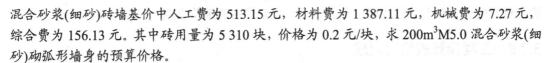

混合砂浆(细砂)砖墙基价中人工费为513.15元，材料费为1 387.11元，机械费为7.27元，综合费为156.13元。其中砖用量为5 310块，价格为0.2元/块，求200m³M5.0混合砂浆(细砂)砌弧形墙身的预算价格。

解： 200m³砌弧形墙身的预算价格为

200÷10×(513.15×1.10+1 387.11+5 310×2.5%×0.2+7.27+156.13)=42 830.5(元)

3) 定额的补充

当设计要求与定额条件完全不相同时，或由于设计采用新材料、新工艺方法，在定额中无此项目，属于定额的缺项时，可由合同双方编制临时性定额，报工程所在地工程造价管理部门审查批准，并按有关规定进行备案。

3.3.7 施工图预算的编制

1. 工程预算的编制依据

(1) 施工图纸。

(2) 施工组织设计和施工方案。

(3) 现行定额和单位估价表。

(4) 费用组成。

(5) 各组成要素的调价规定。

(6) 预算工作手册。

2. 施工图预算的编制内容与方法

1) 编制内容

施工图预算包括单位工程预算、单项工程预算和建设项目总预算。

编制施工图预算，首先是编制单位工程预算，将每个单位工程预算造价综合汇总成为一个单项工程的预算，再将每个单项工程预算造价综合汇总成为建设项目的总预算。由此可见，施工图预算编制的重点为单位工程施工图预算的编制。

2) 编制方法

施工图预算编制分为工料单价法和综合单价法两大类。

(1) 工料单价法的编制。工料单价法是指分部分项工程单价由人工费、材料费和机械使用费构成，以分部分项工程量乘以对应的单价，汇总后加上措施费、企业管理费、规费、利润、税金，即构成预算价格。

工料单价法的编制又可分为预算单价法的编制(简称单价法、预算计价法)和实物法的编制两类。

预算单价法与实物法编制施工图预算的差别在于前者在预算计价时直接采用的是定额估价表中的人、料、机价格，而后者采用的是当时当地的市场价格的人、料、机价格。

(2) 综合单价法的编制。综合单价法是指预算单价中不仅包括了人、料、机费用，还包括了其他相关费用。按照综合单价法中单价综合的内容不同，综合单价法可分为全费用综合单价法和部分费用综合单价法。

全费用综合单价法综合了施工图预算中的所有费用组成部分，我国现行计价规范中的综合单价是部分费用单价，包括完成一个规定清单项目所需的人工费、材料和工程设备费、施工机具使用费和企业管理费、利润以及一定范围内的风险费用。

3.3.8 工程预算表格的组成

工程预算表格的设计应能反映各种基本的经济指标，力求简单明了，计算方便。由于各省市、地区的预算规定不尽相同，预算用表无统一的格式。预算定额单价法编制的工程造价预算书一般由首页、编制说明、工程费用总表、工程预算(计价)表、材料、机械汇总表、单项材料价差调整表、工料分析汇总表等组成。

3.3.9 工程预算的审查内容与方法

1. 工程预算的审查内容

1) 预算的编制依据

预算编制依据的审查与概算审查相同，即审查编制依据的合法性、时效性和适用范围。

2) 预算工程量

工程量是确定建筑安装工程造价的决定因素，是预算审查的重要内容。工程量审查常见的问题如下。

(1) 多计工程量。计算尺寸以大代小，按规定应扣除的不扣除。

(2) 重复计算工程量，虚增工程量。

(3) 项目变更后，该减的工程量未减。

(4) 未考虑施工方案对工程量的影响。

3) 预算单价

预算单价是确定工程造价的关键因素之一，审查的主要内容包括单价的套用是否正确、换算是否符合规定、补充的定额是否按规定执行。

4) 应计取的费用

根据现行规定，除规费、措施费中的安全文明施工费和税金外，企业可以根据自身管理水平自行确定费率。因此，审查各项应计取费用的重点是费用的计算基础是否正确。除组成建筑安装工程费用的各项费用外，还应列入因调整某些建筑材料价格所发生的材料差价。

2. 工程预算的审查方法

由于工程规模、结构复杂程度、施工条件以及预算编制人员的业务水平等不同，所编制的工程预算的质量水平就有所不同，因此所采用的审查方法也就有所不同。常用的预算审查方法如下。

1) 全面审查法

全面审查法又称逐项审查法，此法按预算定额顺序或施工顺序，对施工图预算中的项目逐一进行全部审查。具体的审查过程与编制施工图预算基本相同。该方法的优点是全面、细致，经过审查的工程预算差错较少，审查质量较高；缺点是工作量大。该方法一般仅用于工程量比较小、工艺比较简单的工程。

2) 重点审查法

重点审查法就是抓住对工程造价影响比较大的项目和容易发生差错的项目重点进行审

查。重点审查的内容主要有工程量大或费用较高的项目；换算后的定额单价和补充定额单价；容易混淆的项目和根据以往审查经验，经常会发生差错的项目；各项费用的计费基础及其费率标准；市场采购材料的差价。

重点审查法应灵活掌握，重点审查中，如发现问题较大、较多，应扩大审查范围；当然，如果建设单位工程预算的审查力量较强，或时间比较充裕，审查的范围也可以放宽一些。

3) 对比审查法

对比审查法是当工程条件相同时，用已完工程的预算或未完但已经过审查修正的工程预算对比审查拟建工程的同类工程预算的一种方法。采用该方法一般须符合下列条件。

(1) 拟建工程与已完成或在建工程预算采用同一施工图，但基础部分和现场施工条件不同，则相同部分可采用对比审查法。

(2) 工程设计相同，但建筑面积不同，两个工程的建筑面积之比与两个工程各分部分项工程量之比大体一致。此时可按分项工程量的比例，审查拟建工程各分部分项工程的工程量，或用两个工程每平方米建筑面积造价、每平方米建筑面积的各分部分项工程量对比进行审查。

(3) 两个工程面积相同，但设计图纸不完全相同，则相同的部分，如厂房中的柱子、层架、层面、砖墙等，可进行工程量的对照审查。对不能对比的分部分项工程，可按图纸计算。

4) 筛选审查法

筛选审查法是根据建筑工程中各个分部分项工程的工程量、造价、用工量在单位面积上的数值变化不大的特点，把这些数据加以汇集、优选，找出这些分部分项工程在单位建筑面积上的工程量、价格、用工的基本数值，归纳为工程量、造价、用工三个基本数值表，并注明其适用的建筑标准，用这些基本数值作为标准来筛选审查拟建项目各分部分项工程的工程量、造价或用工量。若计算出的数值与基本数值相同或相近就不审查了；若计算出的数值与基本数值相差较大，就意味着此分部分项工程的单位建筑面积数值不在基本值范围内，应对该分部分项工程详细审查。

【例3.13】某6层矩形住宅，底层为“370墙”，楼层为“240墙”，建筑面积为1 900m²，砖墙工程量的单位建筑面积用砖指标为 $0.46m^3/m^2$，而该地区同类型的一般住宅工程(240墙)测算的砖墙用砖耗用量综合指标为 $0.42m^3/m^2$。试分析砖墙工程量计算是否正确。

解：该住宅底层是370mm厚墙，而综合指标是按240mm厚墙考虑，故砖砌体量偏大是必然的，至于用砖指标 $0.46m^3/m^2$ 是否正确，可按以下方法测算。

底层建筑面积 $S=1\,900\div6=317(m^2)$

设底层也为“240墙”，则底层砖体积 $V=317\times0.42=133.14(m^3)$

当底层为“370墙”，底层砖体积 $V=133.14\times370\div240=205.26(m^3)$

该建筑砖体积 V 为

$$V=(1\,900-317)\times0.42+205.26=870.12(m^3)$$

该建筑砖体积比综合指标(240墙)多用砖体积(V_D)为

$$V_D=870.12-1\,900\times0.42=72.12(m^3)$$

每单位建筑面积多用砖体积 $=72.12\div1\,900=0.04(m^3)$

与 0.46−0.42=0.04(m^3)一致，说明工程量计算出错的可能性较小。

3.4 概算定额与设计概算

3.4.1 概算定额与设计概算的概念

1．概算定额与概算指标的概念

1) 概算定额

概算定额贯彻社会平均水平和简明适用原则，它是在预算定额的基础上，根据通用图和标准图等资料，以主要分项工程为基础，经过适当综合扩大，确定完成一定计量单位合格产品所消耗的人工、材料、机械台班消耗量的数量标准。

概算定额是设计阶段编制概算的依据，是进行设计方案比较的依据，是编制主要材料需要量的依据。

2) 概算指标

当设计图纸不全，可采用概算指标对拟建工程进行估算，概算指标通常是以整个建筑物、构筑物为对象，以建筑面积、建筑体积等为计量单位而规定的人工、材料和机械台班的消耗量标准和造价指标。概算指标比概算定额具有更加概括与扩大的特点。

概算指标可以作为编制投资估算的参考、设计单位进行设计方案比较和优选的依据，编制固定资产投资计划，确定投资额的主要依据，还可以作为匡算主要材料用量的依据。

2．设计概算的概念

设计概算是由设计单位根据初步设计图纸(或扩大初步设计图纸)及说明书、概算定额(或概算指标)、各类费用标准等资料，或参照类似工程预(决)算文件，编制和确定的建设项目从筹建至竣工交付使用所需全部费用的文件。

设计概算是编制建设项目投资计划、确定和控制建设项目投资的依据，是进行贷款的依据，是签订总承包合同的依据，是考核设计方案技术经济合理性和选择设计方案的依据，是考核建设项目投资效果的依据。

3.4.2 概算定额与概算指标的组成

1．概算定额的组成

概算定额由文字说明、定额项目表和附录三部分组成。总说明主要包括编制的目的和依据、适用范围和应遵守的规定，建筑面积计算规则；分部说明规定了分部分项工程的工程量计算规则等内容；概算定额表的形式与预算定额表相似，但它比预算定额更综合。

2．概算指标的组成

概算指标一般由文字说明和列表形式以及必要的附录组成。

文字说明有总说明和分册说明，其内容一般包括：概算指标的编制范围、编制依据、分册情况，指标包括的内容，指标的使用方法，指标允许调整的范围及调整方法等。

概算指标列表形式分为建筑工程概算指标的列表形式和安装工程概算指标的列表形式两大类，包括示意图、工程特征、经济指标、每 100m^2 建筑面积各分部工程量指标、每 100m^2 建筑面积(或 1000m^3 建筑体积)主要工料指标等。

3.4.3　设计概算的内容

设计概算可分为三级概算，即单位工程概算、单项工程概算和建设项目总概算，如图 3-3 所示。

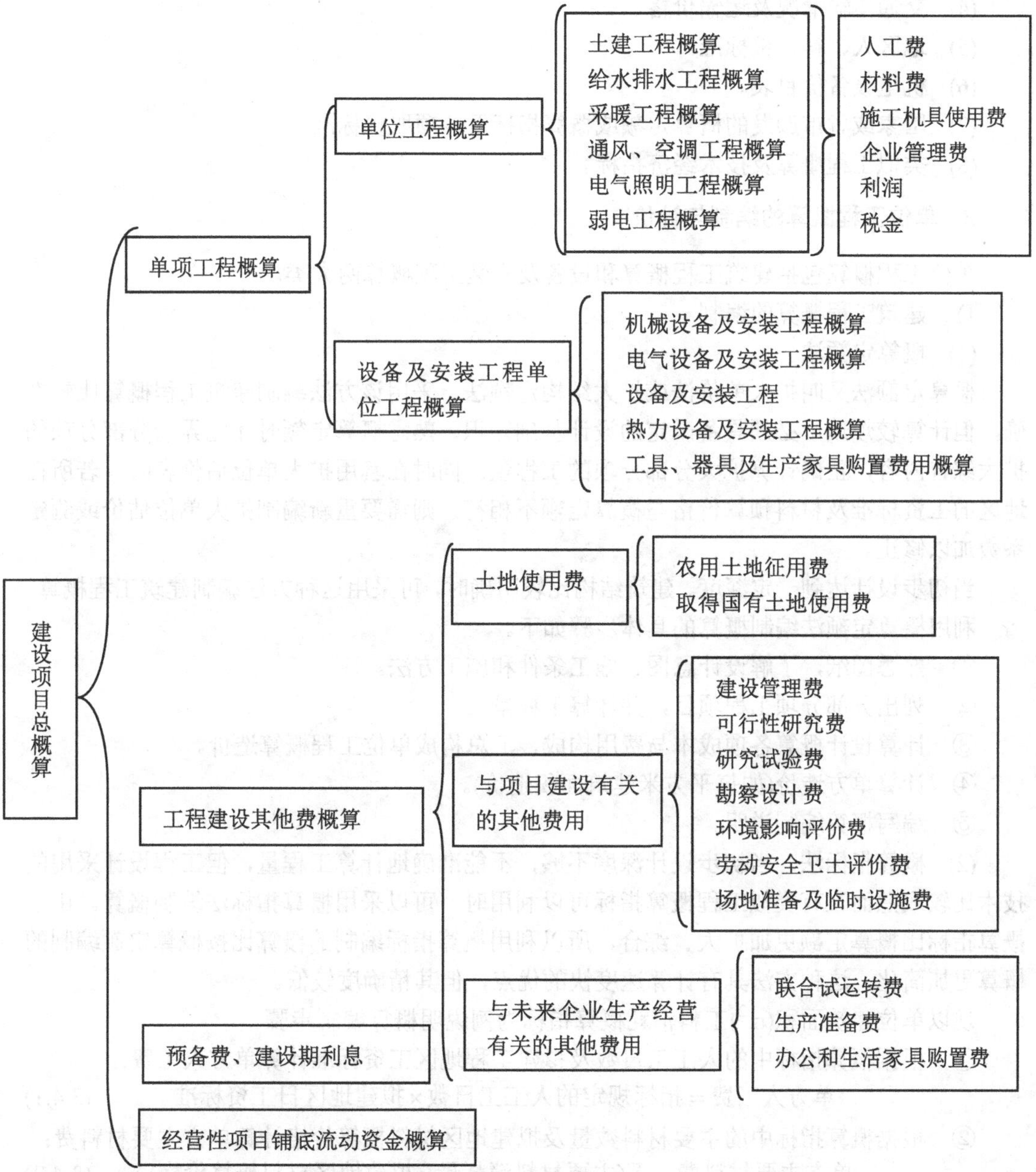

图 3-3　三级概算构成表

3.4.4 设计概算的编制

1．设计概算的编制依据

(1) 经批准的有关文件、主管部门的有关文件，指标；经批准的设计文件。

(2) 工程地质勘测资料。

(3) 水、电和原材料供应情况。

(4) 交通运输情况及运输价格。

(5) 地区人、料、机标准。

(6) 机电设备价目表。

(7) 国家或省市颁发的概算定额或概算指标及各项取费标准。

(8) 类似工程概算及技术经济指标。

2．单位工程概算的编制与计价

单位工程概算包括建筑工程概算和设备及安装工程概算两大类。

1) 建筑工程概算的编制

(1) 概算定额法。

概算定额法又叫扩大单价法或扩大结构定额法。采用该方法编制建筑工程概算比较准确，但计算较烦琐，必须具备一定的设计基础知识、熟悉概算定额时才能弄清分部分项的扩大综合内容，正确计算扩大分部分项的工程量。同时在套用扩大单位估价表时，若所在地区的工资标准及材料预算价格与概算定额不相符，则需要重新编制扩大单位估价或测定系数加以修正。

当初步设计达到一定深度、建筑结构比较明确时，可采用这种方法编制建筑工程概算。

利用概算定额法编制概算的具体步骤如下。

① 熟悉图纸，了解设计意图、施工条件和施工方法。

② 列出分部分项工程项目，并计算工程量。

③ 计算设计概算各项成本与费用构成，汇总构成单位工程概算造价。

④ 计算单方造价(如每平方米建筑面积造价)。

⑤ 编写概算编制说明。

(2) 概算指标法。当初步设计深度不够，不能准确地计算工程量，但工程设计采用的技术比较成熟而又有类似工程概算指标可以利用时，可以采用概算指标法编制概算。由于概算指标比概算定额更加扩大、综合，所以利用概算指标编制的概算比按概算定额编制的概算更加简化。这种方法具有计算速度快的优点，但其精确度较低。

现以单位建筑面积(m^2)工料消耗概算指标为例说明概算编制步骤。

① 根据概算指标中的人工工日数及拟建工程地区工资标准计算单方人工费：

$$\text{单方人工费} = \text{指标规定的人工工日数} \times \text{拟建地区日工资标准} \tag{3.4.1}$$

② 根据概算指标中的主要材料数量及拟建地区材料概算价格计算单方主要材料费：

$$\text{单方主要材料费} = \sum(\text{主要材料消耗量} \times \text{拟建地区材料概算价格}) \tag{3.4.2}$$

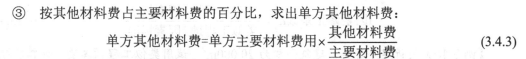

③　按其他材料费占主要材料费的百分比，求出单方其他材料费：

$$单方其他材料费=单方主要材料费用\times\frac{其他材料费}{主要材料费} \tag{3.4.3}$$

④　按概算指标中的机械费计算单方机械费。

⑤　求出单位建筑面积概算单价。

⑥　用概算单价和建筑面积相乘，得出概算价值：

$$拟建工程概算价值=拟建工程建筑面积\times概算单价 \tag{3.4.4}$$

如拟建工程初步设计的内容与概算指标规定内容有局部差异时，就不能简单地按照类似工程的概算指标直接套用，必须对概算指标进行修正，然后用修正后的概算指标编制概算。修正的方法是，从原指标的概算单价中减去建筑、结构差异需“换出”的人工费(或材料、机械费用)，加上建筑、结构差异需“换入”的人工费(或材料、机械费用)，得到修正后的单方建筑面积概算单价。其修正公式如下：

单方建筑面积概算单价 = 原指标单方概算单价 − 换出构件人工(或材料、机械费用)单价 + 换入构件人工(或材料、机械费用)单价　(3.4.5)

换出(或换入)构件造价 = 换出(或换入)构件工程量 × 拟建地区相应单价　(3.4.6)

【例 3.14】某新建宿舍，建筑面积为 6 200m^2，按地区概算指标，一般土建工程 691.6 元/m^2，概算指标与该宿舍楼图纸的结构特征相比较，结构构造有部分改变，同时数量也有出入，需要对概算单价进行修正，如表 3-5 所示。

表 3-5　建筑工程概算指标修正表(每 1000m^2)

扩大结构序号	结构名称	单　位	数　量	单价(元)	复价(元)
	一般土建工程				
	换出部分				
1	M5 毛石基础	1m^3	18	132.49	2 384.82
2	砖砌外墙	1m^3	51	167.51	8 543.01
	小计				10 927.83
	换入部分				
1	M7.5 混合砂浆砖基础	1m^3	19.6	154.47	3 027.61
2	砖砌外墙	1m^3	61.2	167.51	10 251.61
	小计				13 279.22

解：结构变化后的修正指标为

$$K=691.6-\frac{10\,927.83}{1\,000}+\frac{13\,279.22}{1\,000}=693.95\ (元/m^2)$$

该新建宿舍的土建工程概算造价为 6 200×693.95=4 302 490(元)

(3) 类似工程预算法。如果拟建工程与已完工程或在建工程相似，而又没有合适的概算指标时，就可以利用已建工程或在建工程的工程造价资料来编制拟建工程的设计概算。

类似工程预算法是以类似工程的预算或结算资料，按照编制概算指标的方法，求出工程的概算指标，再按概算指标法编制拟建工程概算。

利用类似工程预算编制概算时，应考虑拟建工程在建筑与结构、地区工资、材料价格、机械台班单价及其他费用的差异，这些差异可按下式进行修正。

$$\text{i因素修正系数}K_i = \frac{\text{拟建工程地i因素标准}}{\text{类似工程地i因素标准}} \tag{3.4.7}$$

【例 3.15】某新建办公楼，建筑面积为 20 000m^2，试用类似工程预算法，计算其概算造价。类似工程的建筑面积为 18 000m^2，概算造价为 1 640 万元，各种费用占概算造价的比例是：人工费 11%，材料费 65%，机械费 7%，其他费用 17%，并根据公式算出修正系数为 K_1=1.02、K_2=1.05、K_3=0.99、K_4=1.04。

解：造价总修正系数

$$K=0.11×1.02+0.65×1.05+0.07×0.99+0.17×1.04=1.041$$

修正后类似工程概算造价：C'=1 640×1.041=1 707.24(万元)

修正后类似工程单方概算造价

$$C''=17\ 072\ 400÷18\ 000=948.47(\text{元/m}^2)$$

故该新建办公楼概算造价为 V=20 000×948.47=1 896.94(万元)

2) 设备及安装工程概算的编制

(1) 设备购置费概算的编制。设备购置费由设备原价及运杂费两项组成。国产标准设备原价可根据设备型号、规格、性能、材质、数量及附带的配件，向制造厂家询价，或向设备、材料信息部门查询，或按有关规定逐项计算。非主要标准设备和工器具、生产家具的原价可按主要设备原价的百分比计算，百分比指标按主管部门或地区的有关规定执行。

国产非标准设备原价在编制设计概算时可按下列两种方法确定。

① 非标准设备台(件)估价指标法。根据非标准设备的类别、重量、性能等情况，以每台设备规定的估价指标计算，即：

$$\text{非标准设备原价} = \text{设备台数} × \text{每台设备估价指标} \tag{3.4.8}$$

② 非标准设备吨重估价指标法。根据非标准设备的类别、性能、材质等情况，以某类设备所规定的吨重估价指标计算，即：

$$\text{非标准设备原价} = \text{设备吨重} × \text{每吨重设备估价指标} \tag{3.4.9}$$

设备运杂费按有关规定的运杂费率计算，即：

$$\text{设备运杂费} = \text{设备原价} × \text{设备运杂费率} \tag{3.4.10}$$

(2) 设备安装工程概算的编制。设备安装工程概算的编制方法如下。

① 预算单价法。当初步设计有详细设备清单时，可直接按预算单价(预算定额单价)编制设备安装工程概算。根据计算的设备安装工程量，乘以安装工程预算单价，经汇总求得。

用预算单价法编制概算，计算比较具体，精确性较高。

② 扩大单价法。当初步设计的设备清单不完备，或仅有成套设备的重量时，可采用主体设备、成套设备或工艺线的综合扩大安装单价编制概算。

③ 概算指标法。当初步设计的设备清单不完备，或安装预算单价及扩大综合单价不全，无法采用预算单价法和扩大单价法时，可采用概算指标法编制概算。概算指标形式较多，概括起来主要可按以下几种指标进行计算。

a. 按占设备价值的百分比(安装费率)的概算指标计算。

$$\text{设备安装费} = \text{设备原价} × \text{设备安装费率} \tag{3.4.11}$$

b. 按每吨设备安装费的概算指标计算。

$$\text{设备安装费} = \text{设备总吨数} × \text{每吨设备安装费} \tag{3.4.12}$$

c．按座、台、套、组、根或功率等为计量单位的概算指标计算。如工业炉，按每台安装费指标计算；冷水箱，按每组安装费指标计算安装费等。

d．按设备安装工程每平方米建筑面积的概算指标计算。设备安装工程有时可按不同的专业内容(如通风、动力、管道等)采用每平方米建筑面积的安装费用概算指标计算安装费。

3．单项工程概算的编制与计价

单项工程概算是以其所包含的建筑工程概算表和设备及安装工程概算表为基础汇总编制的。单项工程概算文件一般包括编制说明和综合概算表两部分，当项目无须编制建设项目总概算时，还应列入工程建设其他费用概算。

1)　编制说明

编制说明主要包括编制依据、编制方法、主要设备和材料的数量及其他有关问题。

2)　综合概算表

综合概算表需根据单项工程对应范围内的各单位工程概算等基础资料，按照规定的统一表格进行编制，除了将所包括的所有单位工程概算，按费用构成的项目划分填入表内外，还需列出技术经济指标，如表 3-6 所示。

表 3-6　单项工程综合概算表

序号	单项工程概算或费用名称	概算价值(万元)						技术经济指标			占总投资比例(%)
		建筑工程费	设备购置费	工器具购置费	安装工程费	工程建设其他费用	合计	单位	数量	指标(元/m²)	
1	建筑工程	×					×			×	×
1.1	…	×					×	×		×	
1.2	…	×					×	×		×	
…		…					…	…			
2	单项工程概算		×				×			×	×
2.1	…		×				×	×		×	
2.2	…		×				×	×		×	
…			…				…	…			
3	工器具购置费			×			×			×	×
3.1	…			×			×	×		×	
3.2	…			×			×	×		×	
…				…			…	…			
4	安装工程费				×		×			×	×
4.1	…				×		×	×		×	
4.2	…				×		×	×		×	
…				…	…		…	…			

续表

序号	单项工程概算或费用名称	概算价值(万元)					技术经济指标				占总投资比例(%)
		建筑工程费	设备购置费	工器具购置费	安装工程费	工程建设其他费用	合计	单位	数量	指标(元/m^2)	
5	工程建设其他费用					×					
5.1	…										
5.2	…										
	合计	×	×	×	×	×	×				

4．建设项目总概算的编制

建设项目总概算是设计文件的重要组成部分，是确定整个建设项目从筹建到竣工验收交付使用预计花费的全部费用的文件。它由各单项工程综合概算、工程建设其他费用、预备费和经营性项目铺底流动资金等汇编而成，如表 3-7 所示。

表 3-7　某工程建设项目总概算表

序号	单项工程概算或费用名称	概算价值(万元)				技术经济指标				占总投资比例(%)	备注
		建筑工程费	设备购置费	工器具购置费	安装工程费	合计	单位	数量	指标(元/m^2)		
一	单项工程综合概算									×	
1	×××办公楼	×	×	×	×	×	×	×	×		
2	×××车间	×	×	×	×	×	×	×	×		
…	…					…	…		…		
	小计		×	×	×	×					
二	工程建设其他费用									×	
1	建设管理费					×					
2	可行性研究费										
3	勘察设计费										
…	…										
	小计										
三	预备费								×		
1	基本预备费										
2	涨价预备费					×					
	小计										

续表

序号	单项工程概算或费用名称	概算价值(万元)					技术经济指标			占总投资比例(%)	备注
		建筑工程费	设备购置费	工器具购置费	安装工程费	合计	单位	数量	指标(元/m^2)		
四	建设期利息					×			×		
…	…			…	…	…					
五	总概算价值	×	×	×	×						
	(其中回收金额)	(×)	(×)								
	投资比例(%)	×	×	×	×						

1) 总概算书的编制

(1) 工程概况：说明工程建设地址、建设条件、工期、名称、品种与产量、规模、功能及厂外工程的主要情况等。

(2) 编制依据：说明设计文件、定额、价格及费用指标等依据。

(3) 编制范围：说明总概算书已包括与未包括的工程项目和费用。

(4) 编制方法：说明采用何种方法编制等。

(5) 投资分析：分析各项工程费用所占比例、各项费用构成、投资效果等。此外，还要与类似工程比较，分析投资高低原因，以及论证该设计是否经济合理。

(6) 主要设备和材料数量：说明主要机械设备、电气设备及主要建筑材料的数量。

(7) 其他有关问题：说明在编制概算文件过程中存在的其他有关问题。

2) 总概算表构成

(1) 按总概算组成的顺序和各项费用的性质，将各个单项工程综合概算及其他工程和相应的费用概算汇总列入总概算表。

(2) 将工程项目和费用名称及各项数值填入相应各栏内，然后按各栏分别汇总。

(3) 以汇总后总额为基础。按取费标准计算预备费、建设期利息、铺底流动资金等。

(4) 计算回收金额。回收金额是指在整个基本建设过程中所获得的各种收入。例如，原有房屋拆除所回收的材料和旧设备等的变现收入；试车收入大于支出部分的价值等。回收金额的计算方法，按有关部门的规定执行。

(5) 计算总概算价值。

(6) 计算技术经济指标。整个项目的技术经济指标应选择有代表性和能说明投资效果的指标填列。

(7) 投资分析。为对基本建设投资分配、构成等情况进行分析，应在总概算表中计算出各项工程和费用投资占总投资比例，在表的末栏计算出每项费用的投资占总投资的比例。

5. 设计概算的审查内容与方法

1) 设计概算的审查内容

(1) 审查设计概算的编制依据。

① 审查编制依据的合法性。各种编制依据必须经过国家或授权机关的批准，不得强调情况特殊而擅自更改规定。

② 审查编制依据的时效性。各种依据，如定额、指标等，都应执行国家有关部门的

现行规定。

③ 审查编制依据的适用范围。各种编制依据有规定的适用范围，如主管部门规定的各种专业定额及其取费标准，只适用于该部门的专业工程；各地区规定的各种定额及其取费标准只适用于该地区范围以内。

(2) 审查设计概算的编制深度。一般大中型项目的设计概算，应有完整的编制说明和“三级概算”表(即总概算表、单项工程综合概算表、单位工程概算表)，并按有关规定的深度进行编制。审查各级概算的编制、校对、审核是否按规定编制并进行了相关的签署。

(3) 审查概算的编制范围。审查设计概算编制范围及具体内容是否与主管部门批准的建设项目范围及具体工程内容一致；审查分期建设项目的建筑范围及具体工程内容有无重复交叉，是否重复计算或漏算；审查其他费用所列的项目是否符合规定；静态投资、动态投资和经营性项目铺底流动资金是否分别列出等。

(4) 审查建设规模、标准。审查概算的投资规模、生产能力、设计标准、建设用地、建筑面积、主要设备、配套工程、设计定员等是否符合原批准可行性研究报告或立项批文的标准。如概算总投资超过原批准投资估算10%以上，应进一步审查超估算的原因。

(5) 审查设备规格、数量和配置。审查所选用的设备规格、台数是否与生产规模一致；材质、自动化程度有无提高标准，引进设备是否配套、合理；备用设备台数是否恰当；消防、环保设备是否计算等。除此之外还要重点审查设备价格是否合理、是否符合有关规定等。

(6) 审查工程费。审查工程费时，要根据初步设计图纸、概算定额及工程量计算规则、专业设备材料表等对相应的费用进行审查，检查有无多算、重算、漏算。

(7) 审查计价指标。审查计价指标时，应审查建筑与安装工程采用的计价定额、价格指数和有关人工、材料、机械台班单价是否符合工程所在地(或专业部门)定额要求和实际市场价格水平，费用取值是否合理，并审查概算指标调整系数，主材价格，人工、机械台班和辅材调整系数是否正确与合理。

(8) 审查其他费用。审查费用项目是否按国家统一规定计列，具体费率或计取标准是否按国家、行业或有关部门规定计算，有无随意列项，有无多列、交叉计列和漏项等。

2) 设计概算的审查方法

设计概算审查前要熟悉设计图纸和有关资料，深入调查研究，了解建筑市场行情，了解现场施工条件，掌握第一手资料，进行经济对比分析，使审批后的概算更符合实际。概算的审查方法有对比分析法、查询核实法及联合会审法。

(1) 对比分析法。对比分析法主要是指将建设规模、标准与立项批文对比；工程数量与设计图纸对比；各项取费与规定标准对比；材料、人工单价与市场信息对比；技术经济指标与同类工程的指标对比；等等。通过对比分析，发现设计概算存在的主要问题和偏差。

(2) 查询核实法。查询核实法是对一些关键设备、重要装置、难以核算的较大投资进行多方查询核对。逐项落实的方法：主要设备的市场价向设备供应部门或招标公司查询核实；重要生产装置、设施向同类企业(工程)查询了解；进口设备价格及有关费税向进出口公司查询；复杂的建安工程向同类工程的建设、承包、施工单位查询等。

(3) 联合会审法。联合会审法由会审单位分头审查，然后集中研究、共同定案；或组织有关部门成立专门审查班子，根据审查人员的业务专长分组，将概算费用进行分解，分别审查，最后集中讨论定案。

本章小结

工程定额是指在正常施工条件下完成规定计量单位的合格建筑安装工程所消耗的人工、材料、施工机具台班、工期天数及相关费率等的数量标准。按定额的编制程序和用途分类，可以把工程定额分为施工定额、预算定额、概算定额、概算指标、投资估算指标等。

施工定额是指企业在正常的施工条件下，以同一性质的施工过程为测定对象而规定的完成单位合格产品所消耗的人工、材料、机械台班使用的数量标准，施工定额属于基础定额。

预算定额是指在一定的生产条件下，采用科学的方法，完成一定计量单位分项工程所必需消耗的人工、材料、机械台班的数量标准。预算定额代表着社会平均水平，它是由国家或授权机关组织编制，审批并颁发执行。

概算定额贯彻社会平均水平和简明适用原则，它是在预算定额基础上，根据通用图和标准图等资料，以主要分项工程为基础，经过适当综合扩大，确定完成一定计量单位合格产品所消耗的人工、材料、机械台班消耗量的数量标准。

习　　题

一、单项选择题

1. 下列工人工作时间中，不属于有效工作时间的有(　　)。
   A. 基本工作时间　　B. 辅助工作时间
   C. 准备与结束工作时间　　D. 偶然工作时间
2. 下列工人工作时间中，不属于损失时间的有(　　)。
   A. 多余和偶然时间　　B. 不可避免的中断时间
   C. 停工时间　　D. 工人违反劳动纪律时间
3. 下列工人工作时间中，不属于定额时间的有(　　)。
   A. 工序时间　　B. 规范时间
   C. 必需消耗的时间　　D. 损失时间
4. 下列机械工作时间中，属于有效工作时间的是(　　)。
   A. 筑路机在工作区末端掉头时间
   B. 体积达标而未达到载重吨位的货物汽车运输时间
   C. 机械在工作地点之间的转移时间
   D. 装车数量不足而低负荷工作的时间
5. 下列机械工作时间中，不属于必需消耗时间的是(　　)。
   A. 有效工作时间　　B. 不可避免的无负荷工作时间
   C. 不可避免的中断时间　　D. 低负荷下的工作时间
6. (　　)是衡量工人劳动生产率的主要尺度。
   A. 施工定额　　B. 劳动定额　　C. 定额水平　　D. 预算定额

7. 下列哪种定额代表着社会平均先进水平？(　　)

A. 预算定额　　B. 施工定额　　C. 概算定额　　D. 概算指标

8. 下列哪种定额的性质属于生产性定额？(　　)

A. 预算定额　　B. 施工定额　　C. 概算定额　　D. 概算指标

二、计算题

1. 若完成 $1m^3$ 墙体砌筑工作的基本工时为 0.5 工日，辅助工作时间占工序作业时间的 4%。准备与结束时间、不可避免的中断时间、休息时间分别占工作时间的 6%、3%和 12%，计算该工程的时间定额。

2. 某工程现场采用出料容量 500L 的混凝土搅拌机，每一次循环中，装料、搅拌、卸料、中断需要的时间分别为 1min、3min、1min、1min，机械时间利用系数为 0.9，计算该机械的台班产量定额。

3. 某出料容量 750L 的砂浆搅拌机，每一次循环中，运料、装料、搅拌、卸料、中断需要的时间分别为 150s、40s、200s、50s、40s，机械时间利用系数为 0.8。计算该机械的台班产量定额。

第4章

建设工程工程量清单计价规范

为规范建设工程造价计价行为，统一建设工程计价文件的编制原则和计价方法，依据《中华人民共和国建筑法》《中华人民共和国民法典》《中华人民共和国招标投标法》等法律法规，中华人民共和国住房和城乡建设部发布了《建设工程工程量清单计价规范》(GB 50503—2013)，以下简称《现行计价规范》。

《现行计价规范》包括规范条文和附录两部分。

规范条文共16章，包括总则、术语、一般规定、工程量清单编制、招标控制价、投标报价、合同价款约定、工程计量、合同价款调整、合同价款期中支付、竣工结算与支付、合同解除的价款结算与支付、合同价款争议的解决、工程造价鉴定、工程计价资料与档案、工程计价表格。规范条文就适用范围、作用以及计量活动中应遵循的原则、工程量清单编制的规则、工程量清单计价的规则、工程量清单计价格式及编制人员资格等作了明确规定。

附录分为A、B、C、D、E、F、G、H、J、K、L，共计11个。除附录A外，其余为工程计价表格，附录分别对招标控制价、投标报价、竣工结算等的编制使用的表格作了明确规定。

《现行计价规范》规定，工程量清单应采用综合单价计价。综合单价是指完成一个规定清单项目所需的人工费、材料费和工程设备费、施工机具使用费和企业管理费、利润以及一定范围内的风险费用。

4.1 建筑工程工程量清单计价概述

工程量清单计价方法是随着我国建设领域市场化改革的不断深入，自2003年起在全国开始推广的一种计价方法。其实质在于突出自由市场形成工程交易价格的本质，在招标人提供统一工程量清单的基础上，各投标人进行自主竞价，由招标人择优选择形成最终的合同价格。在这种计价方法下，合同价格更加能够体现出市场交易的真实水平，并且能够更加合理地对合同履行过程中可能出现的各种风险进行分配，提升承、发包双方的履约效率。

4.1.1 工程量清单计价的适用范围

清单计价适用于建设工程发承包及其实施阶段的计价活动。使用国有资金投资的建设工程发承包，必须采用工程量清单计价；非国有资金投资的建设工程，宜采用工程量清单计价；不采用工程量清单计价的建设工程，应执行清单计价规范中除工程量清单等专门性规定外的其他规定。

国有资金投资的项目包括全部使用国有资金(含国家融资资金)投资或国有资金投资为主的工程建设项目。

1. 国有资金投资的工程建设项目

(1) 使用各级财政预算资金的项目。
(2) 使用纳入财政管理的各种政府性专项建设资金的项目。
(3) 使用国有企事业单位自有资金，并且国有资产投资者实际拥有控制权的项目。

2. 国家融资资金投资的工程建设项目

(1) 使用国家发行债券所筹资金的项目。
(2) 使用国家对外借款或者担保所筹资金的项目。
(3) 使用国家政策性贷款的项目。
(4) 国家授权投资主体融资的项目。
(5) 国家特许的融资项目。

3. 国有资金(含国家融资资金)为主的工程建设项目

国有资金(含国家融资资金)为主的工程建设项目是指国有资金占投资总额的50%以上，或虽不足投资总额的50%，但国有投资者实质上拥有控股权的工程建设项目。

4.1.2 工程量清单计价的作用

1. 提供一个平等的竞争条件

采用施工图预算来投标报价，由于设计图纸的缺陷，不同施工企业的人员因理解不同，计算出的工程量也不同，报价更是相去甚远，也容易产生纠纷。而工程量清单报价就为投标者提供了一个平等竞争的条件，相同的工程量，由企业根据自身的实力来填报不同的单价。投标人的这种自主报价，使得企业的优势体现到投标报价中，可在一定程度上规范建筑市场秩序，确保工程质量。

2. 满足市场经济条件下竞争的需要

招投标过程就是竞争的过程，招标人提供工程量清单，投标人根据自身情况确定综合单价，利用单价与工程量逐项计算每个项目的合价，再分别填入工程量清单表内，计算出投标总价。单价成了决定性因素，定高了不能中标，定低了又要承担过大的风险。单价的高低直接取决于企业管理水平和技术水平的高低，这种局面促成了企业整体实力的竞争，有利于我国建设市场的快速发展。

3. 有利于提高工程计价效率，能真正实现快速报价

采用工程量清单计价方式，避免了传统计价方式下，招标人与投标人之间的在工程量计算上的重复工作，各投标人以招标人提供的工程量清单为统一平台，结合自身的管理水平和施工方案进行报价，促进了各投标人企业定额的完善和工程造价信息的积累和整理，体现了现代工程建设中快速报价的要求。

4. 有利于工程款的拨付和工程造价的最终结算

中标后，业主要与中标单位签订施工合同，中标价就是确定合同价的基础，投标清单上的单价就成了拨付工程款的依据。业主根据施工企业完成的工程量，可以很容易地确定进度款的拨付额。工程竣工后，根据设计变更、工程量增减等，业主也很容易确定工程的最终造价，可在某种程度上减少业主与施工单位之间的纠纷。

5. 有利于业主对投资的控制

采用施工图预算形式，业主对因设计变更、工程量的增减所引起的工程造价变化不敏感，往往等到竣工结算时才知道这些对项目投资的影响有多大，但此时为时已晚。而采用工程量清单报价的方式则可对投资变化一目了然，在要进行设计变更时，能马上知道它对工程造价的影响，业主就能根据投资情况来决定是否变更或进行方案比较，以决定最恰当的处理方法。

4.2　工程量清单编制方法

工程量清单应由具有编制能力的招标人或受其委托具有相应资质的工程造价咨询人编制。采用工程量清单方式招标，招标工程量清单必须作为招标文件的组成部分，其准确性、完整性由招标人负责。

4.2.1　封面、扉页

1. 封面

《现行计价规范》中工程计价文件中的招标工程量清单封面(见图 4-1)、招标控制价封面(见图 4-2)、投标总价封面(见图 4-3)应按规定的内容填写、盖章。如果是委托工程造价咨询人编制，还应由其加盖单位公章。

2. 扉页

扉页即签字盖章页，应按规定的内容填写、签字、盖章，由造价员编制的工程量清单应有负责审核的造价工程师签字、盖章，受委托编制的工程量清单，应有造价工程师签字、盖章以及工程造价咨询人盖章。招标工程量清单扉页(见图 4-4)、招标控制价扉页(见图 4-5)、投标总价扉页(见图 4-6)。

______工程

招标工程量清单

投 标 人：______

（单位盖章）

造价咨询人：______

（单位盖章）

年 月 日

图 4-1 招标工程量清单封面

______工程

招标控制价

投 标 人：______

（单位盖章）

造价咨询人：______

（单位盖章）

年 月 日

图 4-2 招标控制价封面

______工程

投标总价

投 标 人：______

（单位盖章）

年 月 日

图 4-3 投标总价封面

______工程

招标工程量清单

投 标 人：______ 造价咨询人：______

（单位盖章） （单位盖章）

法定代表人 法定代表人

或其授权人：______ 或其授权人：______

（签字或盖章） （签字或盖章）

编 制 人：______ 复 核 人：______

（造价人员签字盖专用章） （造价人员签字盖专用章）

编制时间： 年 月 日 复核时间： 年 月 日

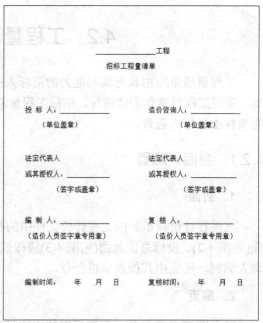

图 4-4 招标工程量清单扉页

4.2.2 总说明

总说明表适用于工程计价的各阶段。在工程计价的不同阶段，总说明表的内容是有差别的，要求也有所不同(见图 4-7)。

______________工程

招标控制价

投标总价（小写）：____________

（大写）：____________

投 标 人：____________　　造价咨询人：____________

（单位盖章）　　（单位盖章）

法定代表人　　法定代表人

或其授权人：____________　　或其授权人：____________

（签字或盖章）　　（签字或盖章）

编 制 人：____________　　复 核 人：____________

（造价人员签字章专用章）　　（造价人员签字章专用章）

编制时间：　年　月　日　　复核时间：　年　月　日

图 4-5　招标控制价扉页

招标总价

招 标 人：____________

工程名称：____________

投标总价（小写）：____________

（大写）：____________

投 标 人：____________

（单位盖章）

法定代表人

或其授权人：____________

（签字或盖章）

编 制 人：____________

（造价人员签字章专用章）

时间：　年　月　日

图 4-6　招标总价扉页

工程名称：　　　　第　页，共　页

图 4-7　总说明

总说明表应按下列内容填写。

(1)　工程概况：建设规模、工程特征、计划工期、施工现场实际情况、自然地理条件、环境保护要求等。

(2) 工程招标和专业工程发包范围。

(3) 工程量清单编制依据。

(4) 工程质量、材料、施工等的特殊要求。

(5) 其他需要说明的问题。

4.2.3 分部分项工程项目清单

分部分项工程项目清单为不可调整的闭口清单。在投标阶段，投标人对招标文件提供的分部分项工程项目清单必须逐一计价，对清单所列内容不允许进行任何更改变动。投标人如果认为清单内容有不妥或遗漏，只能通过质疑的方式由清单编制人作统一的修改更正。清单编制人应将修正后的工程量清单发给所有投标人。

分部分项工程项目清单必须载明项目编码、项目名称、项目特征、计量单位和工程量。分部分项工程项目清单必须根据各专业工程工程量计算规范规定的项目编码、项目名称、项目特征、计量单位和工程量计算规则进行编制。其格式如表 4-1 所示，在分部分项工程项目清单的编制过程中，由招标人负责前六项内容的填列，金额部分在编制招标控制价或投标报价时填列。

表 4-1　分部分项工程和单价措施项目清单与计价表

工程名称：　　　　　　　　　　　　标段：　　　　　　　　　　　　第　页　共　页

序号	项目编码	项目名称	项目特征描述	计量单位	工程量	金额(元)		
						综合单价	合价	其中：暂估价
本页小计								
合计								

注：为计取规费等的使用，可在表中增设“其中：定额人工费”。

1. 项目编码

项目编码的编制

项目编码是分部分项工程和措施项目清单名称的阿拉伯数字标识。清单项目编码以五级编码设置，用十二位阿拉伯数字表示。第一、二、三、四级编码为全国统一，即一至九位应按工程量计算规范附录的规定设置；第五级即十至十二位为清单项目编码，应根据拟建工程的工程量清单项目名称设置，不得有重号，这三位清单项目编码由招标人针对招标工程项目具体编制，并应自 001 起顺序编制。

各级编码代表的含义如下。

(1) 第一级表示专业工程代码(分二位)。

(2) 第二级表示附录分类顺序码(分二位)。

(3) 第三级表示分部工程顺序码(分二位)。

(4) 第四级表示分项工程项目名称顺序码(分三位)。

(5) 第五级表示工程量清单项目名称顺序码(分三位)。

以房屋建筑与装饰工程为例，项目编码结构如图 4-8 所示。

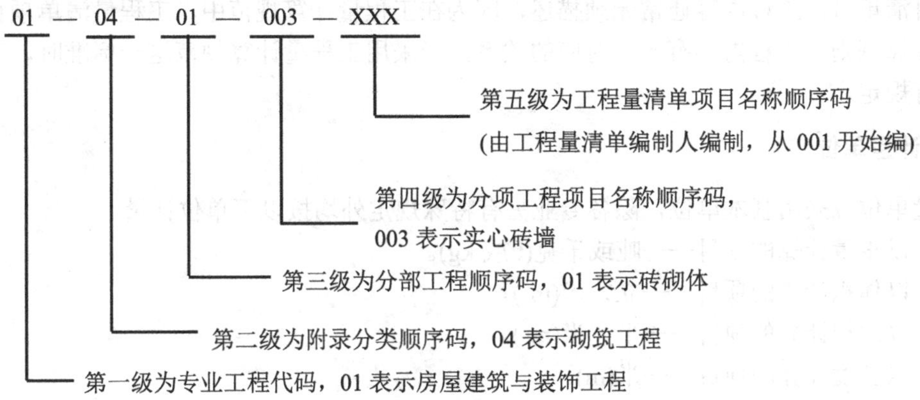

图 4-8　工程量清单项目编码结构

当同一标段(或合同段)的一份工程量清单中含有多个单位工程且工程量清单是以单位工程为编制对象时，在编制工程量清单时应特别注意对项目编码十至十二位的设置不得有重码的规定。例如，一个标段(或合同段)的工程量清单中含有三个单位工程，每一个单位工程中都有项目特征相同的实心砖墙砌体，在工程量清单中又需反映三个不同单位工程的实心砖墙砌体工程量时，则第一个单位工程的实心砖墙的项目编码应为 010401003001，第二个单位工程的实心砖墙的项目编码应为 010401003002，第三个单位工程的实心砖墙的项目编码应为 010401003003，并分别列出各单位工程实心砖墙的工程量。

2. 项目名称

分部分项工程项目清单的项目名称应按各专业工程工程量计算规范附录的项目名称结合拟建工程的实际确定。附录表中的“项目名称”为分项工程项目名称，是形成分部分项工程项目清单项目名称的基础。即在编制分部分项工程项目清单时，以附录中的分项工程项目名称为基础，考虑该项目的规格、型号、材质等特征要求，结合拟建工程的实际情况，使其工程量清单项目名称具体化、细化，以反映影响工程造价的主要因素。例如“门窗工程”中“特种门”应区分“冷藏门”“冷冻门”“保温门”“变电室门”“隔音门”“防射线门”“人防门”“金库门”等。清单项目名称应表达详细、准确，各专业工程量计算规范中的分项工程项目名称如有缺陷，招标人可作补充，并报当地工程造价管理机构(省级)备案。

3. 项目特征

项目特征是构成分部分项工程项目、措施项目自身价值的本质特征。项目特征是对项目的准确描述，是确定一个清单项目综合单价不可缺少的重要依据，是区分清单项目的依据，是履行合同义务的基础。分部分项工程项目清单的项目特征应按各专业工程工程量计算规范附录中规定的项目特征，结合技术规范、标准图集、施工图纸，按照工程结构、使用材质及规格或安装位置等，予以详细而准确的表述和说明。凡项目特征中未描述到的其他独有特征，由清单编制人视项目具体情况进行确定，以准确描述清单项目为准。

在各专业工程工程量计算规范附录中还有关于各清单项目“工程内容”的描述。工程内容是指完成清单项目可能发生的具体工作和操作程序，但应注意的是，在编制分部分项工程项目清单时，工程内容通常无须描述，因为在工程量计算规范中，工程量清单项目与工程量计算规则、工程内容有一一对应的关系，当采用工程量计算规范这一标准时，工程内容均有规定。

4. 计量单位

计量单位应采用基本单位，除各专业另有特殊规定外均按以下单位计量。

(1) 以重量计算的项目——吨或千克(t 或 kg)。

(2) 以体积计算的项目——立方米(m^3)。

(3) 以面积计算的项目——平方米(m^2)。

(4) 以长度计算的项目——米(m)。

(5) 以自然计量单位计算的项目——个、套、块、樘、组、台……

(6) 没有具体数量的项目——宗、项……

各专业有特殊计量单位的，再加以说明，当计量单位有两个或两个以上时，应根据所编工程量清单项目的特征要求，选择最适宜表现该项目特征并方便计量的单位。例如，门窗工程计量单位为“樘/m^2”两个计量单位，实际工作中，就应选择最适宜、最方便计量和组价的单位来表示。

计量单位的有效位数应遵守下列规定。

(1) 以“t”为单位，应保留三位小数，第四位小数四舍五入。

(2) 以“m^3”“m^2”“m”“kg”为单位，应保留两位小数，第三位小数四舍五入。

(3) 以“个”“项”等为单位，应取整数。

5. 工程数量的计算

工程数量主要通过工程量计算规则计算得到。工程量计算规则是指对清单项目工程量计算的规定。除另有说明外，所有清单项目的工程量应以实体工程量为准，并以完成后的净值计算；投标人投标报价时，应在单价中考虑施工中的各种损耗和需要增加的工程量。

根据现行工程量清单计价与工程量计算规范的规定，工程量计算规则可以分为房屋建筑与装饰工程、仿古建筑工程、通用安装工程、市政工程、园林绿化工程、构筑物工程、矿山工程、城市轨道交通工程、爆破工程九大类。

以房屋建筑与装饰工程为例，工程量计算规范中规定的分类项目包括土石方工程，地基处理与边坡支护工程，桩基工程，砌筑工程，混凝土及钢筋混凝土工程，金属结构工程，木结构工程，门窗工程，屋面及防水工程，保温、隔热、防腐工程，楼地面装饰工程；墙、柱面装饰与隔断、幕墙工程，天棚工程，油漆、涂料、裱糊工程，其他装饰工程，拆除工程、措施项目等，分别制定了它们的项目设置和工程量计算规则。

随着工程建设中新材料、新技术、新工艺等的不断涌现，工程量计算规范附录所列的工程量清单项目不可能包含所有的项目。在编制工程量清单时，当出现工程量计算规范附录中未包括的清单项目时，编制人应作补充。在编制补充项目时应注意以下三个方面。

(1) 补充项目的编码应按工程量计算规范的规定确定。其具体做法如下：补充项目的编码由工程量计算规范的代码与 B 和三位阿拉伯数字组成，并应从 001 起顺序编制，如房屋建筑与装饰工程如需补充项目，则其编码应从 01B001 开始顺序编制，同一招标工程的项目不得重码。

(2) 在工程量清单中应附补充项目的项目名称、项目特征、计量单位、工程量计算规则和工作内容。

(3) 将编制的补充项目报省级或行业工程造价管理机构备案。

4.2.4　措施项目清单

措施项目清单为可调整清单，投标人对招标文件中所列项目，可根据企业自身特点做适当的变更增减。投标人要对拟建工程可能发生的措施项目和措施费用作通盘考虑，清单一经报出，即被认为是包括了所有应该发生的措施项目的全部费用。如果报出的清单中没有列项，且施工中又必须发生的项目，业主有权认为，其已经综合在分部分项工程量清单的综合单价中。将来措施项目发生时投标人不得以任何借口提出索赔与调整。

由于工程建设施工的特点和承包人组织施工生产的施工装备水平、施工方案及其管理水平的差异，同一工程、不同的承包人组织施工采用的施工措施并不完全一致，因此，措施项目清单应根据拟建工程的实际情况列项。

1. 措施项目列项

措施项目是指为完成工程项目施工，发生于该工程施工准备和施工过程中的技术、生活、安全、环境保护等方面的项目。

措施项目清单应根据相关专业现行工程量计算规范的规定编制，并应根据拟建工程的实际情况列项。

2. 措施项目清单的格式

1) 措施项目清单的类别

措施项目费用的发生与使用时间、施工方法或者两个以上的工序相关，如安全文明施工费，夜间施工，非夜间施工照明，二次搬运，冬雨季施工，地上、地下设施和建筑物的临时保护设施，已完工程及设备保护等。但是有些措施项目则是可以计算工程量的项目，如脚手架工程，混凝土模板及支架(撑)，垂直运输，超高施工增加，大型机械设备进出场及安拆，施工排水、降水等这类措施项目按照分部分项工程项目清单的方式采用综合单价计价，更有利于措施费的确定和调整。措施项目中可以计算工程量的项目(单价措施项目)宜采用分部分项工程项目清单的方式编制，列出项目编码、项目名称、项目特征、计量单位和工程量；不能计算工程量的项目(总价措施项目)，以“项”为计量单位进行编制(见表 4-2)。

2) 措施项目清单的编制依据

措施项目清单的编制需考虑多种因素，除工程本身的因素外，还涉及水文、气象、环境、安全等因素。措施项目清单应根据拟建工程的实际情况列项。若出现工程量计算规范中未列的项目，可根据工程实际情况补充。措施项目清单的编制依据主要有以下几方面。

(1) 施工现场情况、地勘水文资料、工程特点。

(2) 常规施工方案。

(3) 与建设工程有关的标准、规范、技术资料。

(4) 拟定的招标文件。

(5) 建设工程设计文件及相关资料。

表 4-2 总价措施项目清单与计价表

工程名称: 标段: 第 页 共 页

序号	项目编码	项目名称	计算基础	费率(%)	金额(元)	调整费率(%)	调整后金额(元)	备注
		安全文明施工费						
		夜间施工增加费						
		二次搬运费						
		冬雨季施工增加费						
		已完工程及设备保护费						
		…						
合计								

编制人(造价人员): 复核人(造价工程师):

注：1.“计算基础”中安全文明施工费可为“定额基价”“定额人工费”或“定额人工费+定额施工机具使用费”，其他项目可为“定额人工费”或“定额人工费+定额施工机具使用费”。

2.按施工方案计算的措施费，若无“计算基础”和“费率”的数值，也可只填“金额”数值，但应在备注栏中说明施工方案出处或计算方法。

4.2.5 其他项目清单的编制

其他项目清单是指分部分项工程项目清单、措施项目清单所包含的内容以外，因招标人的特殊要求而发生的与拟建工程有关的其他费用项目和相应数量的清单。工程建设标准的高低、工程的复杂程度、工程的工期长短、工程的组成内容、发包人对工程管理的要求等都直接影响其他项目清单的具体内容。其他项目清单包括暂列金额、暂估价(包括材料暂估单价、工程设备暂估单价、专业工程暂估价)、计日工、总承包服务费。其他项目清单宜按照表 4-3 的格式编制，出现未包含在表格中内容的项目，可根据工程实际情况补充。

1. 暂列金额

暂列金额是招标人在工程量清单中暂定并包括在合同价款中的一笔款项。用于工程合同签订时尚未确定或者不可预见的所需材料、工程设备、服务的采购，施工中可能发生的工程变更、合同约定调整因素出现时的合同价款调整以及发生的索赔、现场签证确认等的费用。不管采用何种合同形式，其理想的标准是，合同的价格就是其最终的工程结算价格，或者至少两者应尽可能接近。我国规定对政府投资工程实行概算管理，经项目审批部门批复的设计概算是工程投资控制的刚性指标，即使商业性开发项目也有成本的预先控制问题，否则，无法相对准确地预测投资的收益和科学合理地进行投资控制。但工程建设自身的特性决定了工程的设计需要根据工程进展不断地进行优化和调整，业主需求可能会随工程建设进展出现变化，工程建设过程还会存在一些不能预见、不能确定的因素。消化这些因素必然会影响合同价格的调整，暂列金额正是因为这类不可避免的价格调整而设立，以便达到合理确定和有效控制工程造价的目标。设立暂列金额并不能保证结算价格就不会再出现超过合同价格的情况，是否超出合同价格完全取决于工程量清单编制人对暂列金额预测的准确性，以及工程建设过程是否出现了其他事先未预测到的事件。

暂列金额应根据工程特点，按有关计价规定估算。暂列金额可按照表 4-4 的格式列示。

表 4-3　其他项目清单与计价汇总表

工程名称：　　　　　　　　　　　　标段：　　　　　　　　　　　　第　页 共　页

序号	项目名称	金额(元)	结算金额(元)	备　注
1	暂列金额			明细详见表 4-4
2	暂估价			
2.1	材料(工程设备)暂估价/结算价	…		明细详见表 4-5
2.2	专业工程暂估价/结算价			明细详见表 4-6
3	计日工			明细详见表 4-7
4	总承包服务费			明细详见表 4-8
5	索赔与现场签证			
	…			
合计				—

注：材料(工程设备)暂估单价进入清单项目综合单价，此处不汇总。

表 4-4　暂列金额明细表

工程名称：　　　　　　　　　　　　标段：　　　　　　　　　　　　第　页　共　页

序　号	项目名称	计量单位	暂定金额(元)	备　注
1				
2				
3				
…				
合计				…

注：此表由招标人填写，如不能详列，也可只列暂定金额总额，投标人应将上述暂列金额计入投标总价中。

2. 暂估价

暂估价是指招标人在工程量清单中提供的用于支付必然发生但暂时不能确定价格的材料、工程设备的单价以及专业工程的金额，包括材料暂估单价、工程设备暂估单价和专业工程暂估价；暂估价类似于 FIDIC 合同条款中的 Prime Cost Items，在招标阶段预见肯定要发生，只是因为标准不明确或者需要由专业承包人完成，暂时无法确定价格。暂估价数量和拟用项目应当结合工程量清单中的“暂估价表”予以补充说明。为方便合同管理，需要纳入分部分项工程项目清单综合单价中的暂估价应只是材料、工程设备暂估单价，以方便投标人组价。

专业工程的暂估价一般应是综合暂估价，包括人工费、材料费、施工机具使用费、企业管理费和利润，不包括规费和税金。总承包招标时，专业工程设计深度往往是不够的，一般需要交由专业设计人员设计，在国际社会，出于对提高可建造性的考虑，一般由专业承包人负责设计，以发挥其专业技能和专业施工经验的优势。这类专业工程交由专业分包人完成在国际工程施工中有良好实践，目前在我国工程建设领域也已经比较普遍。公开透明地合理确定这类暂估价的实际金额的最佳途径，就是通过施工总承包人与工程建设项目招标人共同组织的招标。

暂估价中的材料、工程设备暂估单价应根据工程造价信息或参照市场价格估算，列出明细表；专业工程暂估价应分不同专业，按有关计价规定估算，列出明细表。暂估价可按照表 4-5 和表 4-6 的格式列示。

表 4-5　材料(工程设备)暂估单价及调整表

工程名称：　　　　　　　　　　　　　标段：　　　　　　　　　　　　　第　页共　页

序号	材料(工程设备)名称、规格、型号	计量单位	数量		暂估(元)		确认(元)		差额±(元)		备注
			暂估	确认	单价	合价	单价	合价	单价	合价	
合计											

注：此表由招标人填写“暂估单价”，并在备注栏中说明暂估价的材料、工程设备拟用在哪些清单项目上，投标人应将上述材料、工程设备暂估价计入工程量清单综合单价报价中。

表 4-6　专业工程暂估价及结算价表

工程名称：　　　　　　　　　　　　　标段：　　　　　　　　　　　　　第　页共　页

序号	工程名称	工程内容	暂估金额(元)	结算金额(元)	差额±(元)	备注
合计						

注：此表“暂估金额”由招标人填写，投标人应将“暂估金额”计入投标总价中。结算时按合同约定结算金额填写。

3. 计日工

计日工是在施工过程中，承包人完成发包人提出的工程合同范围以外的零星项目或工作，按合同中约定的单价计价的一种方式。计日工是为了解决现场发生的零星工作的计价而设立的。国际上常见的标准合同条款中，大多数设立了计日工(daywork)计价机制。计日工对完成零星工作所消耗的人工工日、材料数量、施工机具台班进行计量，并按照计日工表中填报的适用项目的单价进行计价支付。计日工适用的所谓零星项目或工作一般是指合同约定之外的或者因变更而产生的、工程量清单中没有相应项目的额外工作，尤其是那些难以事先商定价格的额外工作。

计日工应列出项目名称、计量单位和暂定数量。计日工可按照表 4-7 的格式列示。

4．总承包服务费

总承包服务费是指总承包人为配合协调发包人进行的专业工程发包，对发包人自行采购的材料、工程设备等进行保管以及施工现场管理、竣工资料汇总整理等服务所需的费用。招标人应预计该项费用并按投标人的投标报价向投标人支付该项费用。

表 4-7　计日工表

工程名称：　　　　　　　　　　　　　　　标段：　　　　　　　　　　第　页　　共　页

编号	项目名称	单位	暂定数量	实际数量	综合单价(元)	合价(元)	
						暂定	实际
一	人工						
1							
2							
…							
人工小计							
二	材料						
1							
2							
…							
材料小计							
三	施工机具						
1							
2							
…							
施工机具小计							
四	企业管理费和利润						
总计							

注：此表项目名称、暂定数量由招标人填写，编制招标控制价时，单价由招标人按有关计价规定确定；投标时，单价由投标人自主报价，按暂定数量计算合价计入投标总价中。结算时，按发、承包双方确认的实际数量计算合价。

总承包服务费应列出服务项目及其内容等。总承包服务费按照表 4-8 的格式列示。

表 4-8　总承包服务费计价表

工程名称：　　　　　　　　　　　　　　　标段：　　　　　　　　　　第　页 共　页

序号	项目名称	项目价值(元)	服务内容	计算基础	费率(%)	金额(元)
1	发包人发包专业工程					
2	发包人提供材料					
…						
	合计	…	…		…	

注：此表项目名称、服务内容由招标人填写，编制招标控制价时，费率及金额由招标人按有关计价规定确定；投标时，费率及金额由投标人自主报价，计入投标总价中。

4.2.6 规费、税金项目清单

规费项目清单应按照下列内容列项：社会保险费，包括养老保险费、失业保险费、医疗保险费、工伤保险费、生育保险费；住房公积金；出现计价规范中未列的项目，应根据省级政府或省级有关权力部门的规定列项。

税金项目主要是指增值税。出现计价规范未列的项目，应根据税务部门的规定列项。

规费、税金项目计价表如表 4-9 所示。

表 4-9 规费、税金项目计价表

工程名称：　　　　　　　　　　　　标段：　　　　　　　　　　　　第　页共　页

序号	项目名称	计算基础	计算基数	计算费率(%)	金额(元)
1	规费	定额人工费			
1.1	社会保险费	定额人工费			
(1)	养老保险费	定额人工费			
(2)	失业保险费	定额人工费			
(3)	医疗保险费	定额人工费			
(4)	工伤保险费	定额人工费			
(5)	生育保险费	定额人工费			
1.2	住房公积金	定额人工费			
2	税金 (增值税)	人工费+材料费+施工机具使用费+企业管理费+利润+规费合计			

编制人(造价人员)：　　　　　　　　　　复核人(造价工程师)：

4.2.7 各级工程造价的汇总

各个工程量清单编制好后，将各个清单合计进行汇总，就形成相应单位工程的造价。根据所处计价阶段的不同，单位工程造价汇总表可分为单位工程招标控制价汇总表、单位工程投标报价汇总表和单位工程竣工结算汇总表。单位工程招标控制价/投标报价汇总表如表 4-10 所示，单位工程竣工结算汇总表如表 4-11 所示。各单位工程相应造价汇总后，形成单项工程及建设项目的工程造价。

表 4-10 单位工程招标控制价/投标报价汇总表

工程名称：　　　　　　　　　　　　标段：　　　　　　　　　　　　第　页共　页

序号	汇总内容	金额(元)	其中：暂估价(元)
1	分部分项工程		
1.1			
1.2			
1.3			
1.4			
1.5			

续表

序号	汇总内容	金额(元)	其中：暂估价(元)
2	措施项目		
2.1	其中：安全文明施工费		
3	其他项目		
3.1	其中：暂列金额		
3.2	其中：专业工程暂估价		
3.3	其中：计日工		
3.4	其中：总包服务费		
4	规费		
5	税金		
招标控制价合计=1+2+3+4+5			

注：本表适用于单位工程招标控制价或投标报价的汇总，如无单位工程划分，单项工程也使用本表汇总。

表4-11 单位工程竣工结算汇总表

工程名称：　　　　　　　　　　标段：　　　　　　　　　　第　页共　页

序号	汇总内容	金额(元)
1	分部分项工程	
1.1		
1.2		
1.3		
1.4		
1.5		
2	措施项目	
2.1	其中：安全文明施工费	
3	其他项目	
3.1	其中：专业工程结算价	
3.2	其中：计日工	
3.3	其中：总包服务费	
3.4	其中：索赔与现场签证	
4	规费	
5	税金	
竣工结算总价合计=1+2+3+4+5		

注：如无单位工程划分，单项工程也使用本表汇总。

4.3 工程量清单的计价

据现行计价规范规定，建设项目采用工程量清单计价，建筑安装工程费由分部分项工程费、措施项目费、其他项目费、规费和税金组成。

4.3.1 建筑安装工程费构成及计量费用的计算程序

建筑安装工程费构成及计量费用的计算程序，如图 4-9 所示。

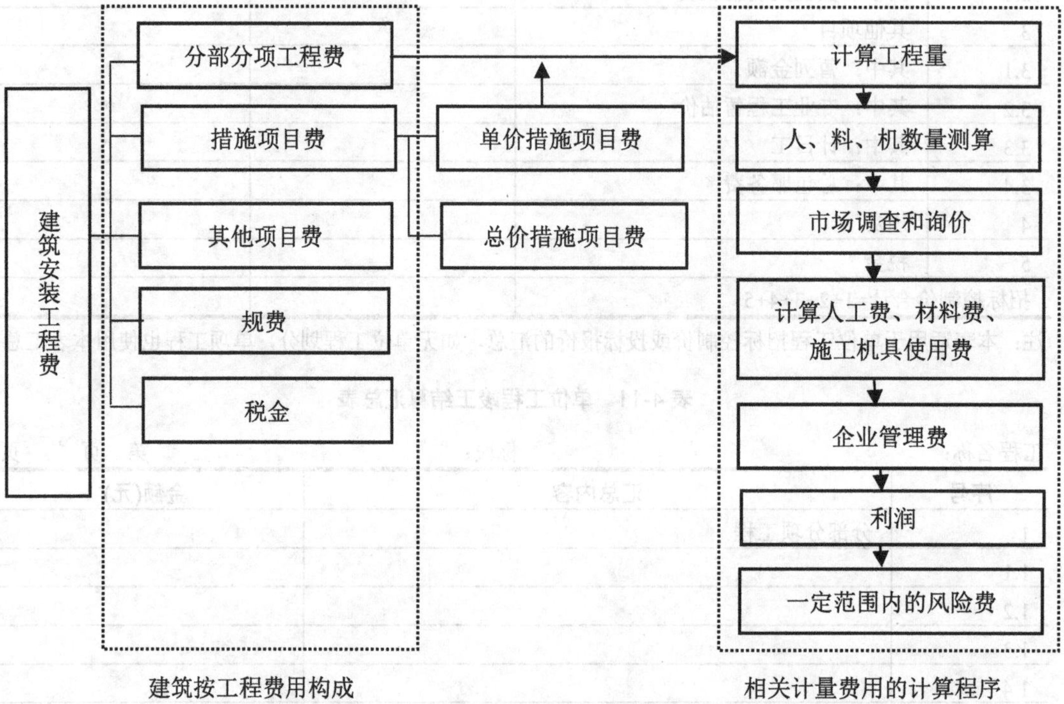

图 4-9　建筑安装工程费构成及可计量费用的计算程序

4.3.2 工程造价的计算

工程造价的计算公式如下所示：

$$\text{分部分项工程费}=\sum(\text{分部分项工程量}\times\text{相应分部分项工程综合单价}) \tag{4.3.1}$$

$$\text{措施项目费}=\sum\text{单措施项目费} \tag{4.3.2}$$

$$\text{单位工程造价}=\text{分部分项工程费}+\text{措施项目费}+\text{其他项目费}+\text{规费}+\text{税金} \tag{4.3.3}$$

$$\text{单项工程造价}=\sum\text{单位工程造价} \tag{4.3.4}$$

$$\text{建设项目造价}=\sum\text{单项工程造价} \tag{4.3.5}$$

本 章 小 结

综合单价的计算

在工程量清单计价方法下，合同价格更加能够体现出市场交易的真实水平，并且能够更加合理地对合同履行过程中可能出现的各种风险进行分配，提升承、发包双方的履约效率。

清单计价适用于建设工程发承包及其实施阶段的计价活动。使用国有资金投资的建设工程发承包，必须采用工程量清单计价；非国有资金投资的建设工程发承包，宜采用工程量清单计价；不采用工程量清单计价的建设工程发承包，应执行清单计价规范中除工程量清单等专门性规定外的其他规定。

工程量清单应由具有编制能力的招标人，或受其委托具有相应资质的工程造价咨询人编制。其内容包括封面、扉页、总说明、分部分项工程项目清单、措施项目清单、其他项目清单、规费、税金项目清单等。

习 题

1. 关于工程量清单计价适用范围，下列说法正确的是( )。

A. 达到或超过规定建设规模的工程，必须采用工程量清单计价

B. 达到或超过规定建设数额的工程，必须采用工程量清单计价

C. 国有资金占投资总额不足50%的建设工程发承包，不必采用工程量清单计价

D. 不采用工程量清单计价的建设工程，应执行计价规范中除工程量清单等专门性规定以外的规定

2. 招标工程量清单的项目特征中通常不需描述的内容是( )。

A. 材料材质　B. 结构部位　C. 工程内容　D. 规格尺寸

3. 根据《建设工程工程量清单计价规范》(GB 50500—2013)的规定，下列关于工程量清单项目编码的说法中，正确的是( )。

A. 第三级编码为分部工程顺序码，由三位数字表示

B. 第五级编码应根据拟建工程的工程量清单项目名称设置，不得重码

C. 同一标段含有多个单位工程，不同单位工程中项目特征相同的工程应采用相同编码

D. 补充项目编码以“B”加上计量规范代码后跟三位数字表示

4. 根据《建设工程工程量清单计价规范》(GB 50500—2013)的规定，下列费用项目中需纳入分部分项工程项目综合单价的是( )。

A. 工程设备暂估价　B. 专业工程暂估价

C. 暂列金额　D. 计日工费

5. 下列费用中，由招标人填写金额，投标人直接计入投标总价的有( )。

A. 材料设备暂估价　B. 暂列金额

C. 计日工费　D. 总承包服务费

6. 根据《建设工程工程量清单计价规范》(GB 50500—2013)的规定，一般不作为安全文明施工费计算基础的是( )。

A. 定额人工费

B. 定额人工费+定额材料费

C. 定额人工费+定额施工机具使用费

D. 定额人工费+定额材料费+定额施工机具使用费

7. 在清单计价时，工程数量的有效位数应遵守( )。

A. 以“t”为单位，应保留小数点后三位数字，第四位四舍五入

B. 以“t”为单位，应保留小数点后二位数字，第三位四舍五入

C. 以“m”为单位，应保留小数点后三位数字，第四位四舍五入

D. 以“m^2、m^3”为单位，应保留小数点后三位数字，第四位四舍五入

8. 根据《建设工程工程量清单计价规范》(GB 50500—2013)的规定，某分部分项工程的项目编码为010203004005，其中“004”这一级编码的含义是(　　)。

A. 工程分类顺序码　　B. 清单项目顺序码

C. 分部工程顺序码　　D. 分项工程顺序码

9. 下列清单中属于不可调整的闭口清单的是(　　)。

A. 分部分项工程项目清单　　B. 措施项目清单

C. 其他项目清单　　D. 规费项目清单

10. 下列清单中属于可调整清单的是(　　)。

A. 分部分项工程项目清单　　B. 措施项目清单

C. 其他项目清单　　D. 规费项目清单

第5章

建筑面积计算规则

5.1 建筑面积的概念

建筑面积是指建筑物(包括墙体)所形成的楼地面面积。面积是所占平面图形的大小，建筑面积主要是墙体围合的楼地面面积(包括墙体的面积)，因此计算建筑面积时，先以外墙结构外围水平面积计算。建筑面积还包括附属于建筑物的室外阳台、雨篷、檐廊、室外走廊、室外楼梯等建筑部件的面积。

建筑面积还可以分为使用面积、辅助面积和结构面积。使用面积是指建筑物各层平面布置中，可直接为生产或生活使用的面积总和。居室净面积在民用建筑中，亦称“居住面积”。例如，住宅建筑中的居室、客厅、书房等。辅助面积是指建筑物各层平面布置中为帮助生产或生活所占净面积的总和。例如，住宅建筑的楼梯、走道、卫生间、厨房等。使用面积与辅助面积的总和称为“有效面积”。结构面积是指建筑物各层平面布置中的墙体、柱等结构所占面积的总和(不包括抹灰厚度所占面积)。

5.2 建筑面积的作用

建筑面积计算是工程计量最基础的工作，在工程建设中具有重要意义。首先，工程建设的技术经济指标中，大多数以建筑面积为基数，建筑面积是核定估算、概算、预算工程造价的一个重要基础数据，是计算和确定工程造价，并分析工程造价和工程设计合理性的一个基础指标；其次，建筑面积是国家进行建设工程数据统计、固定资产宏观调控的重要指标；最后，建筑面积还是房地产交易、工程承发包交易、建筑工程有关运营费用的核定等的一个关键指标。建筑面积的作用，具体有以下几个方面。

1. 建筑面积是确定建设规模的重要指标

建筑面积的多少可以用来控制建设规模，如根据项目立项批准文件所核准的建筑面积，来控制施工图设计的规模。建设面积的多少也可以用来衡量一定时期国家或企业工程建设的发展状况和完成生产的情况等。

2．建筑面积是确定各项技术经济指标的基础

建筑面积是衡量工程造价、人工消耗量、材料消耗量和机械台班消耗量的重要经济指标。比如，有了建筑面积，才能确定每平方米建筑面积的工程造价等指标。计算如式(5.2.1)～式(5.2.3)所示。

单位面积工程造价＝工程造价÷建筑面积　(5.2.1)

单位建筑面积的材料消耗指标＝工程材料耗用量÷建筑面积　(5.2.2)

单位建筑面积的人工用量＝工程人工工日耗用量÷建筑面积　(5.2.3)

3．评价设计方案的依据

在建筑设计和建筑规划中，经常使用建筑面积控制某些指标，比如容积率、建筑密度、建筑系数等。在评价设计方案时，通常采用居住面积系数、土地利用系数、有效面积系数、单方造价等指标，这些都与建筑面积密切相关。因此，为了评价设计方案，必须准确计算建筑面积。

4．计算有关分项工程量的依据和基础

建筑面积是确定一些分项工程量的基本数据。应用统筹计算方法，根据底层建筑面积，就可以很方便地推算出室内回填土体积、地(楼)面面积和天棚面积等。另外，建筑面积也是计算有关工程量的重要依据，比如综合脚手架、垂直运输等项目的工程量是以建筑面积为基础计算的工程量。

5.3　建筑面积计算规则与方法

建筑面积计算的一般原则是：凡在结构上、使用上形成具有一定使用功能的建筑物和构筑物，并能单独计算出其水平面积的，应计算建筑面积；反之，不应计算建筑面积。取定建筑面积的顺序为：有围护结构的，按围护结构计算面积；无围护结构、有底板的，按底板计算面积(如室外走廊、架空走廊)；底板也不利于计算的，则取顶盖(如车棚、货棚等)；主体结构外的附属设施按结构底板计算面积，即在确定建筑面积时，围护结构优于底板，底板优于顶盖。所以，有盖无盖不作为计算建筑面积的必备条件，如阳台、架空走廊、楼梯是利用其底板，顶盖只是起遮风挡雨的辅助功能。

建筑面积的计算

建筑面积的计算主要依据现行国家标准《建筑工程建筑面积计算规范》(GB/T 50353—2013)。该规范包括总则、术语、计算建筑面积的规定和条文说明四部分，规定了计算建筑全部面积、计算建筑部分面积和不计算建筑面积的情形及计算规则，适用于新建、扩建、改建的工业与民用建筑工程建设全过程的建筑面积计算，即规范不仅适用于工程造价计价活动，还适用于项目规划、设计阶段，但房屋产权面积计算不适用于该规范。

5.3.1　应计算建筑面积的范围及规则

(1) 单层建筑物的建筑面积，应按其外墙勒脚以上结构外围水平面积计算，并应符合下列规定。

① 单层建筑物高度在 2.20m 及以上者应计算全面积；高度不足 2.20m 者应计算 1/2 面积，如图 5-1 所示。

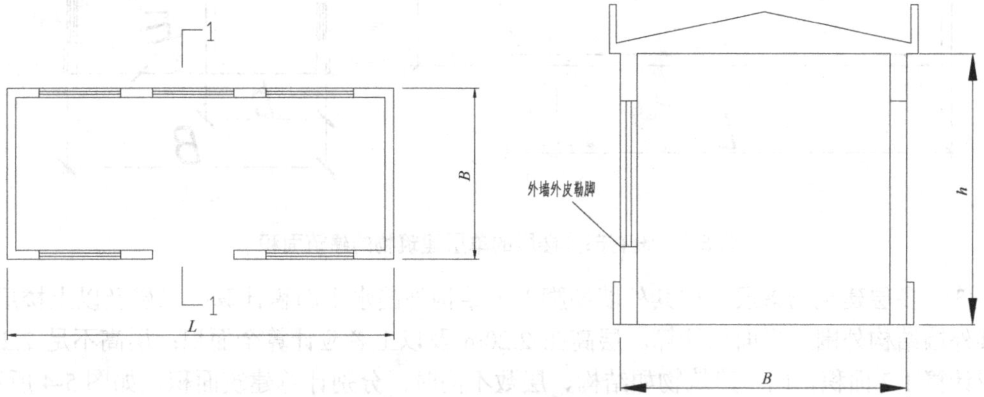

图 5-1　单层建筑物的建筑面积

即建筑面积按建筑平面图外轮廓线尺寸计算：

$$S = L \times B \tag{5.3.1}$$

式中，S——单层建筑物的建筑面积(m^2)；

L——两端山墙勒脚以上外表面间水平长度(m)；

B——两纵墙勒脚以上外表面间水平长度(m)。

② 利用坡屋顶内空间时，净高超过 2.10m 的部位应计算全面积；净高在 1.20～2.10m 的部位应计算 1/2 面积；净高不足 1.20m 的部位不计算面积，如图 5-2 所示。

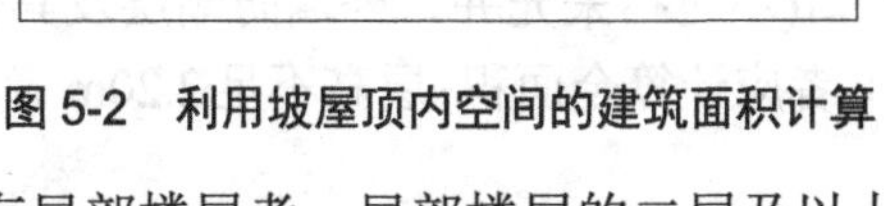

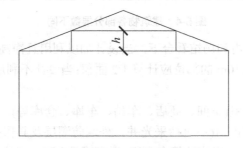

图 5-2　利用坡屋顶内空间的建筑面积计算

(2) 单层建筑物内设有局部楼层者，局部楼层的二层及以上楼层，有围护结构的应按其围护结构外围水平面积计算，无围护结构的应按其结构底板水平面积计算。层高在 2.20m 及以上者应计算全面积，层高不足 2.20m 者应计算 1/2 面积，如图 5-3 所示。

建筑面积计算公式为

$$S = L \times B + \sum l \times b + \sum M \tag{5.3.2}$$

式中，$l \times b$ ——有围护结构楼层的结构外围水平面积；

M——无围护结构楼层的结构底板水平面积。

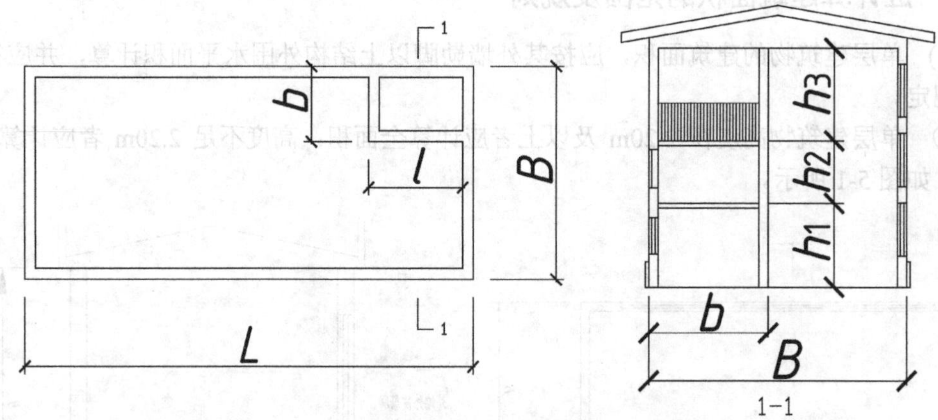

图 5-3　设有部分楼层的单层建筑物的建筑面积

(3) 多层建筑物首层应按其外墙勒脚以上结构外围水平面积计算；二层及以上楼层应按其外墙结构外围水平面积计算。层高在 2.20m 及以上者应计算全面积；层高不足 2.20m 者应计算 1/2 面积。同一建筑物如结构、层数不同时，分别计算建筑面积，如图 5-4 所示。

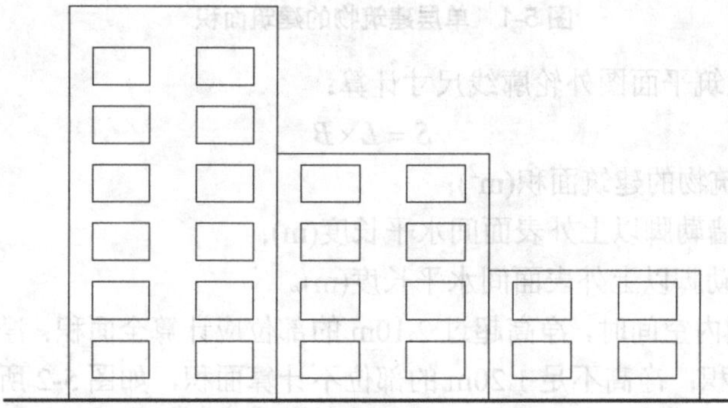

图 5-4　建筑物各部分层数不同

(4) 多层建筑坡屋顶内和场馆看台下，当设计加以利用且净高超过 2.10m 的部位应计算全面积；净高在 1.20～2.10m 的部位应计算 1/2 面积；当设计不利用或室内净高不足 1.20m 时不应计算面积。

(5) 地下室、半地下室(车间、商店、车站、车库、仓库等)，包括相应的有永久性顶盖的出入口，应按其外墙上口(不包括采光井、外墙防潮层及其保护墙)外边线所围水平面积计算。层高在 2.20m 及以上者应计算全面积；层高不足 2.20m 者应计算 1/2 面积(见图 5-5)。

建筑面积计算公式为

地下室部分建筑面积为
$$S_1 = l_1 \times b_1 \tag{5.3.3}$$
出入口部分建筑面积为
$$S_2 = l_2 \times b_2 \tag{5.3.4}$$
$$S = S_1 + S_2 \tag{5.3.5}$$

式中，l_1，b_1——地下室上口外围的水平长度与宽度，单位 m；

l_2，b_2——地下室出入口外围的水平长度与宽度，单位 m。

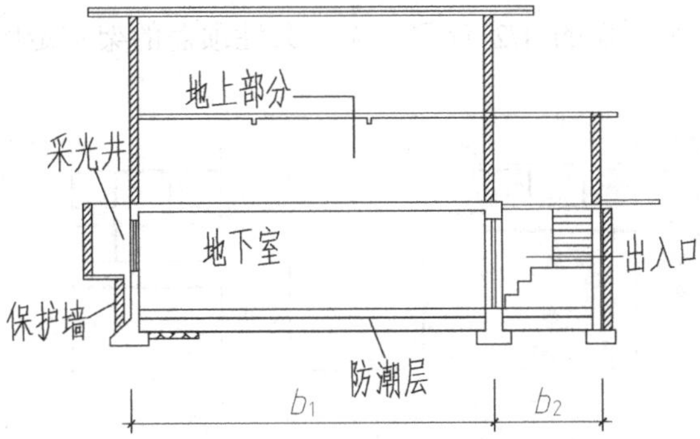

图 5-5 地下室建筑面积示意图

(6) 深基础架空层(见图 5-6)、坡地的建筑物吊脚架空层(见图 5-7)，设计加以利用并有围护结构的，层高在 2.20m 及以上的部位应计算全面积；层高不足 2.20m 的部位应计算 1/2 面积。设计加以利用、无围护结构的建筑吊脚架空层，应按其利用部位水平面积的 1/2 计算；设计不利用的深基础架空层、坡地吊脚架空层、多层建筑坡屋顶内、场馆看台下的空间不应计算面积。

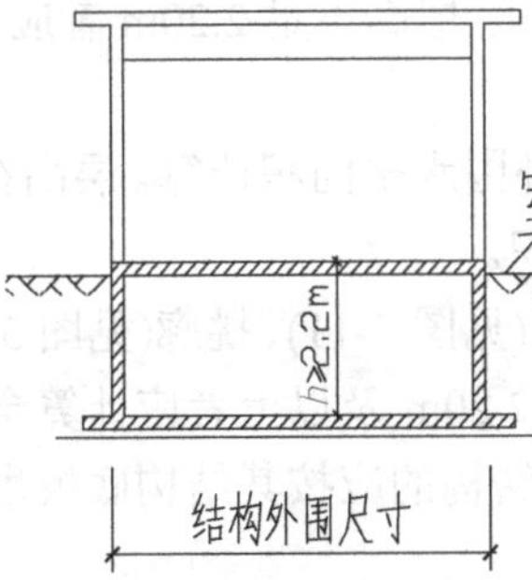

图 5-6 深基础地下架空层

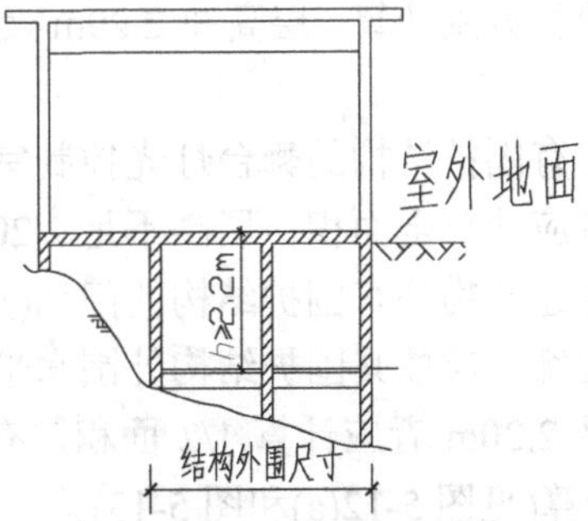

图 5-7 坡地吊脚架空层

(7) 建筑物的门厅、大厅按一层计算建筑面积。门厅、大厅内设有回廊时，应按其结构底板水平面积计算，层高在 2.20m 及以上者应计算全面积；层高不足 2.20m 者应计算 1/2 面积，如图 5-8 所示。

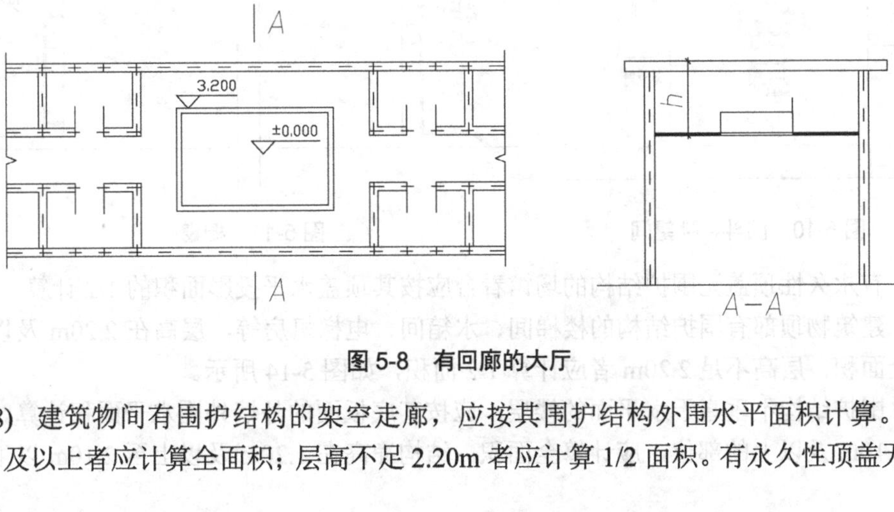

图 5-8 有回廊的大厅

(8) 建筑物间有围护结构的架空走廊，应按其围护结构外围水平面积计算。层高在 2.20m 及以上者应计算全面积；层高不足 2.20m 者应计算 1/2 面积。有永久性顶盖无围护结构的应按其结构底板水平面积的 1/2 计算。无永久性顶盖的架空走廊不计算建筑面积，如图 5-9 所示。

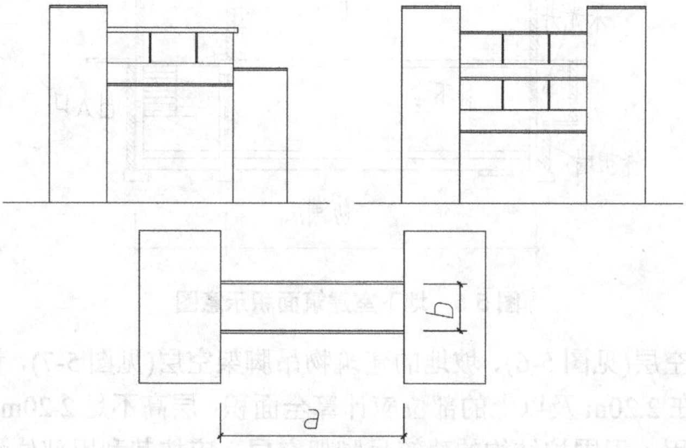

图 5-9　架空走廊

(9) 立体书库、立体仓库、立体车库，无结构层的应按一层计算，有结构层的应按其结构层面积分别计算。层高在 2.20m 及以上者应计算全面积；层高不足 2.20m 者应计算 1/2 面积。

(10) 有围护结构的舞台灯光控制室，应按其围护结构外围水平面积计算。层高在 2.20m 及以上者应计算全面积；层高不足 2.20m 者应计算 1/2 面积。

(11) 建筑物外有围护结构的门斗(见图 5-10)、落地橱窗(见图 5-11)、挑廊(见图 5-12(b))、走廊、檐廊，应按其围护结构外围水平面积计算。层高在 2.20m 及以上者应计算全面积；层高不足 2.20m 者应计算 1/2 面积。有永久性顶盖无围护结构的应按其结构底板水平面积的 1/2 计算(见图 5-12(a)和图 5-13)。

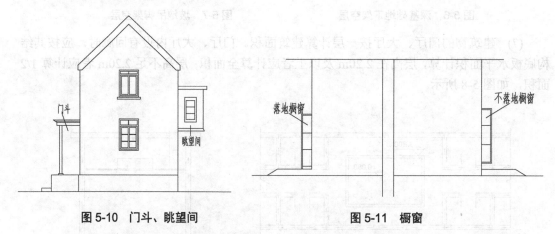

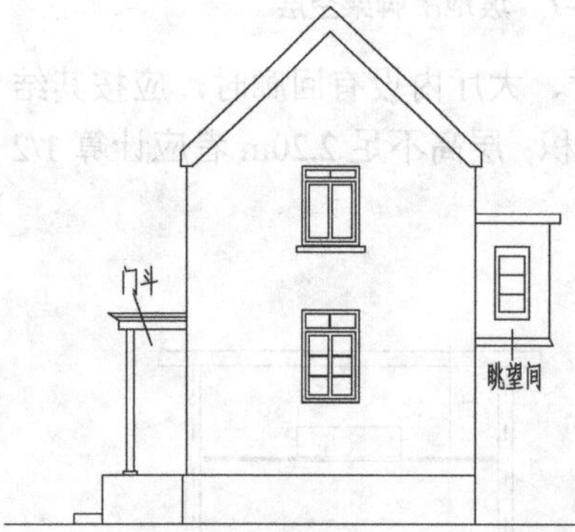

图 5-10　门斗、眺望间

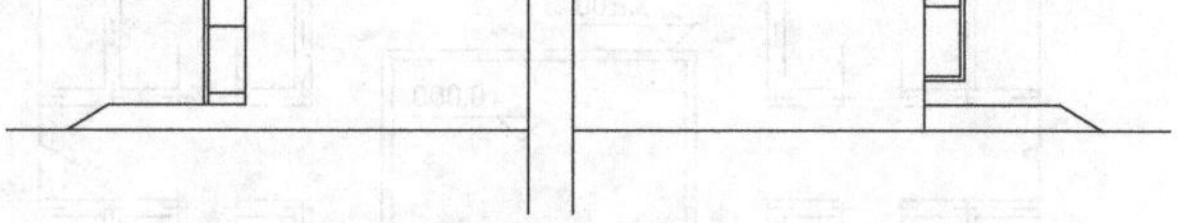

图 5-11　橱窗

(12) 有永久性顶盖无围护结构的场馆看台应按其顶盖水平投影面积的 1/2 计算。

(13) 建筑物顶部有围护结构的楼梯间、水箱间、电梯机房等，层高在 2.20m 及以上者应计算全面积；层高不足 2.20m 者应计算 1/2 面积，如图 5-14 所示。

(14) 围护结构不垂直于水平面的楼层，应按其底板面的外墙外围水平面积计算。结构净高在 2.10m 及以上的部位，应计算全面积；结构净高在 1.20m 及以上至 2.10m 以下的部位，应计算 1/2 面积；结构净高在 1.20m 以下的部位，不应计算建筑面积。

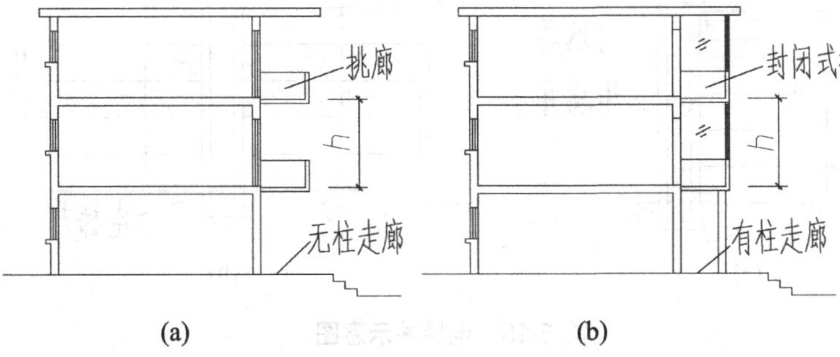

图 5-12 挑廊与走廊

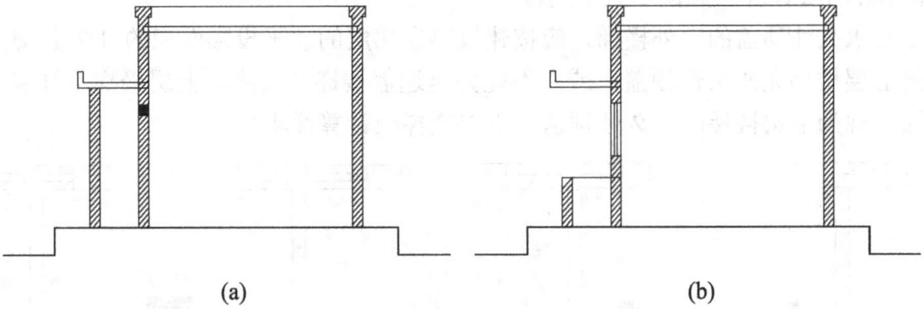

图 5-13 走廊与檐廊

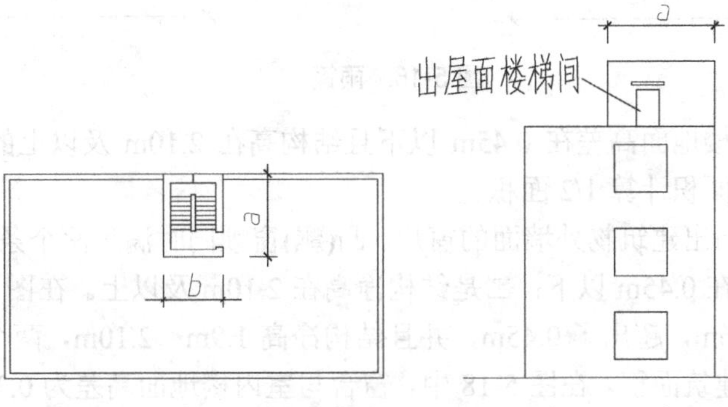

图 5-14 有围护结构的出屋面楼梯间

(15) 建筑物内的室内楼梯间、电梯井、观光电梯井、提物井、管道井、通风排气竖井、垃圾道、附墙烟囱应按建筑物的自然层计算。

以电梯井为例，在计算时分三种情况。

① 如图 5-15(a)所示，电梯井附筑在主体墙外，应按建筑物楼层的自然层乘以电梯井投影面积计算建筑面积。

② 如图 5-15(b)所示，电梯井附筑在主体墙内，但两边自然层不相同，共用该电梯，应按楼层层数较多一边的层数乘以电梯井投影面积计算建筑面积。

③ 电梯井附筑在主体墙内，且两边自然层相同，其建筑面积已包括在整体建筑面积之内，则不再另行计算建筑面积。

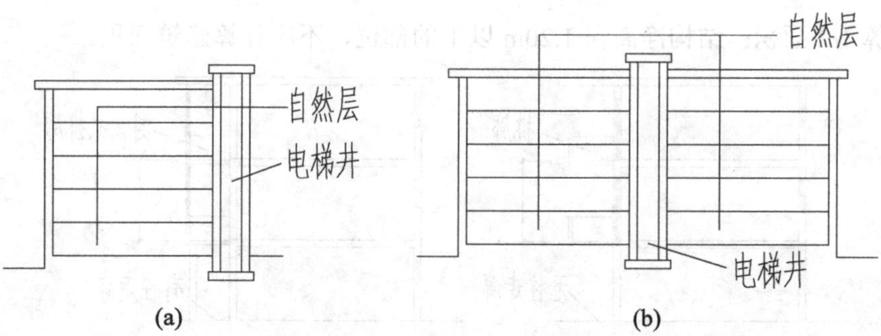

图 5-15　电梯井示意图

(16) 雨篷结构的外边线至外墙结构外边线的宽度超过 2.10m 者，应按雨篷结构板的水平投影面积的 1/2 计算，如图 5-16 所示。

(17) 有永久性顶盖的室外楼梯，应按建筑物自然层的水平投影面积的 1/2 计算。室外楼梯，最上层楼梯无永久性顶盖，或有不能完全遮盖楼梯的雨篷，上层楼梯不计算面积，上层楼梯可视为下层楼梯的永久性顶盖，下层楼梯应计算面积。

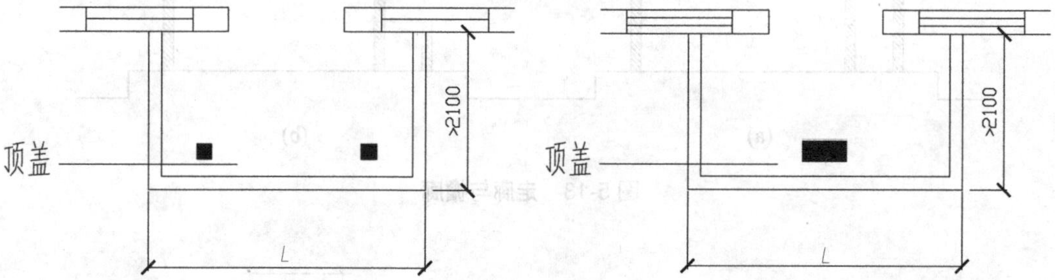

图 5-16　雨篷

(18) 窗台与室内楼地面高差在 0.45m 以下且结构高在 2.10m 及以上的凸(飘)窗，应按其围护结构外围水平面积计算 1/2 面积。

凸窗(飘窗)是指凸出建筑物外墙面的窗户。凸(飘)窗须同时满足两个条件方能计算建筑面积：一是结构高差在 0.45m 以下；二是结构净高在 2.10m 及以上。在图 5-17 中，窗台与室内楼地面高差为 0.6m，超出了 0.45m，并且结构净高 1.9m＜2.10m，两个条件均不满足，故该凸(飘)窗不计算建筑面积。在图 5-18 中，窗台与室内楼地面高差为 0.3m，小于 0.45m，并且结构净高 2.2m＞2.1m，两个条件同时满足，故该凸(飘)窗计算建筑面积。

(19) 在主体结构内的阳台，应按其结构外围水平面积计算全面积；在主体结构外的阳台，应按其结构底板水平投影面积计算 1/2 面积。

阳台是指附设于建筑物外墙，设有栏杆或栏板，可供人活动的室外空间。建筑物的阳台，不论其形式如何，均以建筑物主体结构为界分别计算建筑面积。所以，判断阳台是在主体结构内还是在主体结构外是计算建筑面积的关键。

(20) 有永久性顶盖无围护结构的车棚、货棚、站台、加油站、收费站等，应按其顶盖水平投影面积的 1/2 计算，如图 5-19 和图 5-20 所示。

(21) 高低联跨的单层建筑物，如需分别计算建筑面积，应以高跨结构外边线为界分别计算，如图 5-21 和图 5-22 所示。

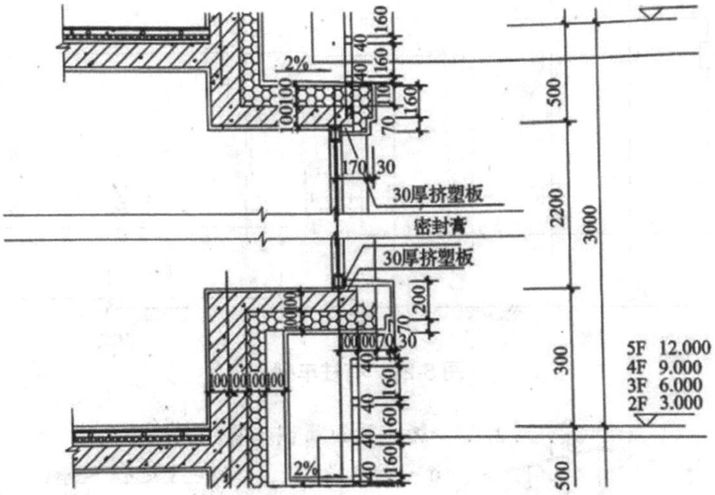

图 5-17 计算建筑面积凸(飘)窗

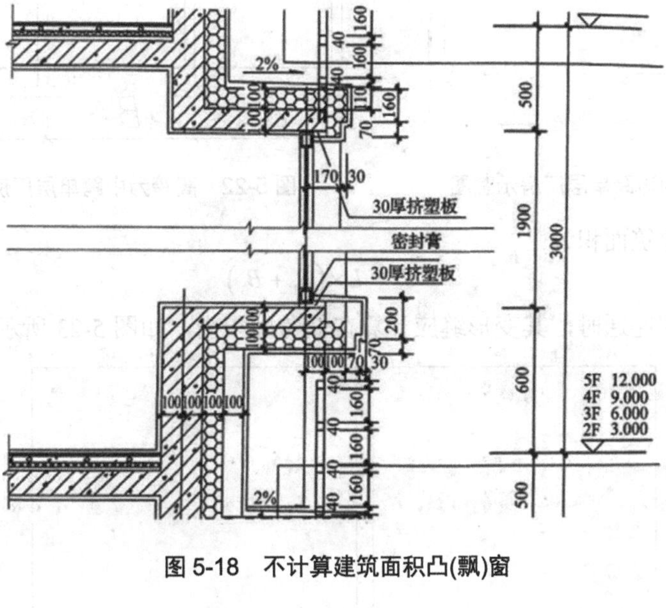

图 5-18 不计算建筑面积凸(飘)窗

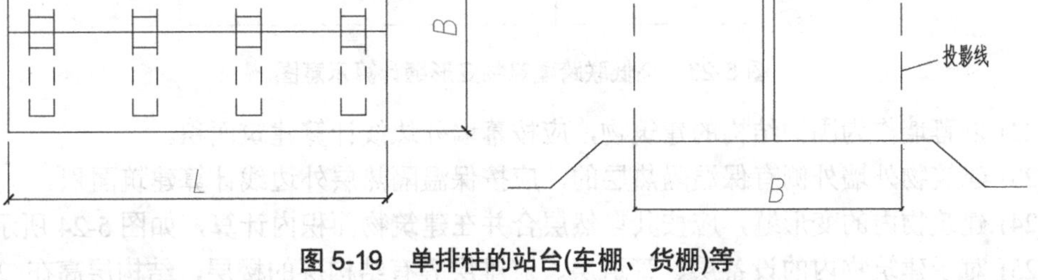

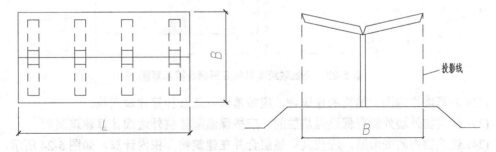

图 5-19 单排柱的站台(车棚、货棚)等

以高跨为中跨的单层厂房为例，设厂房长为 L，高跨部分的建筑面积为

$$S_1 = L \times B_2 \tag{5.3.6}$$

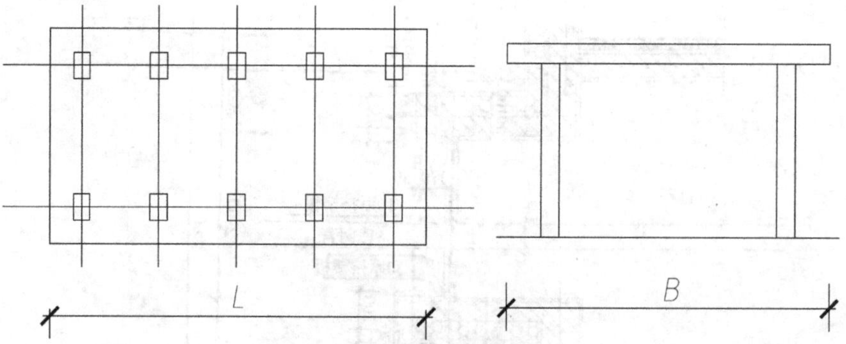

图 5-20　有柱车棚

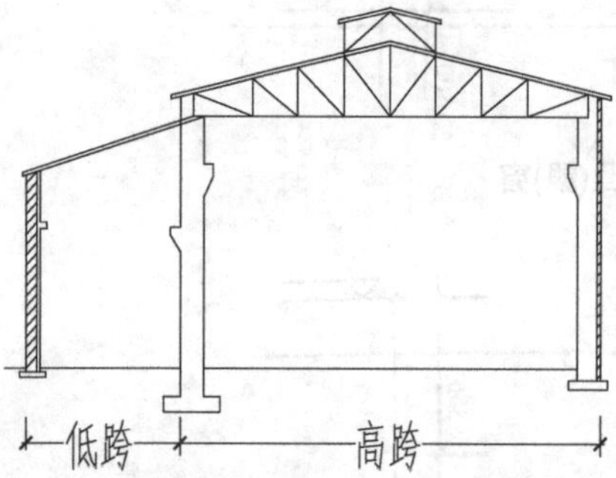

图 5-21　高跨为边跨单层厂房示意图

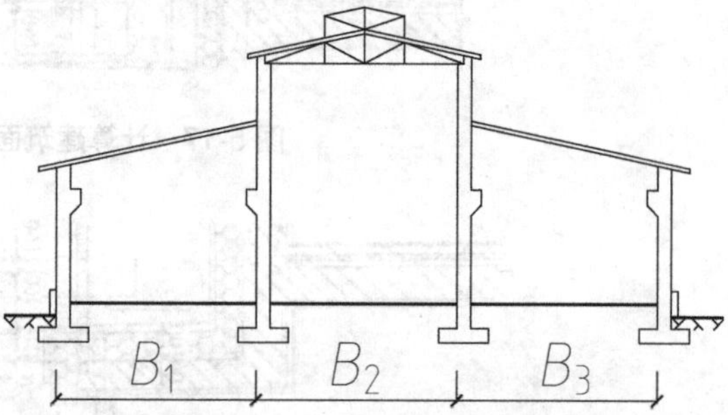

图 5-22　高跨为中跨单层厂房示意图

低跨部分的建筑面积为

$$S_2 = L \times \left(B_1 + B_3\right) \tag{5.3.7}$$

当高低跨内部连通时，其变形缝应计算在低跨面积内，如图 5-23 所示。

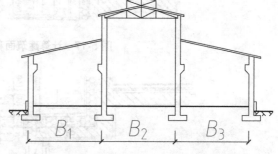

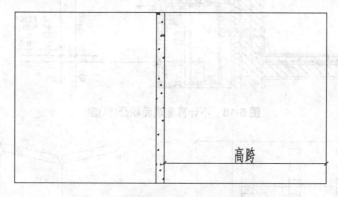

图 5-23　高低联跨建筑物变形缝计算示意图

(22) 以幕墙作为围护结构的建筑物，应按幕墙外边线计算建筑面积。

(23) 建筑物外墙外侧有保温隔热层的，应按保温隔热层外边线计算建筑面积。

(24) 建筑物内的变形缝，应按其自然层合并在建筑物面积内计算，如图 5-24 所示。

(25) 对于建筑物内的设备层、管道层、避难层等有结构层的楼层，结构层高在 2.20m 及以上者，应计算全面积；结构层高在 2.20m 以下者，应计算 1/2 面积。

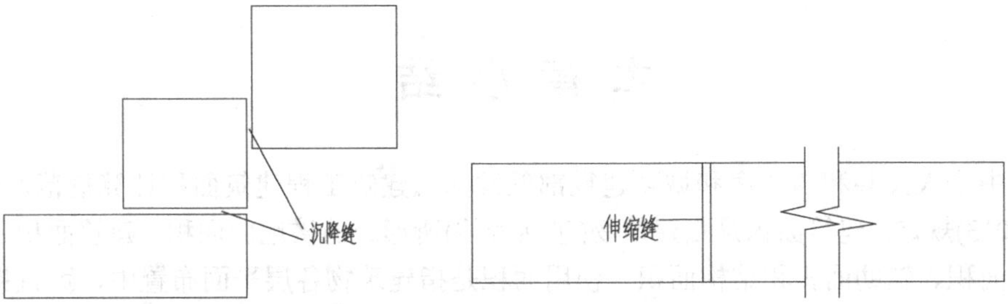

图 5-24　变形缝

5.3.2　不计算建筑面积的范围

(1) 与建筑物内不相连通的建筑部件。建筑部件指的是依附于建筑物外墙外不与户室开门连通，起装饰作用的敞开式挑台(廊)、平台，以及不与阳台相通的空调室外机搁板(箱)等设备平台部件。

“与建筑物内不相连通”是指没有正常的出入口，即通过门进出的，视为“连通”，通过窗或栏杆等翻出去的，视为“不连通”。

(2) 骑楼、过街楼底层的开放公共空间和建筑物通道。骑楼是指建筑底层沿街面后退且留出公共人行空间的建筑物。过街楼是指跨越道路上空并与两边建筑相连接的建筑物。建筑物通道是指为穿过建筑物而设置的空间。

(3) 舞台及后台悬挂幕布和布景的天桥、挑台等。这里指的是影剧院的舞台及为舞台服务的可供上人维修、悬挂幕布、布置灯光及布景等搭设的天桥和挑台等构件设施。

(4) 露台、露天游泳池、花架、屋顶的水箱及装饰性结构构件。露台是设置在屋面首层地面或雨篷上的供人室外活动的有围护设施的平台。

(5) 建筑物内的操作平台、上料平台、安装箱和罐体的平台。建筑物内不构成结构层的操作平台、上料平台(包括工业厂房、搅拌站和料仓等建筑中的设备操作控制平台、上料平台等)，其主要作用是为室内构筑物或设备服务的独立上人设施，因此不计算建筑面积。

(6) 勒脚、附墙柱(附墙柱是指非结构性装饰柱)、垛、台阶、墙面抹灰、装饰面、贴块料面层、装饰性幕墙，主体结构外的空调室外机搁板(箱)、构件、配件，挑出宽度在 2.10m 以下的无柱雨篷和顶盖高度达到或超过两个楼层的无柱雨篷。

(7) 窗台与室内地面高差在 0.45m 以下且结构净高在 2.10m 以下的凸(飘)窗，窗台与室内地面高差在 0.45m 及以上的凸(飘)窗。

(8) 室外爬梯、室外专用消防钢楼梯。专用的消防钢楼梯是不计算建筑面积的。当钢楼梯是建筑物唯一通道，并兼作消防用，则应按室外楼梯相关规定计算建筑面积。

(9) 无围护结构的观光电梯。无围护结构的观光电梯是指电梯轿厢直接暴露，外侧无井壁，不计算建筑面积。如果观光电梯在电梯井内运行时(井壁不限材料)，观光电梯则按自然层计算建筑面积。

(10) 建筑物以外的地下人防通道，独立的烟囱、烟道、地沟、油(水)罐、气柜、水塔、贮油(水)池、贮仓、栈桥等构筑物。

本章小结

根据中华人民共和国住房和城乡建设部颁发的《建筑工程建筑面积计算规范》(GB/T 50353—2013)规定，建筑面积是指建筑物(包括墙体)所形成的楼地面面积。建筑面积还可以分为使用面积、辅助面积和结构面积。使用面积是指建筑物各层平面布置中，可直接为生产或生活使用的面积总和。居室净面积在民用建筑中，亦称“居住面积”。辅助面积是指建筑物各层平面布置中为帮助生产或生活所占净面积的总和。使用面积与辅助面积的总和称为“有效面积”。结构面积是指建筑物各层平面布置中的墙体、柱等结构所占面积的总和(不包括抹灰厚度所占面积)。

习　题

一、单项选择题

1. 下列项目应计算建筑面积的是(　　)。

A. 有顶盖的地下室采光井　　B. 室外台阶

C. 建筑物内的操作平台　　D. 穿过建筑物的通道

2. 工程量计算规则中单层建筑物的建筑面积规定，层高不足(　　)者计算1/2面积。

A. 2.1m　　B. 2.2m　　C. 2.3m　　D. 2.4m

3. 工程量计算规则中单层建筑物的建筑面积规定，层高在(　　)及以上者计算全面积。

A. 2.1m　　B. 2.2m　　C. 2.3m　　D. 2.4m

4. 地下室的建筑面积计算正确的是(　　)。

A. 外墙保护墙上口外边线所围水平面积

B. 层高2.10m及以上者计算全面积

C. 层高不足2.2m者应计算1/2面积

D. 层高在1.90m以下者不计算面积

5. 统筹法计算工程量常用的“三线一面”中的“一面”是指(　　)。

A. 建筑物标准层建筑面积　　B. 建筑物地下室建筑面积

C. 建筑物底层建筑面积　　D. 建筑物转换层建筑面积

6. 根据《建筑工程建筑面积计算规范》(GB/T 50353—2013)的规定，下列情况可以计算建筑面积的是(　　)。

A. 设计加以利用的坡屋顶内净高在1.20m至2.10m

B. 无顶盖采光井所占面积

C. 建筑物出入口外挑宽度在1.20m以上的雨篷

D. 不与建筑物内连通的装饰性阳台

二、计算题

1. 某住宅建筑各层外围水平面积为400m^2，共六层，二层及以上每层有两个阳台，每个水平面积为 5m^2(有围护结构)，建筑中间设置宽度为 300mm 变形缝一条，缝长为 10m，求该建筑的总建筑面积。

2. 某层高 3.6m 的六层建筑，每层建筑面积为 2 000m^2，建筑内有一 7.2m 高的中央圆形大厅，直径 10m，环绕大厅有一层半圆回廊。回廊宽 2m，层高 3.6m。求该建筑的建筑面积。

3. 某单层建筑物的局部平面图如下图所示(墙厚为 240mm)，层高为 3m，外墙保温层厚度为 50mm，门洞口尺寸为 2 000mm × 900mm，附墙柱断面为 400mm × 500mm，飘窗净高 2 000mm，试计算此单层建筑物的建筑面积。

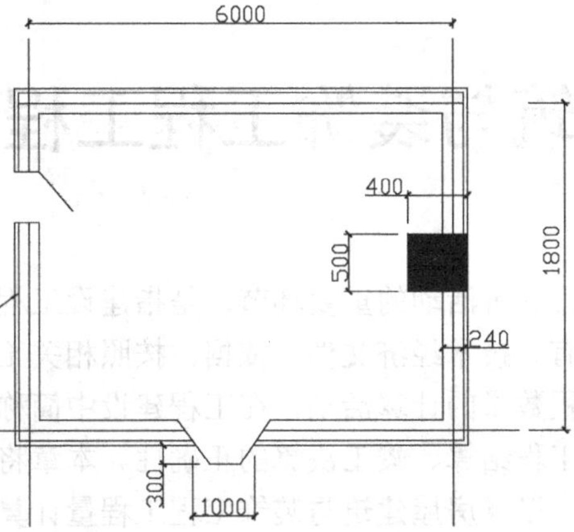

4. 某六层建筑物局部标准层平面图如下图所示(墙厚为 240mm)，已知三个阳台的面积均为 1.5m^2，阳台 1 和阳台 2 不封闭，阳台 3 封闭。计算此建筑物的建筑面积(一层不设阳台)。

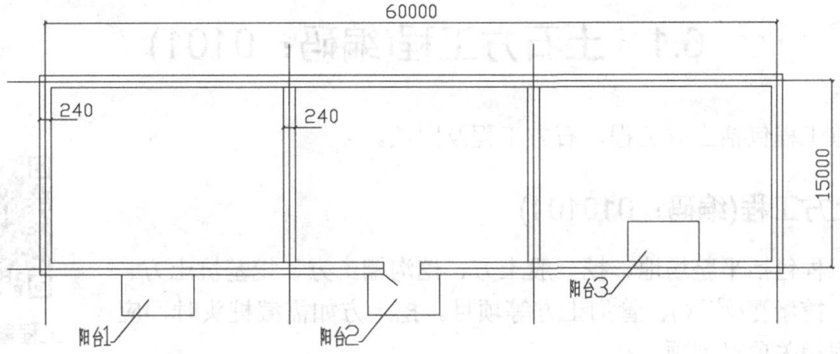

第6章

房屋建筑与装饰工程工程量计算规范

工程量计算是工程计价活动的重要环节，是指建设工程项目以工程设计图纸、施工组织设计或施工方案及有关技术经济文件为依据，按照相关工程国家标准的计算规则、计量单位等规定，进行工程数量的计算活动，在工程建设中简称工程计量。其准确性直接影响工程招投标的结果和工程结算、竣工决算的正确性。本章将介绍房屋建筑与装饰工程工程量的计算规则与方法，以《房屋建筑与装饰工程工程量计算规范》(GB 50854—2013)附录中清单项目设置和工程量计算规则为主。其他工程量计算规则还可参考《房屋建筑与装饰工程消耗量定额》(TY 01-31—2015)。

6.1 土石方工程(编码：0101)

土石方工程包括土方工程、石方工程及回填。

6.1.1 土方工程(编码：010101)

工程量计算规范

土方工程包括平整场地、挖一般土方、挖沟槽土方、挖基坑土方、冻土开挖、挖淤泥(流沙)、管沟土方等项目。挖土方如需截桩头时，应按桩基工程相关项目列项。

1. 工程量计算规则

(1) 平整场地，按设计图示尺寸以建筑物首层建筑面积(m^2)计算。项目特征描述：土壤类别、弃土运距、取土运距。

(2) 挖一般土方，按设计图示尺寸以体积(m^3)计算。挖土方平均厚度应按自然地面测量标高至设计地坪标高间的平均厚度确定。项目特征描述：土壤类别、挖土深度、弃土运距。

(3) 挖沟槽土方、挖基坑土方，按设计图示尺寸以基础垫层底面积乘以挖土深度(即体积)(m^3)计算。基础土方开挖深度按基础垫层底表面标高至交付施工场地标高确定无交付施工场地标高时，应按自然地面标高确定。项目特征描述：土壤类别、挖土深度、弃土运距。

(4) 冻土开挖，按设计图示尺寸开挖面积乘以厚度以体积(m^3)计算。

(5) 挖淤泥、流沙，按设计图示位置、界限以体积(m^3)计算。挖方出现流沙、淤泥时，如设计未明确，在编制工程量清单时，其工程数量可为暂估量，结算时应根据实际情况由发包人与承包人双方现场签证确认工程量。

(6) 管沟土方以“m”计量，按设计图示以管道中心线长度计算；以“m^3”计量，按设计图示管底垫层面积乘以挖土深度计算。无管底垫层按管外径的水平投影面积乘以挖土深度计算。不扣除各类井的长度，井的土方并入。管沟土方项目适用于管道(给排水、工业、电力、通信)、光(电)缆沟[包括人(手)孔、接口坑]及连接井(检查井)等。有管沟设计时，平均深度以沟垫层底面标高至交付施工场地标高计算；无管沟设计时，直埋管深度应按管底外表面标高至交付施工场地标高的平均高度计算。

2. 工程量计算公式

1) 沟槽工程量计算

(1) 不考虑工作面及放坡。不考虑工作面及放坡的沟槽(见图 6-1)工程量计算，其计算公式为

$$V = b \times h \times l \tag{6.1.1}$$

式中，V——沟槽工程量(m^3)；

b——垫层宽度(m)；

h——挖土深度(m)；

l——沟槽长度(m)。

外墙沟槽长度按外墙中心线计算；内墙沟槽长度按槽底间净长度计算。

(2) 考虑工作面或放坡(或支挡土板)。

① 不放坡、不支挡土板、留工作面的沟槽(见图 6-2)工程量计算，其计算公式为

$$V = (b + 2c) \times h \times 1 \tag{6.1.2}$$

式中，V——沟槽工程量(m^3)；

b——垫层宽度(m)；

h——挖土深度(m)；

l——沟槽长度(m)；

c——工作面宽度(m)。

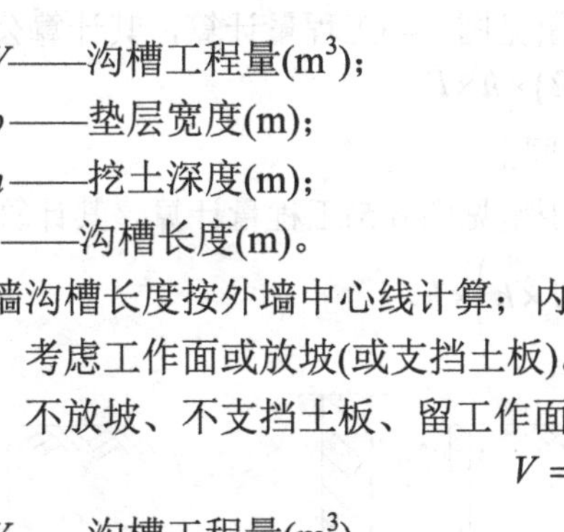

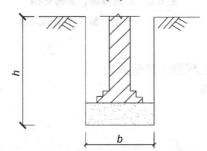

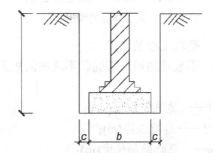

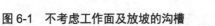

图 6-1　不考虑工作面及放坡的沟槽

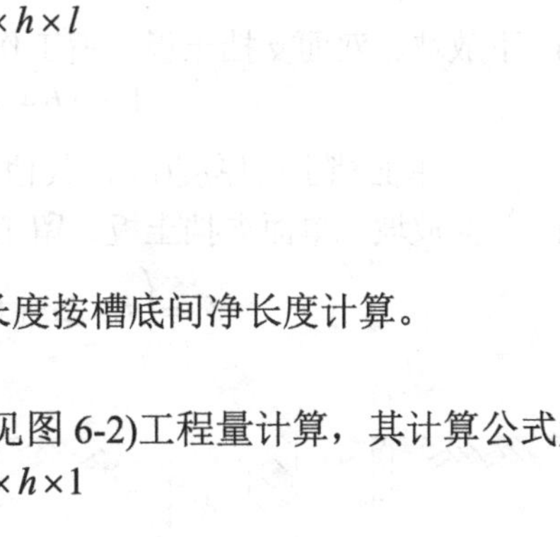

图 6-2　不放坡、不支挡土板、留工作面的沟槽

② 双面放坡、不支挡土板、基础底宽 a、留工作面的沟槽工程量计算，计算公式如下。

A．垫层下表面放坡，如图 6-3(a)所示。其计算公式为

$$V=(b+2c+K\times h)\times h\times l \tag{6.1.3}$$

式中，K——放坡系数，其他符号含义同上。

B．垫层上表面放坡，且 $b=a+2c$，如图 6-3(b)所示。其计算公式为

$$V=\left[(b+K\times h_1)\times h_1+b\times h_2\right] \tag{6.1.4}$$

C．垫层上表面放坡，且 $b<a+2c$，如图 6-3(c)所示。其计算公式为

$$V=\left\{\left[(a+2c)+Kh_1\right]\times h_1+b\times h_2\right\}\times l \tag{6.1.5}$$

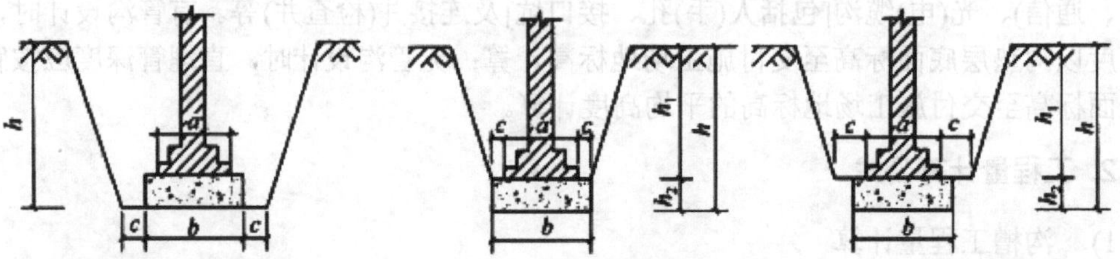

(a) 垫层下表面放坡　　(b) 垫层上表面放坡　　(c) 垫层上表面放坡

图 6-3　放坡的沟槽

(3) 不放坡、双面支挡土板、留工作面的沟槽(见图 6-4)工程量计算，其计算公式为

$$V=(b+2c+0.1\times 2)\times h\times l \tag{6.1.6}$$

式中，0.1——单面挡土板厚度(m)，其他符号含义同上。

(4) 单面放坡、单面支挡土板、留工作面的沟槽(见图 6-5)工程量计算，其计算公式为

$$V=\left(b+2c+0.1+\frac{1}{2}\times K\times h\right)\times h\times l \tag{6.1.7}$$

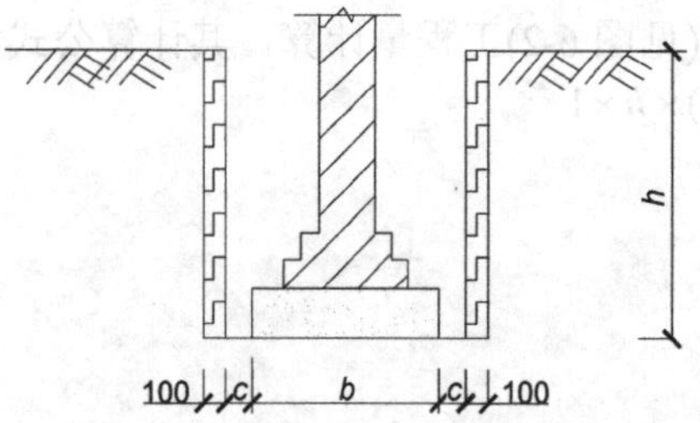

图 6-4　不放坡、双面支挡土板、留工作面的沟槽

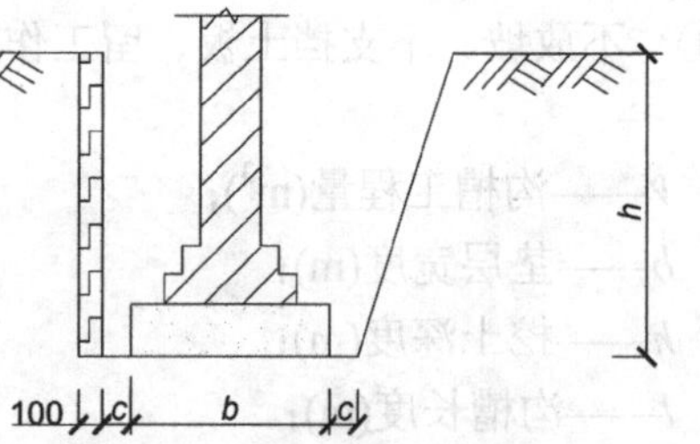

图 6-5　单面放坡、单面支挡土板、留工作面的沟槽

2) 基坑工程量计算

(1) 不放坡的矩形基坑。不放坡的矩形基坑工程量计算公式为

$$V=H\times a\times b \tag{6.1.8}$$

式中，V——地坑工程量(m^3)；

H——地坑深度(m)；

a——基础垫层长度(m)；

b——基础垫层宽度(m)。

(2) 放坡的矩形基坑。放坡的矩形基坑(见图 6-6)，工程量计算公式为

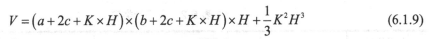

$$V=(a+2c+K\times H)\times(b+2c+K\times H)\times H+\frac{1}{3}K^2H^3 \tag{6.1.9}$$

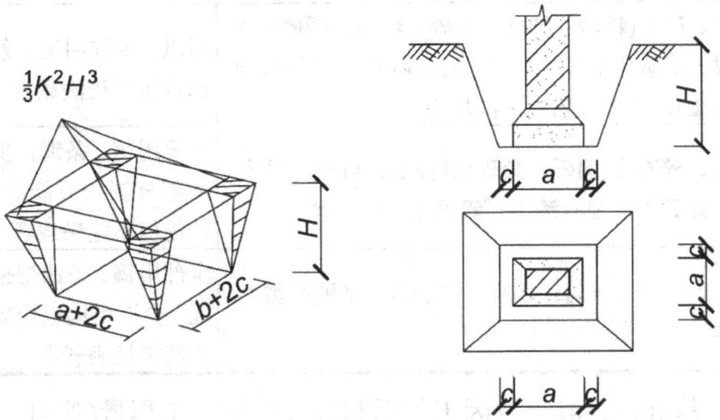

图 6-6　放坡的矩形基坑

3．相关说明

(1)　土方工程项目划分的规定。

①　建筑物场地厚度小于或等于±300mm 的挖、填、运、找平，应按平整场地项目编码列项。厚度大于±300mm 的竖向布置挖土或山坡切土应按一般土方项目编码列项。

②　沟槽、基坑、一般土方的划分：底宽小于或等于 7m，底长大于 3 倍底宽为沟槽；底长小于或等于 3 倍底宽、底面积小于或等于 150m^2 为基坑；超出上述范围则为一般土方。

(2)　土方体积应按挖掘前的天然密实体积计算，如须按天然密实体积折算时，应按表 6-1 系数计算。设计密实度超过规定的，填方体积按工程设计要求执行；无设计要求的，按各省、自治区、直辖市或行业建设行政主管部门规定的系数执行。

表 6-1　土方体积折算系数表

天然密实度体积	虚方体积	夯实后体积	松填体积
0.77	1.00	0.67	0.83
1.00	1.30	0.87	1.08
1.15	1.50	1.00	1.25
0.92	1.20	0.80	1.00

注：虚方指未经碾压、堆积时间≤1 年的土壤。

(3)　桩间挖土不扣除桩的体积，并在项目特征中加以描述。

(4)　项目特征中涉及弃土运距或取土运距时，弃土运距、取土运距可以不描述，但应注明由投标人根据施工现场实际情况自行考虑，决定报价。

(5)　项目特征中土壤的分类应按表 6-2 确定，如土壤类别不能准确划分时，招标人可注明为综合，由投标人根据地勘报告决定报价。

表 6-2　土壤分类表

土壤分类	土壤名称	开挖方法
一、二类土	粉土、砂土(粉砂、细砂、中砂、粗砂、砾砂)、粉质黏土、弱中盐渍土、软土(淤泥质土、泥炭、泥炭质土)、软塑红黏土、冲填土	用锹，少许用镐、条锄开挖。机械能全部直接铲挖满载者
三类土	黏土、碎石土(圆砾、角砾)混合土、可塑红黏土、硬塑红黏土、强盐渍土、素填土、压实填土	主要用镐、条锄，少许用锹开挖。机械需部分刨松方能铲挖满载者或可直接铲挖但不能满载者
四类土	碎石土(卵石、碎石、漂石、块石)、坚硬红黏土、超盐渍土、杂填土	全部用镐、条锄挖掘，若出现不适用情况，少许用撬棍挖掘。机械需普遍刨松方能铲挖满载者

(6) 挖沟槽、基坑、一般土方因工作面和放坡增加的工程量(管沟工作面增加的工程量)，是否并入各土方工程量中，按各省、自治区、直辖市或行业建设主管部门的规定实施，如并入各土方工程量中，办理工程结算时，按经发包人认可的施工组织设计规定计算，编制工程量清单时，可按表 6-3～表 6-5 的规定计算。

表 6-3　放坡系数表

土类别	放坡起点(M)	人工挖土	机械挖土		
			在坑内作业	在坑上作业	顺沟槽在坑上作业
一、二类土	1.20	1∶0.50	1∶0.33	1∶0.75	1∶0.50
三类土	1.50	1∶0.33	1∶0.25	1∶0.67	1∶0.33
四类土	2.00	1∶0.25	1∶0.10	1∶0.33	1∶0.25

注：1. 沟槽、基坑中土类别不同时，分别按其放坡起点、放坡系数，依不同土类别厚度加权平均计算。
2. 计算放坡时，在交接处的重复工程量不予扣除，原槽、坑作基础垫层时，放坡自垫层上表面开始计算。

表 6-4　基础施工所需工作面宽度计算表

基础材料	每边各增加工作面宽度(mm)
砖基础	200
毛石、方整石基础	250
混凝土基础垫层支模板	150
混凝土基础支模板	400
基础垂直面做砂浆防潮层	400(自防潮层面)
基础垂直面做防水层或防腐层	1000(自防水层面或防腐层面)
支挡土板	100(另加)

表 6-5　管沟施工每侧工作面宽度计算表

管道结构	管道结构宽			
	≤500	≤1 000	≤2 500	>2 500
混凝土及钢筋混凝土管道	400	500	600	700
其他材质管道	300	400	500	600

注：管道结构宽：有管座的按基础外缘，无管座的按管道外径。

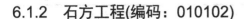

6.1.2　石方工程(编码：010102)

石方工程包括挖一般石方、挖沟槽石方、挖基坑石方、挖管沟石方等项目。

1. 工程量计算规则

(1) 挖一般石方，按设计图示尺寸以体积(m^3)计算。

(2) 挖沟槽(基坑)石方，按设计图示尺寸沟槽(基坑)底面积乘以挖石深度以体积(m^3)计算。

(3) 挖管沟石方，以“m”计量，按设计图示以管道中心线长度计算；以“m^3”计量，按设计图示截面积乘以长度以体积(m^3)计算。有管沟设计时，平均深度以沟垫层底面标高至交付施工场地标高计算；无管沟设计时，直埋管深度应按管底外表面标高至交付施工场地标高的平均高度计算。管沟石方项目适用于管道(给排水、工业、电力、通信)、光(电)缆沟[包括人(手)孔、接口坑]及连接井(检查井)等。

2. 相关说明

(1) 石方工程项目划分的规定如下。

① 厚度大于±300mm 的竖向布置挖石或山坡凿石应按挖一般石方项目编码列项。

② 沟槽、基坑、一般石方的划分：底宽小于或等于 7m 且底长大于 3 倍底宽为沟槽；底长小于或等于 3 倍底宽且底面积小于或等于 150m^2 为基坑；超出上述范围则为一般石方。

(2) 挖石应按自然地面测量标高至设计地坪标高的平均厚度确定。基础石方开挖深度应按基础垫层底表面标高至交付施工场地标高确定，无交付施工场地标高时，应按自然地面标高确定。

(3) 弃碴运距可以不描述，但应注明由投标人根据施工现场实际情况自行考虑，决定报价。

(4) 石方体积应按挖掘前的天然密实体积计算。非天然密实石方应按表 6-6 折算。

(5) 项目特征中岩石的分类应按表 6-7 确定。

表 6-6　石方体积折算系数表

石方类别	天然密实度体积	虚方体积	松填体积	码　方
石方	0.65	1.00	0.85	
	0.76	1.18	1.00	
	1.0	1.54	1.31	
块石	1.0	1.75	1.43	1.67
砂夹石	1.0	1.07	0.94	

表 6-7　岩石分类表

岩石分类	代表性岩石	开挖方法
极软岩	全风化的各种岩石 各种半成岩	部分用手凿工具、部分用爆破法开挖

续表

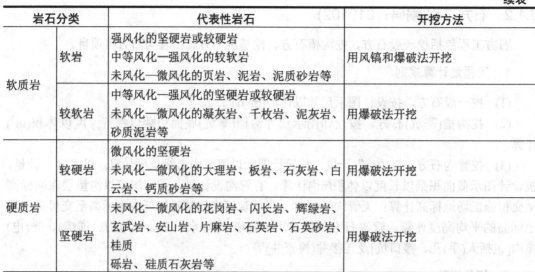

岩石分类		代表性岩石	开挖方法
软质岩	软岩	强风化的坚硬岩或较硬岩 中等风化—强风化的较软岩 未风化—微风化的页岩、泥岩、泥质砂岩等	用风镐和爆破法开挖
	较软岩	中等风化—强风化的坚硬岩或较硬岩 未风化—微风化的凝灰岩、千枚岩、泥灰岩、砂质泥岩等	用爆破法开挖
硬质岩	较硬岩	微风化的坚硬岩 未风化—微风化的大理岩、板岩、石灰岩、白云岩、钙质砂岩等	用爆破法开挖
	坚硬岩	未风化—微风化的花岗岩、闪长岩、辉绿岩、玄武岩、安山岩、片麻岩、石英岩、石英砂岩、桂质 砾岩、硅质石灰岩等	用爆破法开挖

6.1.3 回填(编码：010103)

回填包括回填方、余方弃置等项目。

1. 工程量计算规则

1) 回填方

回填方，按设计图示尺寸以体积(m^3)计算。

(1) 场地回填：回填面积乘以平均回填厚度。

(2) 室内回填：主墙间净面积乘以回填厚度，不扣除间隔墙。

(3) 基础回填：挖方清单项目工程量减去自然地坪以下埋设的基础体积(包括基础垫层及其他构筑物)。

回填土方项目特征描述：密实度要求、填方材料品种、填方粒径要求、填方来源及运距。

2) 余方弃置

余方弃置，按挖方清单项目工程量减去利用回填方体积(正数)(m^3)计算。项目特征描述：废弃料品种、运距(由余方点装料运输至弃置点的距离)。

2. 相关说明

(1) 填方密实度要求，在无特殊要求情况下，项目特征可描述为满足设计和规范的要求。

(2) 填方材料品种可以不描述，但应注明由投标人根据设计要求验方后方可填入，并符合相关工程的质量规范要求。

(3) 填方粒径要求，在无特殊要求情况下，项目特征可以不描述。

(4) 如需买土回填应在项目特征填方来源中描述，并注明购买土方数量。

6.2 地基处理与边坡支护工程(编码：0102)

地基处理与边坡支护工程包括地基处理、基坑与边坡支护。

6.2.1 地基处理(编码：010201)

地基处理包括换填垫层、铺设土工合成材料、预压地基、强夯地基、振冲密实(不填料)、振冲桩(填料)、砂石桩、水泥粉煤灰碎石桩、深层搅拌桩、粉喷桩、夯实水泥土桩、高压喷射注浆桩、石灰桩、灰土(土)挤密桩、柱锤冲扩桩、注浆地基、褥垫层等项目。

1. 工程量计算规则

(1) 换填垫层，按设计图示尺寸以体积(m^3)计算。换填垫层是指挖去浅层软弱土层和不均匀土层，回填坚硬、较粗粒径的材料，并夯压密实形成的垫层。根据换填材料的不同可分为土、石垫层和土工合成材料加筋垫层，可根据换填材料的不同，区分土(灰土)垫层、石(砂石)垫层等分别编码列项。项目特征描述：材料种类及配比、压实系数、掺加剂品种。

(2) 铺设土工合成材料，按设计图示尺寸以面积(m^2)计算。土工合成材料是以聚合物为原料的材料名词的总称，主要起反滤、排水、加筋、隔离等作用，可分为土工织物、土工膜、特种土工合成材料和复合型土工合成材料。

(3) 预压地基、强夯地基、振冲密实(不填料)，按设计图示处理范围以面积(m^2)计算。预压地基是指采取堆载预压、真空预压、堆载与真空联合预压方式对淤泥质土、淤泥、冲击填土等地基土固结压密处理后而形成的饱和黏性土地基。强夯地基属于夯实地基，即反复将夯锤提到高处使其自由落下，给地基以冲击和振动能量，将地基土密实处理或置换形成密实墩体的地基。振冲密实是利用振动和压力水使砂层液化，砂颗粒相互挤密，重新排列，空隙减少，提高砂层的承载能力和抗液化能力，又称振冲挤密砂石桩，它可分为不加填料和加填料两种。

(4) 振冲桩(填料)，以“m”计量，按设计图示尺寸以桩长计算；以“m^3”计量，按设计桩截面乘以长以体积计算。项目特征描述：地层情况；空桩长度、桩长；桩径；填充材料种类。

(5) 砂石桩，以“m”计量，按设计图示尺寸以桩长(包括桩尖)计算；以“m^3”计量，按设计柱截面乘以长(包括桩尖)以体积计算。砂石桩是将碎石、砂或砂石混合料挤压入已成的孔中，形成密实砂石竖向增强桩体，与桩间土形成复合地基。

(6) 水泥粉煤灰碎石桩、夯实水泥土桩、石灰桩、灰土(土)挤密桩，按设计图示尺寸以桩长(包括桩尖)(m)计算。

(7) 深层搅拌桩、粉喷桩、柱锤冲扩桩、高压喷射注浆桩，按设计图示尺寸以桩长(m)计算。

(8) 注浆地基，以“m”计量，按设计图示尺寸以钻孔深度计算；以“m^3”计量，按设计图示尺寸以加固体积计算。

(9) 褥垫层，以“m^2”计量，按设计图示尺寸以铺设面积计算；以“m^3”计量，按设计图示尺寸以体积计算。

2. 相关说明

(1) 项目特征中地层情况的描述按表 6-2 和表 6-6 的规定，并根据岩土工程勘察报告按单位工程各地层所占比例(包括范围值)进行描述或分别列项，对无法准确描述的地层情况，可注明由投标人根据岩土工程勘察报告自行决定报价。

(2) 项目特征中的桩长应包括桩尖，空桩长度=孔深-桩长，孔深为自然地面至设计桩底的深度。

(3) 高压喷射注浆类型包括旋喷、摆喷、定喷。高压喷射注浆方法包括单管法、双重管法、三重管法。

(4) 浆护壁成孔，工作内容包括土方、废泥浆外运；如采用沉管灌注成孔，工作内容包括桩尖制作、安装。

6.2.2 基坑与边坡支护(编码：010202)

基坑与边坡支护包括地下连续墙、咬合灌注桩、圆木桩、预制钢筋混凝土板桩、型钢桩、钢板桩、锚杆(锚索)、土钉、喷射混凝土(水泥砂浆)、钢筋混凝土支撑、钢支撑等项目。

1. 工程量计算规则

(1) 地下连续墙，按设计图示墙中心线长乘以厚度乘以槽深以体积(m^3)计算。

(2) 咬合灌注桩，以“m”计量，按设计图示尺寸以桩长计算；以“根”计量，按设计图示以数量计算。所谓咬合，是指在桩与桩之间形成相互咬合排列的一种基坑围护结构。桩的排列方式为一条不配筋并采用超缓凝素混凝土(A 桩)和一条钢筋混凝土桩(B 桩)间隔布置。施工时，先施工 A 桩，后施工 B 桩，在 A 桩混凝初凝之前完成 B 桩的施工。A 桩、B 桩均采用全套管钻机施工，切割掉相邻 A 桩相交部分的混凝土，从而实现咬合。

(3) 圆木桩、预制钢筋混凝土板桩以“m”计量，按设计图示尺寸以桩长(包括桩尖)计算；以“根”计量，按设计图示以数量计算。

(4) 型钢桩，以“t”计量，按设计图示尺寸以质量计算；以“根”计量，按设计图示数量计算。

(5) 钢板桩，以“t”计量，按设计图示尺寸以质量计算；以“m^2”计量，按设计图示墙中心线长乘以桩长以面积计算。

(6) 锚杆(锚索)、土钉，以“m”计量，按设计图示尺寸以钻孔深度计算；以“根”计量，按设计图示以数量计算。

(7) 喷射混凝土(水泥砂浆)，按设计图示尺寸以面积(m^2)计算。

(8) 钢筋混凝土支撑，按设计图示尺寸以体积(m^3)计算。

(9) 钢支撑，按设计图示尺寸以质量“t”计算，不扣除孔眼质量，焊条、铆钉、螺栓等不另增加质量。

2. 相关说明

(1) 项目特征中地层情况的描述按表 6-2 和表 6-6 的规定，并根据岩土工程勘察报告按单位工程各地层所占比例(包括范围值)进行描述或分别列项，对无法准确描述的地层情况，可注明由投标人根据岩土工程勘察报告自行决定报价。

(2) 土钉置入方法包括钻孔置入、打入或射入等。在清单列项时要正确区分锚杆项目和土钉项目。杆是指由杆体(钢绞线、普通钢筋、热处理钢筋或钢管)、注浆形成的固结体、锚具、套管、连接器所组成的一端与支护结构构件连接，另一端锚固在稳定岩土体内的受拉杆件。杆体采用钢绞线时，亦可称为锚索。土钉是设置在基坑侧壁土体内的承受拉力与剪力的杆件。例如，成孔后植入钢筋杆体并通过孔内注浆在杆体周围形成固结体的钢筋土钉，将设有出浆孔的钢管直接击入基坑侧壁土中并在钢管内注浆的钢管土钉。

(3) 混凝土种类：指清水混凝土、彩色混凝土等，如在同一地区既使用预拌(商品)混凝土，又允许现场搅拌混凝土时，也应注明(下同)。

(4) 地下连续墙和喷射混凝土(砂浆)的钢筋网、咬合灌注桩的钢筋笼及钢筋混凝土支撑的钢筋制作、安装，按"混凝土及钢筋混凝土工程"中相关项目列项。基坑与边坡支护的排桩按"桩基工程"中相关项目列项。水泥土墙、坑内加固按"地基处理"中相关项目列项。砖、石挡土墙、护坡按"砌筑工程"中相关项目列项。混凝土挡土墙按"混凝土及钢筋混凝土工程"中相关项目列项。

6.3 桩基础工程(编码：0103)

当建筑物建造在软土层上，不能以天然土地基做基础，而进行人工地基处理又不经济时，往往可以采用桩基础来提高地基的承载能力。桩基础具有施工简单、速度快、承载能力大、沉降量小而且均匀等特点，因而在工业与民用建筑工程中得到广泛应用。

基础工程包括打桩、灌注桩。

6.3.1 打桩(编码：010301)

打桩包括预制钢筋混凝土方桩、预制钢筋混凝土管桩、钢管桩、截(凿)头等项目。

1. 工程量计算规则

(1) 预制钢筋混凝土方桩、预制钢筋混凝土管桩，以"m"计量，按设计图示尺寸以桩长(包括桩尖)计算。以"m^3"计量，按设计图示截面积乘以桩长(包括桩尖)以实体积计算；以"根"计量，按设计图示以数量计算。

(2) 钢管桩，以"t"计量，按设计图示尺寸以质量计算；以"根"计量，按设计图示以数量计算。

(3) 截(凿)桩头，以"m^3"计量，按设计桩截面乘以桩头长度以体积计算；以"根"计量，按设计图示以数量计算。截(凿)桩头项目适用于"地基处理与边坡支护工程、桩基础工程"所列桩的桩头截(凿)。

2. 相关说明

(1) 项目特征中地层情况的描述按表 6-2 和表 6-6 的规定，并根据岩土工程勘察报告按单位工程各地层所占比例(包括范围值)进行描述或分别列项，对无法准确描述的地层情况，可注明由投标人根据岩土工程勘察报告自行决定报价。

(2) 项目特征中的桩截面、混凝土强度等级、桩类型等可直接用标准图代号或设计型进行描述。

(3) 预制钢筋混凝土方桩、预制钢筋混凝土管桩项目以成品桩编制，应包括成品桩购置费，如果用现场预制，应包括现场预制桩的所有费用。

(4) 打试验桩和打斜桩应按相应项目单独列项，并应在项目特征中注明试验或斜桩应定额的打桩人工及机械乘以系数 1.5，打桩工程按陆地打垂直桩编制，当打斜桩时相应项人工和机械乘以一个系数进行调整。

(5) 打桩的工程内容中包括了接桩和送桩，不需要单独列项，应在综合单价中考虑。截(凿)桩头需要单独列项，同时截(凿)桩头项目适用于“地基处理与边坡支护工程、基础工程”所列桩的桩头截(凿)。同时还应注意，桩基础项目(打桩和灌注桩)均未包括承载力检测、身完整性检测等内容，相关的费用应单独计算(属于研究试验费的范畴)。

(6) 预制钢筋混凝土管桩桩顶与承台的连接构造按“混凝土及钢筋混凝土工程”相关项目列项。

6.3.2 灌注桩(编码：010302)

灌注桩包括泥浆护壁成孔灌注桩、沉管灌注桩、干作业成孔灌注桩、挖孔桩土(石)方、人工挖孔灌注桩、钻孔压浆桩、灌注桩后压浆。混凝灌注的钢筋笼制作、安装，按“混凝土与钢筋混凝土工程”中相关项目编码列项。

1. 工程量计算规则

(1) 泥浆护壁成孔灌注桩、沉管灌注桩、干作业成孔灌注桩，以“m”计量，按设计图示尺寸以桩长(包括桩尖)计算；以“m^3”计量，按不同截面在桩上范围内以体积计算；以“根”计量，按设计图示以数量计算。

(2) 挖孔桩土(石)方，按设计图示尺寸(含护壁)截面积乘以挖孔深度以体积(m^3)计算。

(3) 人工挖孔灌注桩，以“m^3”计量，按桩芯混凝土体积计算；以“根”计量，按设计图示以数量计算。工作内容中包括了护壁的制作，护壁的工程量不需要单独编码列项，应在综合单价中考虑。

(4) 钻孔压浆桩，以“m”计量，按设计图示尺寸以长计算；以“根”计量，按设计图示以数量计算。

(5) 灌注桩后压浆，按设计图示以注浆孔数“孔”计算。

2. 相关说明

(1) 项目特征中地层情况的描述按表 6-2 和表 6-6 的规定，并根据岩土工程勘察报告按单位工程各地层所占比例(包括范围值)进行描述或分别列项，对无法准确描述的地层情况，可注明由投标人根据岩土工程勘察报告自行决定报价。

(2) 项目特征中的长应包括桩尖，空桩长度=孔深−桩长，孔深为自然地面至设计桩底的深度。

(3) 项目特征中的桩截面(桩径)、混凝土强度等级、桩类型等可直接用标准图代号或设计桩型进行描述。

(4) 泥浆护壁成孔灌注桩是指在泥浆护壁条件下成孔，采用水下灌注混凝土的桩。其成孔方法包括冲击钻成孔、冲抓锥成孔、回旋钻成孔、潜水钻成孔、泥浆护壁的旋挖成孔等。

(5) 沉管灌注桩的沉管方法包括锤击沉管法、振动沉管法、振动冲击沉管法、内夯沉管法等。

(6) 干作业成孔灌注桩是指不用泥浆护壁和套管护壁的情况下，用钻机成孔后，下钢筋笼，灌注混凝土的桩，适用于地下水位以上的土层使用。其成孔方法包括螺旋钻成孔、螺旋钻成孔扩底、干作业的旋挖成孔等。

(7) 混凝土种类：清水混凝土、彩色混凝土、水下混凝土等；如在同一地区既使用预拌(商品)混凝土，又允许现场搅拌混凝土时，也应注明(下同)。

6.4　砌筑工程(编码：0104)

砌筑工程是指用砖、石和各类砌块进行建筑物或构筑物的砌筑，主要包括砖砌体、砌块砌体、石砌体、垫层。

砌筑工程中常用的砌块尺寸如表 6-8 所示。

表 6-8　常用砌块尺寸

常用砌块	尺寸(mm)
红(青)砖	240×115×53
硅酸盐砌块	880×430×240
条石	1 000×300×300 或 1 000×250×250
方整石	400×220×220
五料石	1 000×400×200
烧结多孔砖	KPi 型：240×115×90，KMi 型：190×190×90
烧结空心砖	240×180×115

6.4.1　砖砌体(编码：010401)

砖砌体包括砖基础、砖砌挖孔桩护壁、实心砖墙、多孔砖墙、空心砖墙、空斗墙、空花墙、填充墙、实心砖柱、多孔砖柱、砖检查井、零星砌砖、砖散水(地坪)、砖地沟(明沟)。

1. 工程量计算规则

(1) 砖基础，按设计图示尺寸以体积(m^3)计算，包括附墙垛基础宽出部分体积，扣除地梁(圈梁)、构造柱所占体积，不扣除基础大放脚 T 形接头处的重叠部分(见图 6-7)及嵌入基础内的钢筋、铁件、管道、基础砂浆防潮层和单个面积 0.3m^2 的孔洞所占体积，靠墙暖气沟的挑檐不增加。砖基础的项目特征包括：砖品种、规格、强度等级，基础类型，砂浆强度等级，防潮层材料种类。防潮层在清单项目综合单价中考虑，不单独列项计算工程量。大放脚增加断面面积表如表 6-9 所示。

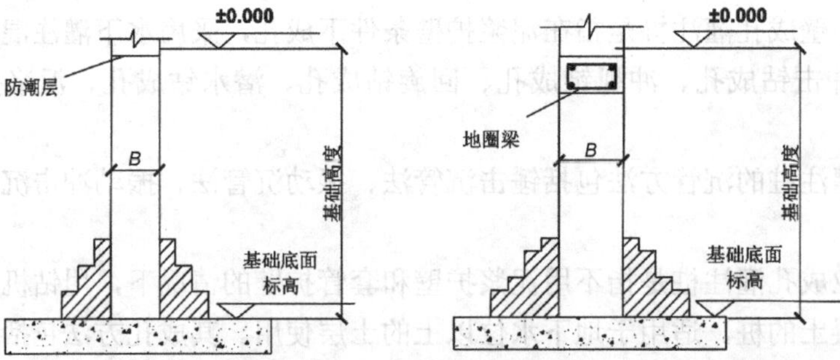

(a) 等高大放脚砖基础剖面图　　(b) 不等高大放脚砖基础剖面图

图 6-7　砖基础大放脚示意图

表 6-9　大放脚增加断面面积表

放脚层数	折加高度(m)												增加断面面积(m^2)	
	1/2 砖		1 砖		3/2 砖		2 砖		5/2 砖		3 砖			
	等高	间隔	等高	间隔	等高	间隔	等高	间隔	等高	间隔	等高	间隔	等高	间隔
一	0.137	0.137	0.066	0.066	0.043	0.043	0.032	0.032	0.026	0.026	0.021	0.021	0.015 75	0.015 75
二	0.411	0.342	0.197	0.164	0.129	0.108	0.096	0.08	0.077	0.064	0.064	0.053	0.04 725	0.039 38
三			0.394	0.328	0.259	0.216	0.193	0.161	0.154	0.128	0.128	0.106	0.094 5	0.078 75
四			0.656	0.525	0.432	0.345	0.321	0.253	0.256	0.205	0.213	0.17	0.157 5	0.126
五			0.984	0.788	0.647	0.518	0.482	0.38	0.384	0.307	0.319	0.255	0.236 3	0.189
六			1.378	1.083	0.906	0.712	0.672	0.58	0.538	0.419	0.447	0.351	0.330 8	0.259 9
七			1.838	1.444	1.208	0.949	0.90	0.707	0.717	0.563	0.596	0.468	0.441	0.346 5
八			2.363	1.838	1.553	1.208	1.157	0.90	0.922	0.717	0.766	0.596	0.567	0.441 1
九			2.953	2.297	1.942	1.51	1.447	1.125	1.153	0.896	0.956	0.745	0.708 8	0.551 3
十			3.61	2.789	2.372	1.834	1.768	1.366	1.409	1.088	1.171	0.905	0.866 3	0.669 4

基础长度：外墙按外墙中心线，内墙按内墙净长线计算。砖基础项目适用于各种类型砖基础：柱基础、墙基础、管道基础等。

(2) 实心砖墙、多孔砖墙、空心砖墙，按设计图示尺寸以体积(m^3)计算。扣除门窗、洞口、嵌入墙内的钢筋混凝土柱、梁、圈梁、挑梁、过梁及凹进墙内的壁龛、管槽、暖气槽、消火栓箱所占的体积，不扣除梁头、板头、檩头、垫木、木楞头、沿缘木、木砖、门窗走头、砖墙内加固钢筋、木筋、铁件、钢管及单个面积≤$0.3m^2$的孔洞所占的体积。凸出墙面的腰线、挑檐、压顶、窗台线、虎头砖、门窗套的体积亦不增加。凸出墙面的砖垛并入墙体体积内计算。

注意：

(1) 框架间墙工程量计算不分内外墙按墙体净尺寸以体积计算。围墙的高度算至压顶上表面(如有混凝土压顶时算至压顶下表面)，围墙柱并入围墙体积内计算。

(2) 墙长度的确定：外墙按中心线，内墙按净长线计算。

(3) 墙高度的确定。

① 外墙：斜(坡)屋面无檐口天棚者算至屋面板底，如图 6-8 所示；有屋架且室内外均

有天棚者算至屋架下弦底另加 200mm，如图 6-9 所示；无天棚者算至屋架下弦底另加 300mm，如图 6-10 所示；出檐宽度超过 600mm 时按实砌高度计算，如图 6-11 所示；有钢筋混凝土楼板隔层者算至板顶。平屋顶算至钢筋混凝土板底。

图 6-8 斜(坡)屋面无檐口

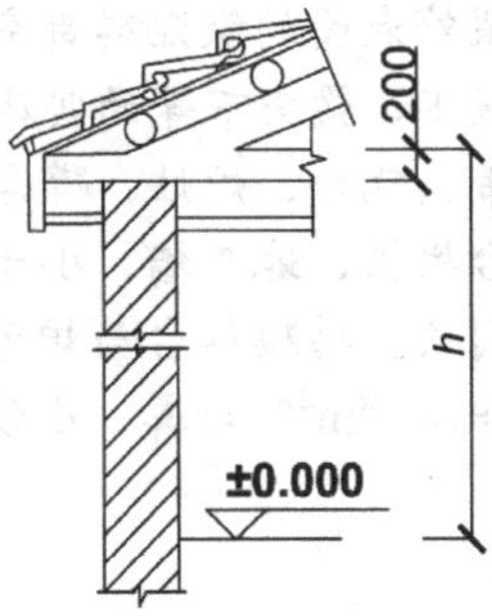

图 6-9 有屋架且室内外均有天棚

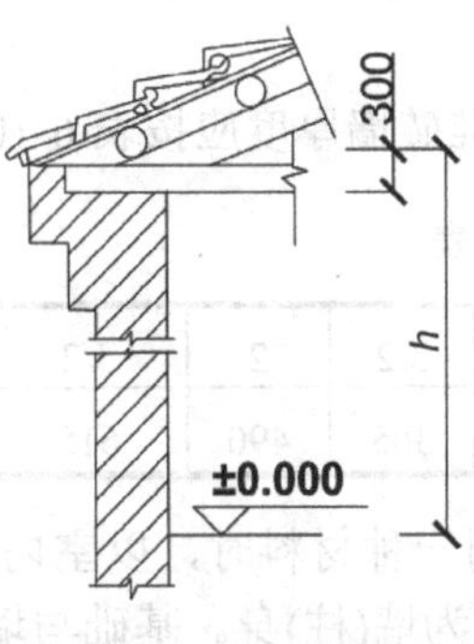

图 6-10 无天棚的外墙高度

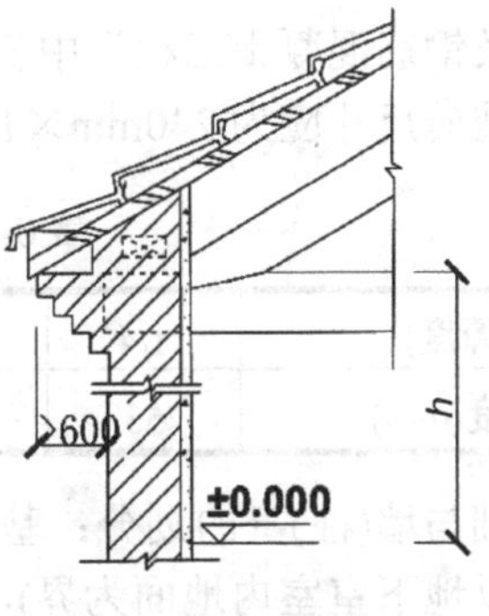

图 6-11 出檐宽度超过 600mm 的外墙高度

② 内墙：位于屋架下弦者，算至屋架下弦底；无屋架者算至天棚底另加 100mm；有钢筋混凝土楼板隔层者算至楼板顶；有框架梁时算至梁底。

③ 女儿墙：从屋面板上表面算至女儿墙顶面(如有混凝土压顶时算至压顶下表面)。

④ 内、外山墙：按其平均高度计算。

(3) 空斗墙，按设计图示尺寸以空斗墙外形体积(m³)计算。墙角、内外墙交接处、窗洞口立边、窗台砖、屋檐处的实砌部分体积并入空斗墙体积内。

(4) 空花墙，按设计图示尺寸以空花部分外形体积(m³)计算，不扣除空洞部分体积。空花墙项目适用于各种类型的空花墙，使用混凝土花格砌筑的空花墙，实砌墙体与混凝土花格应分别计算，混凝土花格按“混凝土及钢筋混凝土”中预制构件相关项目编码列项。

(5) 填充墙，按设计图示尺寸以填充墙外形体积(m³)计算。项目特征需要描述填充材料种类及厚度。

(6) 实心砖柱、多孔砖柱，按设计图示尺寸以体积(m³)计算。扣除混凝土及钢筋混凝土梁垫、梁头、板头所占的体积。

(7) 砖检查井、散水、地坪、地沟、明沟、砖砌挖孔桩护壁，砖检查井按设计图示以数量(座)计算；砖散水、地坪按设计图示尺寸以面积(m²)计算；砖地沟、明沟按设计图示以中心线长度(m)计算；砖砌挖孔桩护壁按设计图示尺寸以体积(m³)计算。

(8) 零星砌砖，以“m^3”计量，按设计图示尺寸截面积乘以长度(m)计算；以“m^2”计量，按设计图示尺寸以水平投影面积(m^2)计算；以“m”计量，按设计图示尺寸以长度(m)计算；以“个”计量，按设计图示以数量(个)计算。

注意： 框架外表面的镶贴砖部分，按零星项目编码列项。空斗墙的窗间墙、窗台下、楼板下、梁头下等的实砌部分，按零星砌砖项目编码列项。台阶、台阶挡墙、梯带、锅台、炉灶、蹲台、池槽、池槽腿、砖胎模、花台、花池、楼梯栏板、阳台栏板、地垄墙、小于或等于 0.3m^2 的孔洞填塞等，应按零星砌砖项目编码列项。砖砌锅台与炉可按外形尺寸以“个”计算，砖砌台阶可按水平投影面积以“m^2”计算，小便槽、地墙可按长度计算，其他工程以“m^3”计算。

2．相关说明

(1) 砖砌体勾缝按墙面抹灰中“墙面勾缝”项目编码列项，实心砖墙、多空心砖墙等项目工作内容中不包括勾缝，包括刮缝。砖砌体内钢筋加固、检查井内的混凝土构件，应按“混凝土及钢筋混凝土工程”中相关项目编码列项。

(2) 标准砖尺寸应为240mm×115mm×53mm，标准砖墙厚度应按表 6-10 计算。

表 6-10　标准砖墙计算厚度表

砖数(厚度)	1/4	1/2	3/4	1	3/2	2	5/2	3
计算厚度(mm)	53	115	180	240	365	490	615	740

(3) 基础与墙(柱)身的划分：基础与墙(柱)身使用同一种材料时，以室内地面为界(有地下室者，以地下室室内地面为界)，以下为基础，以上为墙(柱)身。基础与墙身使用不同材料时，位于设计室内地面高度小于或等于±300mm 时，以不同材料为分界线，高度大于±300mm 时，以设计室内地面为分界线。砖围墙以设计室外地坪为界，以下为基础，以上为墙身。

(4) 附墙烟囱、通风道、垃圾道应按设计图示尺寸以体积(扣除孔洞所占体积)计算并入所依附的墙体体积内。当设计规定孔洞内需抹灰时，应按“墙、柱面装饰与隔断、幕墙工程”中零星抹灰项目编码列项。

6.4.2　砌块砌体(编码：010402)

砌块砌体包括砌块墙、砌块柱等项目。

1．工程量计算规则块柱等项目

(1) 砌块墙，同实心砖墙的工程量计算规则。项目特征描述：砌块品种、规格、强度等级，墙体类型，砂浆强度等级。

(2) 砌块柱，按设计图示尺寸以体积(m^3)计算，扣除混凝土及钢筋混凝土梁垫、梁头、板头所占体积。

2．相关说明

(1) 砌体内加筋、墙体拉结的制作、安装，应按“混凝土及钢筋混凝土工程”中相关项目编码列项。

(2) 砌块排列应上下错缝搭砌，如果错缝长度满足不了规定的压搭要求，应采取压砌钢筋网片的措施，具体构造要求按设计规定。若设计无规定时，应注明由投标人根据工程实际情况自行考虑；钢筋网片按“混凝土及钢筋混凝土工程”中的相关项目编码列项。

(3) 砌块砌体中工作内容包括了勾缝。

(4) 砌体垂直灰缝宽度大于 30mm 时，采用 C20 细石混凝土灌实。灌注的混凝土应按“混凝土及钢筋混凝土工程”中的相关项目编码列项。

6.4.3 石砌体(编码：010403)

石砌体包括石基础、石勒脚、石墙、石挡土墙、石柱、石栏杆、石护坡、石台阶、石坡道、石地沟(明沟)等项目。

1. 工程量计算规则

(1) 石基础，按设计图示尺寸以体积(m^3)计算，包括附墙垛基础宽出部分体积，不扣除基础砂浆防潮层及单个面积小于或等于 $0.3m^2$ 的孔洞所占体积，靠墙暖气沟的挑檐不增加体积。

基础长度：外墙按中心线，内墙按净长线计算。石基础项目适用于各种规格(粗料石、细料石等)、各种材质(砂石、青石等)和各种类型(柱基、墙基、直形、弧形等)基础。

(2) 石勒脚，按设计图示尺寸以体积(m^3)计算，扣除单个面积大于 $0.3m^2$ 的孔洞所占的体积。

石勒脚项目适用于各种规格(粗料石、细料石等)、各种材质(砂石、青石、大理石、花岗石等)和各种类型(直形、弧形等)勒脚。

(3) 石挡土墙，按设计图示尺寸以体积(m^3)计算。

石挡土墙项目适用于各种规格(粗料石、细料石、块石、毛石、卵石等)、各种材质(砂石、青石、石灰石等)和各种类型(直形、弧形、台阶形等)的挡土墙。石梯膀应按石挡土墙项目编码列项。

(4) 石栏杆，按设计图示尺寸以长度(m)计算。石栏杆项目适用于无雕饰的一般石栏杆。

(5) 石护坡，按设计图示尺寸以体积(m^3)计算。石护坡项目适用于各种石质和各种石料(粗料石、细料石、片石、块石、毛石、卵石等)。

(6) 石台阶，按设计图示尺寸以体积(m^3)计算。石台阶项目包括石梯带(垂带)，不包括石梯膀。

(7) 石坡道，按设计图示尺寸以水平投影面积(m^2)计算。

(8) 石地沟，按设计图示以中心线长度(m)计算。

2. 相关说明

(1) 石基础、石勒脚、石墙的划分：基础与勒脚应以设计室外地坪为界。勒脚与墙身应以设计室内地面为界。石围墙内外地坪标高不同时，应以较低地坪标高为界，以下为基础；内外标高之差为挡土墙时，挡土墙以上为墙身。

(2) 石砌体中工作内容包括了勾缝。

(3) 如施工图设计标注做法见标准图集时，应在项目特征描述中注明标注图集的编码、页号及节点大样。

6.4.4 垫层(编码：010404)

1. 工程量计算规则

垫层工程量，按设计图示尺寸以体积(m^3)计算。

2. 相关说明

除混凝土垫层外，没有包括垫层要求的清单项目应按该垫层项目编码列项，如灰土垫层、碎石垫层、毛石垫层等。

6.5 混凝土和钢筋混凝土工程(编码：0105)

混凝土及钢筋混凝土工程包括现浇混凝土、预制混凝土、钢筋工程、螺栓和铁件等部分。现浇混凝土包括基础、柱、梁、墙、板、楼梯、后浇带及其他构件等；预制混凝土包括柱、梁、屋架、板、楼梯及其他构件等。

在计算现浇或预制混凝土和钢筋混凝土构件工程量时，不扣除构件内钢筋、螺栓、预埋铁件、张拉孔道所占的体积，但应扣除劲性骨架的型钢所占的体积。

6.5.1 现浇混凝土基础(编码：010501)

1. 工程量计算规则

现浇混凝土基础包括垫层、带形基础、独立基础、满堂基础、桩承台基础、设备基础等项目，按设计图示尺寸以体积(m^3)计算。不扣除构件内钢筋、预埋铁件和伸入承台基础的桩头所占体积。项目特征包括混凝土种类、混凝土的强度等级，其中混凝土的种类指清水混凝土、彩色混凝土等，如在同一地区既使用预拌(商品)混凝土又允许现场搅拌混凝土时，也应注明(下同)。

1) 带形基础

带形基础又称条形基础，外形呈长条状，断面形状一般有梯形、阶梯形和矩形等，如图 6-12 所示。

混凝土带形基础的工程量的一般计算式为

$$V_{带基} = L \times S \tag{6.5.1}$$

式中，$V_{带基}$——带形基础体积(m^3)；

L——带形基础长度(m)，外墙按中心线长度计算，内墙按净长度计算；

S——带形基础断面面积(m^2)。

梯形内外墙基础交接的 T 形接头部分，如图 6-13 所示。

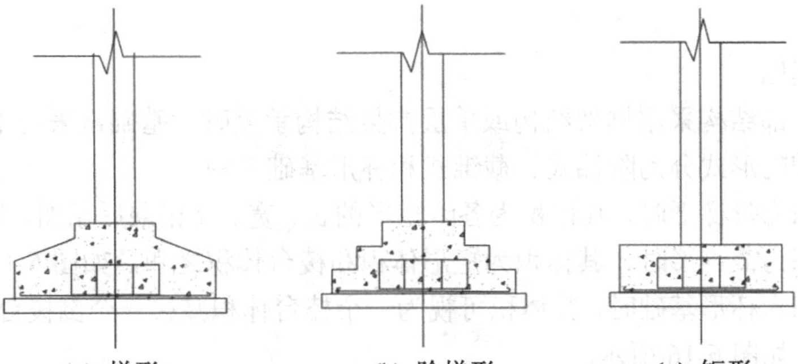

图 6-12　带形基础

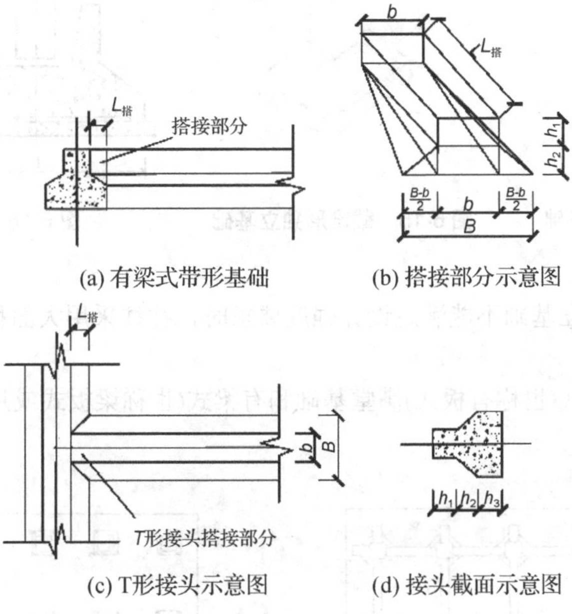

图 6-13　T 形接头搭接计算示意图

梯形内外墙基础交接的 T 形接头部分的体积计算公式为

(1) 有梁式接头体积。

$$V_{搭接}=V_1+V_2 \tag{6.5.2}$$

$$V_1=L_{搭}\times b\times h_1 \tag{6.5.3}$$

$$V_2=L_{搭}\times h_2\times(2b+B)\div 6 \tag{6.5.4}$$

式中，$V_{搭接}$——T 形接头搭接体积(m^3)；

V_1——图 6-13(b)中 h_1 断面部分搭接体积(m^3)；

V_2——图 6-13(b)中 h_2 断面部分搭接体积(m^3)。

其他符号含义见图 6-13。

(2) 无梁式接头体积。

$$V_{搭接}=V_2 \tag{6.5.5}$$

简化计算时，无梁式接头体积可按内墙和外墙的每个交接处的 1/2 搭接长度乘以内墙带基面积计算。

2) 独立基础

当建筑物上部结构采用框架结构或单层排架结构承重时，基础常采用不同形式的独立基础。独立基础的形式分为阶梯式、截锥式和杯形基础三种。

当基础体积为阶梯形时，其体积为各阶矩形的长、宽、高相乘后相加，如图 6-14 所示。

当基础体积为截锥形时，其体积为矩形体积和棱台体积之和，如图 6-15 所示。

当基础体积为杯形基础时，其体积可视为一个棱台体积减去一个倒棱台体积(杯口净空体积 $V_{杯}$)之差，如图 6-16 所示。

图 6-14 阶梯形独立基础

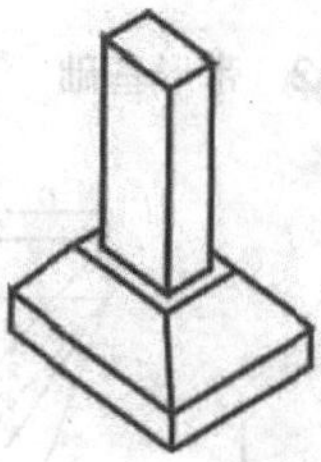

图 6-15 截锥形独立基础

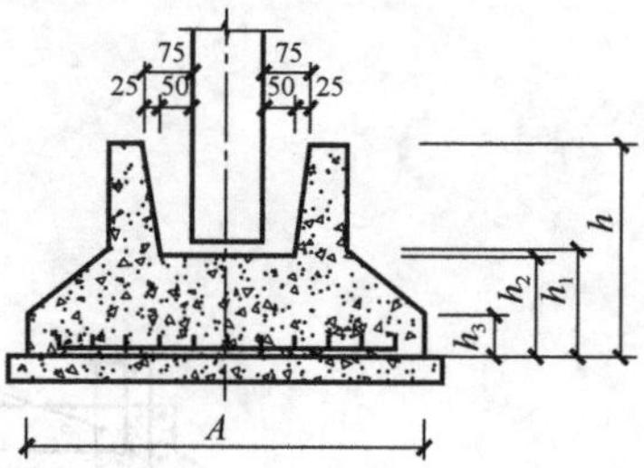

图 6-16 杯形基础

3) 满堂基础

当带形基础和独立基础不能满足设计强度要求时，往往采用大面积的基础联体，这种基础称为满堂基础。

满堂基础分无梁式(也称有板式)满堂基础和有梁式(也称梁板式或片筏式)满堂基础，如图 6-17 所示。

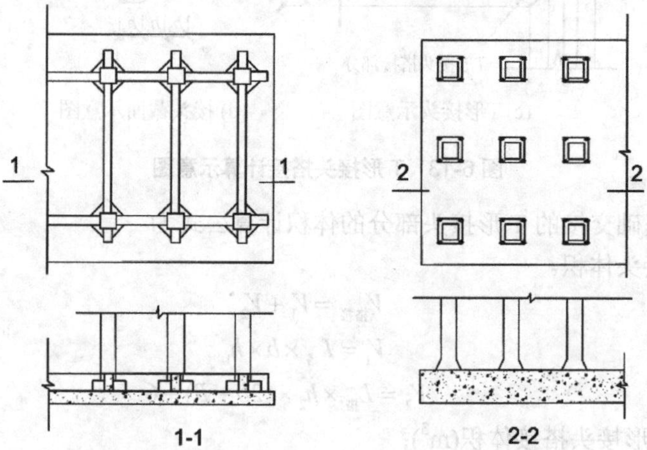

(a) 有梁式　(b) 无梁式

图 6-17 满堂基础

(1) 有梁式满堂基础的梁板体积合并计算，基础体积为

$$V = L \times B \times d + \sum S \times I \tag{6.5.6}$$

式中，L——基础底板长(m)；

B——基础底板宽(m)；

d——基础底板厚(m)；

S——梁断面面积(m^2)；

l——梁长(m)。

(2) 无梁式满堂基础，其倒转的柱头(或柱帽)应列入基础计算，基础体积为

$$V = L \times B \times d + \sum V_{柱帽} \tag{6.5.7}$$

式中，$V_{柱帽}$——柱帽体积，其他符号含义同式(6.5.6)。

(3) 箱式满堂基础中柱、梁、墙、板可按现浇混凝土柱、现浇混凝土梁、现浇混凝土墙、现浇混凝土板中的相关项目分别编码列项，箱式满堂基础底板按现浇混凝土基础中满堂基础项目列项。

2. 相关说明

(1) 垫层项目适用于基础现浇混凝土垫层。基础梁是指位于地基或垫层上，连接独立基础、条形基础或桩承台的梁。

(2) 有肋带形基础、无肋带形基础应分别编码列项，并注明肋高；箱式满堂基础及框架式设备基础中柱、梁、墙、板按现浇混凝土柱、梁、墙、板分别编码列项；箱式满堂基础底板按满堂基础项目列项，框架设备基础的基础部分按设备基础列项。独立基础分普通、杯口、独立承台基础；条形基础有板式、梁板式条形基础；筏形基础有平板式、梁板式筏形基础。基础截面形式分为坡形、阶形等。

(3) 混凝土项目的工作内容中列出了模板及支架(撑)的内容，即模板及支架(撑)的价格可以综合到相应混凝土项目的综合单价中，也可以在措施项目中单独列项计算工程量。

(4) 如为毛石混凝土基础，项目特征应描述毛石所占比例。

6.5.2 现浇混凝土柱(编码：010502)

1. 工程量计算规则

现浇混凝土柱包括矩形柱、构造柱、异型柱等项目，按设计图示尺寸以体积(m^3)计算。构造柱嵌接墙体部分并入柱身体积。依附柱上的牛腿和升板的柱帽，并入柱身体积计算。项目特征描述：混凝土种类、混凝土强度等级；异型柱还需说明柱形状。

2. 相关说明

(1) 柱高的规定：有梁板的柱高，应按柱基上表面(或楼板上表面)至上一层楼板上表面之间的高度计算，如图 6-18 所示。无梁板的柱高，应按柱基上表面(或楼板上表面)至柱帽下表面之间的高度计算，如图 6-19 所示。框架柱的柱高，应按柱基上表面至柱顶高度计算，如图 6-20 所示。构造柱按全高计算，嵌接墙体部分(马牙槎)并入柱身体积，如图 6-21 所示。

(2) 依附柱上的牛腿(见图 6-22)和升板的柱帽，并入柱身体积计算。

(3) 构造柱与墙体嵌接部分(马牙槎)并入柱身体积计算。构造柱的平面形式有四种，如图 6-23 所示。

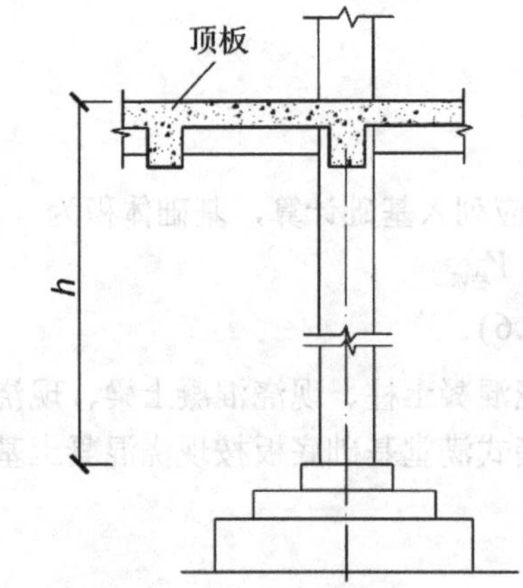

图 6-18　有梁板柱高示意图

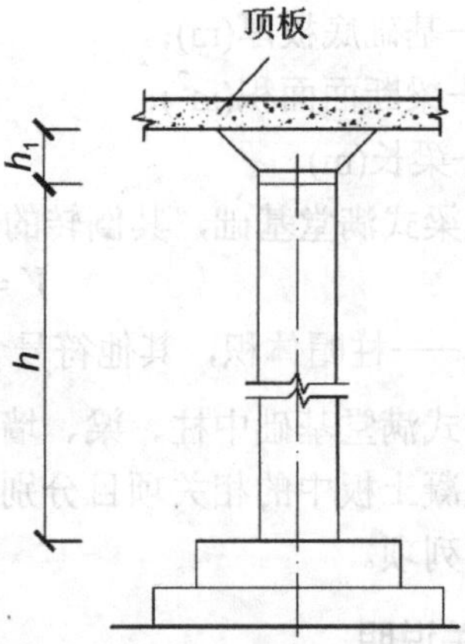

图 6-19　无梁板柱高示意图

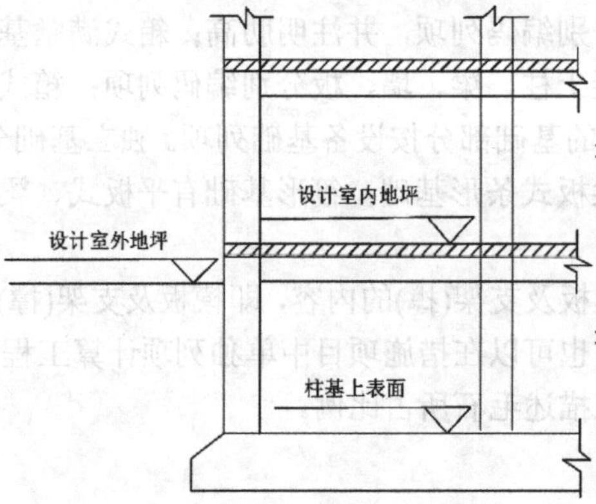

图 6-20　框架柱高示意图

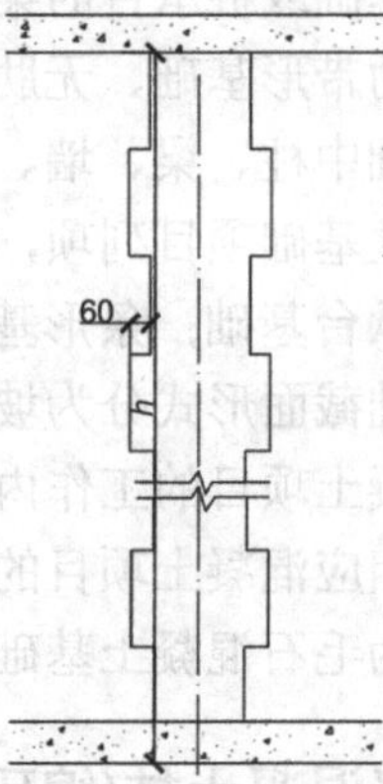

图 6-21　构造柱高示意图

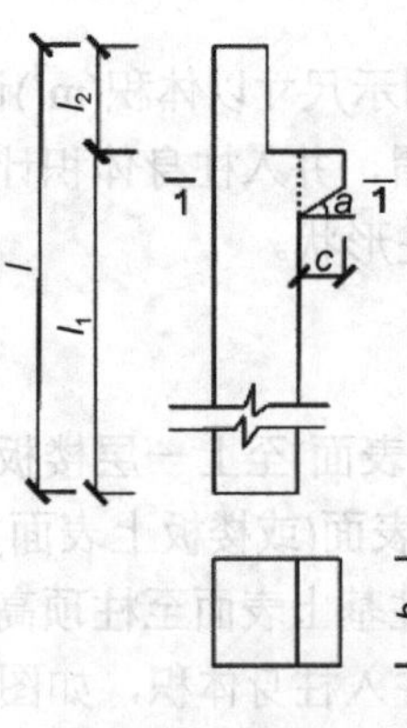

图 6-22　牛腿示意图

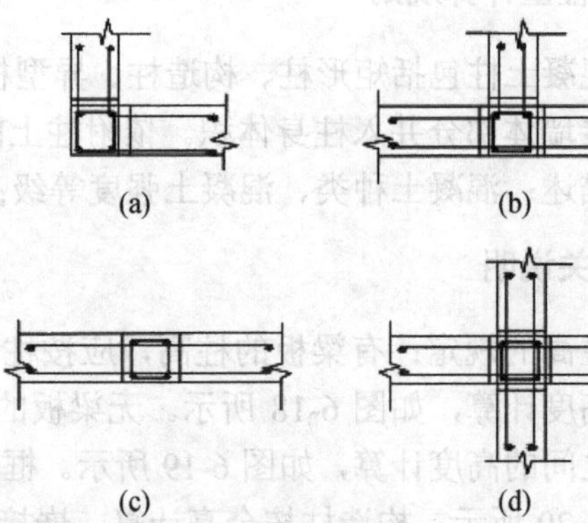

图 6-23　构造柱形式

构造柱的马牙槎间净距为 300mm，马牙槎宽为 60mm(见图 6-21)，为便于计算，马牙槎咬接宽度按柱全高平均考虑，即 $\frac{1}{2}\times 60\text{mm}=30\text{mm}$。构造柱断面面积可记为

$$F = a \times b + 0.03 \times (n_1 a + n_2 b) \tag{6.5.8}$$

式中，a、b——构造柱两个方向的尺寸(m)；

n_1、n_2——构造柱上下、左右的咬边数。

(4) 异型柱截面形状有 T 形、L 形、Z 形、十字形、梯形等。异型柱各方向上截面高度与厚度之比的最小值大于 4 时，不再按异型柱列项。

6.5.3　现浇混凝土梁(编码：010503)

1. 工程量计算规则

现浇混凝土梁包括基础梁、矩形梁、异型梁、圆、过梁、弧形梁(拱形梁)等项目。按设计图示尺寸以体积(m^3)计算，不扣除构件内钢筋、预埋铁件所占体积，伸入墙内的梁头、梁垫并梁体积内。

2. 相关说明

(1) 梁长的确定：梁与柱连接时，梁长算至柱侧面；主梁与次梁连接时，次梁长算至主梁侧面，如图 6-24 所示。

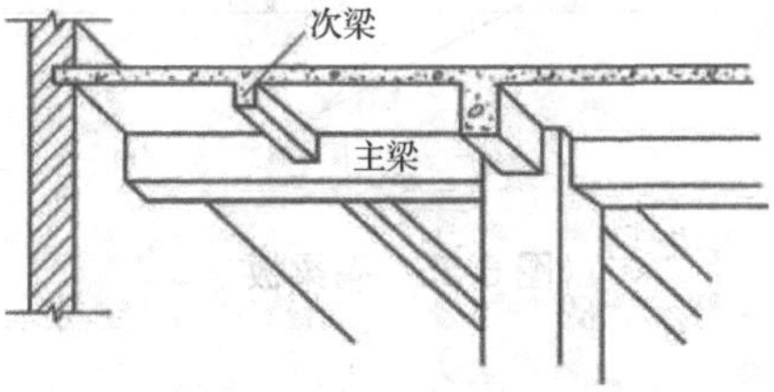

图 6-24　主梁与次梁连接示意图

(2) 圈梁与过梁相连时，应分别列项。当梁与混凝土墙连接时，梁的长度应计算到混凝土墙的侧面。

(3) 基础梁是指位于地基或垫层上，连接独立基础、条形基础或桩承台的梁。

(4) 梁高是指梁底至梁顶面的距离。

6.5.4　现浇混凝土墙(编码：010504)

1. 工程量计算规则

现浇混凝土墙包括直形墙、弧形墙、短肢剪力墙、挡土墙，按设计图示尺寸以体积(m^3)计算。不扣除构件内钢筋、预埋铁件所占体积，扣除门窗洞口及单个面积大于 0.3m^2 的孔洞所占的体积，墙垛及突出墙面部分并入墙体体积内计算。

2. 相关说明

短肢剪力墙是指截面厚度不大于 300mm、各肢截面高度与厚度之比的最大值大于 4 但不大于 8 的剪力墙；各肢截面高度与厚度之比的最大值不大于 4 的剪力墙按柱项目编码列项。

6.5.5 现浇混凝土板(编码：010505)

现浇混凝土板包括有梁板、无梁板、平板、拱板、薄壳板、栏板、天沟(檐沟)及挑板、雨篷、悬挑板及阳台板、空心板、其他板等项目。

1. 工程量计算规则

(1) 有梁板、无梁板、平板、拱板、薄壳板、栏板，按设计图示尺寸以体积(m^3)计算。不扣除构件内钢筋、预埋铁件及单个面积小于或等于 $0.3m^2$ 的柱、垛以及孔洞所占体积，压形钢板混凝土楼板扣除构件内压形钢板所占的体积。

有梁板(包括主、次梁与板)按梁、板体积之和计算，如图 6-25 所示；无梁板按板和柱帽体积之和计算，如图 6-26 所示；各类板伸入墙内的板头并入板体积内计算，薄壳板的肋、基梁并入薄壳体积内计算。

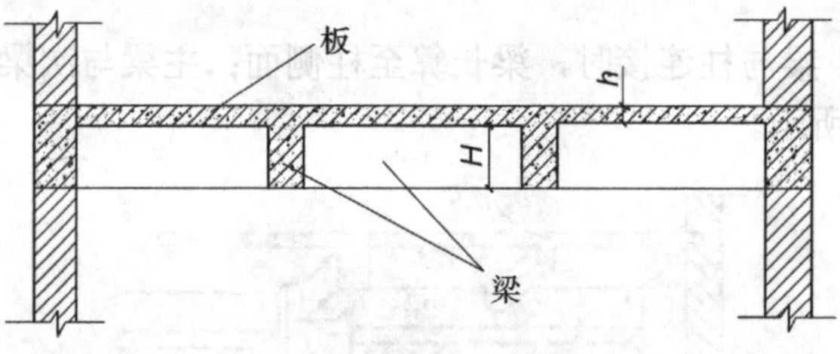

图 6-25 有梁板

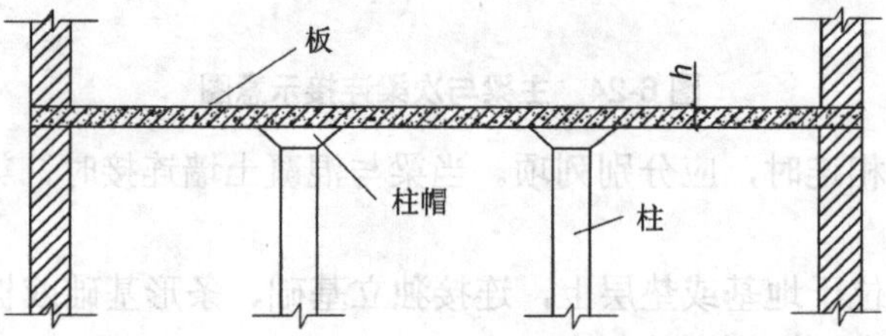

图 6-26 无梁板

(2) 天沟(檐沟)、挑檐板，按设计图示尺寸以体积(m^3)计算。

(3) 雨篷、悬挑板、阳台板，按设计图示尺寸以墙体部分体积(m^3)计算，包括伸出墙外的牛腿和雨篷反挑檐的体积。

(4) 空心板，按设计图示尺寸以体积(m^3)计算。空心板(GBF 高强薄壁蜂巢芯板等)应扣除空心部分体积。

2. 相关说明

(1) 现浇挑檐、天沟板、雨篷、阳台与板(包括屋面板、楼板)连接时，以外墙外边线为分界线；与圈梁(包括其他梁)连接时，以梁外边线为分界线。

(2) 根据《房屋建筑与装饰工程消耗量定额》(TY 01-31—2015)，对有梁板项目与平板项目进行了区分，如图 6-27 所示。

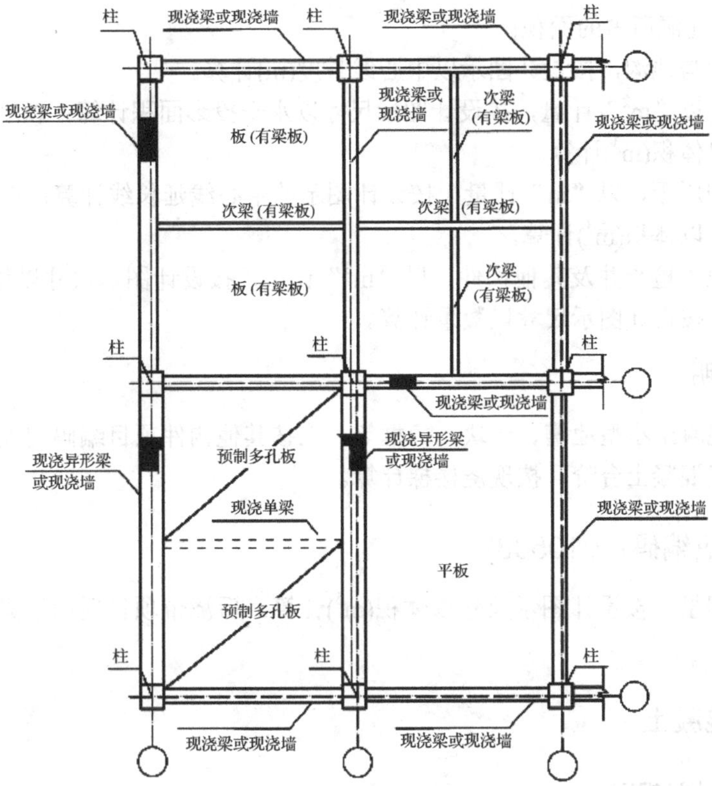

图 6-27　现浇梁、板区分示意图

6.5.6　现浇混凝土楼梯(编码：010506)

1. 工程量计算规则

现浇混凝土楼梯包括直形楼梯、弧形楼梯。以“m^2”计量，按设计图示尺寸以水平投影面积(m^2)计算，不扣除宽度≤500mm 的楼梯井，伸入墙内部分不计算；以“m^3”计量，按设计图示尺寸以体积(m^3)计算。

2. 相关说明

整体楼梯(包括直形楼梯、弧形楼梯)水平投影面积包括休息平台、平台梁、斜梁和楼梯的连接梁。当整体楼梯与现浇楼板无梯梁连接时，以楼梯的最后一个踏步边缘加 300mm 为界。

6.5.7　现浇混凝土其他构件(编码：010507)

现浇混凝土其他件包括散水与坡道、室外地坪、电缆沟与地沟、台阶、扶手和压顶、化粪池、检查井及其他构件。

1. 工程量计算规则

(1)　散水与坡道、室外地坪，按设计图示尺寸以面积(m^2)计算，不扣除单个面积小于

或等于 $0.3m^2$ 的孔洞所占的面积。

(2) 电缆沟与地沟，按设计图示以中心线长度(m)计算。

(3) 台阶，以“m^2”计量，按设计图示尺寸以水平投影面积计算；以“m^3”计量，按设计图示尺寸以体积(m^3)计算。

(4) 扶手和压顶，以“m”计量，按设计图示的中心线延长线计算；以“m^3”计量，按设计图示尺寸以体积(m^3)计算。

(5) 化粪池、检查井及其他构件，以“m^3”计量，按设计图示尺寸以体积(m^3)计算；以“座”计量，按设计图示尺寸以数量计算。

2. 相关说明

(1) 现浇混凝土小型池槽、垫块、门框等，应按其他构件项目编码列项。

(2) 架空式混凝土台阶，按现浇楼梯计算。

6.5.8 后浇带(编码：010508)

后浇带工程量，按设计图示尺寸以体积(m^3)计算。后浇带项目适用于梁、墙、板的后浇带。

6.5.9 预制混凝土

1. 工程量计算规则

1) 预制混凝土柱(编码：010509)

预制混凝土柱(编码：010509)，以“m^3”计量时，按设计图示尺寸以体积(m^3)计算；以“根”计量时，按设计图示尺寸以数量计算。预制混凝土柱包括矩形柱、异型柱。项目特征描述：图代号、单件体积、安装高度、混凝土强度等级、砂浆(细石混凝土)强度等级及配合比。

2) 预制混凝土梁(编码：010510)

预制混凝土梁(编码：010510)，以“m^3”计量时，按设计图示尺寸以体积(m^3)计算；以“根”计量时，按设计图示尺寸以数量计算。预制混凝土梁包括矩形梁、异型梁、过梁、拱形梁、鱼腹式吊车梁和其他梁。项目特征描述要求与预制混凝土柱相同。

3) 预制混凝土屋架(编码：010511)

预制混凝土屋架(编码：010511)，以“m^3”计量时，按设计图示尺寸以体积(m^3)计算；以“榀”计量时，按设计图示尺寸以数量计算。预制混凝土屋架包括折线型屋架、组合屋架、薄腹屋架、门式刚架屋架、天窗架屋架。三角形屋架按折线型屋架项目编码列项。

4) 预制混凝土板(编码：010512)

预制混凝土板(编码：010512)，预制混凝土板包括平板、空心板、槽形板、网架板、折线板、带肋板、大型板、沟盖板(井盖板)和井圈。

(1) 平板、空心板、槽形板、网架板、折线板、带肋板、大型板，以“m^3”计量时，按设计图示尺寸以体积(m^3)计算，不扣除单个面积≤300mm×300mm 的孔洞所占的体积，扣除空心板空洞体积；以“块”计量时，按设计图示尺寸以数量计算。

(2) 沟盖板、井盖板、井圈，以“m^3”计量时，按设计图示尺寸以体积(m^3)计算；以“块”计量时，按设计图示尺寸以数量计算。

5) 预制混凝土楼梯(编码：010513)

预制混凝土楼梯(编码：010513)，以“m^3”计量时，按设计图示尺寸以体积(m^3)计算，扣除空心踏步板空洞体积；以“块”计量时，按设计图示尺寸以数量计算。

6) 其他预制构件(编码：010514)

其他预制构件(编码：010514)，包括烟道、垃圾道、通风道及其他构件。预制钢筋混凝土小型池槽、压顶、扶手、垫块、隔热板、花格等，按其他构件项目编码列项。工程量计算，以“m^3”计量时，按设计图示尺寸以体积(m^3)计算，不扣除单个面积≤300mm×300mm的孔洞所占的体积，扣除烟道、垃圾道、通风道的孔洞所占的体积；以“m^2”计量时，按设计图示尺寸以面积(m^2)计算，不扣除单个面积≤300mm×300mm 的孔洞所占的面积；以“根”计量时，按设计图示尺寸以数量计算。

2. 相关说明

(1) 以上项目以“块、套、根、榀”计量时，项目特征必须描述单件体积。

(2) 不带肋的预制遮阳板、雨篷板、挑檐板、拦板等，应按平板项目编码列项。预制F 形板、双 T 形板、单板和带反挑檐的雨篷板、挑檐板、遮阳板等，应按带肋板项目编码列项。预制大型墙板、大型楼板、大型屋面板等，按中大型板项目编码列项。

6.5.10 钢筋工程(编码：010515)

钢筋工程包括现浇构件钢筋、预制构件钢筋、钢筋网片、钢筋笼、先张法预应力钢筋、后张法预应力钢筋、预应力钢丝、预应力钢绞线、支撑钢筋(铁马)、声测管。

1. 工程量计算规则

(1) 现浇构件钢筋、预制构件钢筋、钢筋网片、钢筋笼，按设计图示尺寸以钢筋(网)长度(面积)乘单位理论质量(t)计算。项目特征描述：钢筋种类、规格。钢筋的工作内容中包括了焊接(或绑扎)连接，不需要计量，在综合单价中考虑，但机械连接需要单独列项计算工程量。

(2) 先张法预应力钢筋，按设计图示钢筋长度乘单位理论质量(t)计算。

(3) 后张法预应力钢筋、预应力钢丝、预应力钢绞线，按设计图示钢筋(丝束、绞线)长度乘以单位理论质量(t)计算。其长度应按以下规定计算。

① 低合金钢筋两端均采用螺杆具时，钢筋长度按孔道长度减去 0.35m 计算，螺杆另行计算。

② 低合金钢筋一端采用镦头插片，另一端采用螺杆锚具时，钢筋长度按孔道长度计算，螺杆另行计算。

③ 低合金钢筋一端采用镦头插片，另一端采用帮条锚具时，钢筋增加 0.15m 计算；两端均采用帮条锚具时，钢筋长度按孔道长度增加 0.3m 计算。

④ 低合金钢筋采用后张混凝土自锚时，钢筋长度按孔道长度增加 0.35m 计算。

⑤ 低合金钢筋(钢绞线)采用 JM、XM、QM 型锚具，孔道长度≤20m 时，钢筋长度按孔道长度增加 1m 计算；孔道长度＞20m 时，钢筋长度按孔道长度增加 1.8m 计算。

⑥ 碳素钢丝采用锥形锚具，孔道长度小于或等于 20m 时，钢丝束长度按孔道长度增加 1m 计算；孔道长度大于 20m 时，钢丝长度按孔道长度增加 1.8m 计算。

⑦ 碳素钢丝采用镦头锚具时，钢丝束长度按孔道长度增加 0.35m 计算。

(4) 支撑钢筋(铁马)，按钢筋长度乘单位理论质量(t)计算。在编制工程量清单时，如果设计未明确，其工程数量可为暂估量，结算时按现场签证数量计算。

(5) 声测管，按设计图示尺寸以质量(t)计算。

2．相关说明

(1) 现浇构件中伸出构件的锚固钢筋应并入钢筋工程量内。除设计(包括规范规定)标明的搭接外，其他施工搭接不计算工程量，在综合单价中综合考虑。

(2) 在工程计价中，钢筋连接的数量可根据《房屋建筑与装饰工程消耗量定额》(TY 01-31—2015)中的规定确定。即钢筋连接的数量按设计图示及规范要求计算，设计图纸及规范要求未标明的，按以下规定计算。

① ϕ10 以内的长钢筋按每 12m 计算一个钢筋接头。

② ϕ10 以上的长钢筋按每 9m 计算一个钢筋接头。

(3) 钢筋工程量计算首先计算其图示长度，然后乘以单位长度质量确定，如式(6.5.9)所示：

$$钢筋工程量=图示钢筋长度\times单位理论质量 \quad (6.5.9)$$

钢筋单位理论质量可根据式(6.5.10)计算确定(d 为钢筋直径，单位 mm)，或查表 6-11 确定；也可根据钢筋直径计算理论质量，钢筋的容重可按 7 850kg/m^3 计算。

$$钢筋单位理论重量=0.006\,165\times d^2(kg/m) \quad (6.5.10)$$

表 6-11 钢筋每米长度理论质量表

直径(mm)	理论质量(kg/m)	横截面积(cm^2)	直径(mm)	理论质量(kg/m)	横截面积(cm^2)
4	0.099	0.126	18	1.998	2.545
5	0.154	0.196	20	2.466	3.142
6	0.222	0.283	22	2.984	3.801
6.5	0.26	0.332	24	3.551	4.524
8	0.395	0.503	25	3.850	4.909
10	0.617	0.785	28	4.830	5.153
12	0.888	1.131	30	5.550	7.069
14	1.208	1.539	32	6.310	8.043
16	1.578	2.011	40	9.865	12.561

3．钢筋长度一般计算方法

(1) 纵向钢筋图示长度的计算。在计算纵向钢筋图示长度时，需要考虑以下参数。

① 混凝土保护层厚度。混凝土保护层是结构构件中钢筋外边缘至构件表面范围用于保护钢筋的混凝土。根据《混凝土结构设计规范》[GB 50010—2010(2015 年版)]规定，构件中受力钢筋的保护层厚度应不小于钢筋的公称直径 d；设计使用年限为 50 年的混凝土结构，

最外层钢筋的保护层厚度应符合表 6-12 的规定；设计使用年限为 100 年的混凝土结构，最外层钢筋的保护层厚度应不小于表 6-12 中数值的 1.4 倍。

表 6-12 混凝土保护层最小厚度(mm)

环境类别	板、墙、壳	梁、柱、杆
一	15	20
二 a	20	25
二 b	25	35
三 a	30	40
三 b	40	50

注：1.混凝土强度等级不大于 C25 时，表中保护层厚度数值应增加 5mm；

2.钢筋混凝土基础宜设置混凝土垫层，基础中钢筋的混凝土保护层厚度应从垫层顶面算起，且应不小于 40mm。

② 弯起钢筋增加长度。弯起钢筋的弯曲度数有 30°、45°、60°，如图 6-28 所示。弯起钢筋增加的长度为 *S*–*L*，不同弯起角度的 *S*–*L* 值如表 6-13 所示。

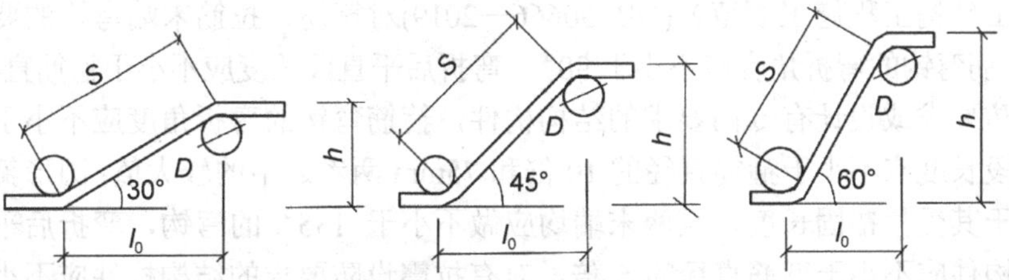

图 6-28 弯起钢筋增加长度示意图(*S*–*L*)

表 6-13 弯起钢筋增加长度计算表

弯起角度	*S*	*L*	*S*-*L*
30°	2.000*h*	1.732*h*	0.268*h*
45°	1.414*h*	1.000*h*	0.414*h*
60°	1.155*h*	0.577*h*	0.578*h*

注：弯起钢筋高度 *h*=构件高度–保护层厚度。

③ 钢筋弯钩增加长度。钢筋的弯钩主要有半圆弯钩(180°)、直弯钩(90°)和斜弯钩(135°)，如图 6-29 所示。对于 HP300 级光圆钢筋受拉时，钢筋末端作 180° 弯钩时，钢筋弯折的弯弧内直径应不小于钢筋直径 *d* 的 2.5 倍，弯钩弯折后平直段长度应不小于钢筋直径 *d* 的 3 倍。按弯弧内径为钢筋直径 *d* 的 2.5 倍，平直段长度为钢筋直径的 3 倍确定弯钩的增加长度：半圆弯钩增加长度为 6.25*d*，直弯钩增加长度为 3.5*d*，斜弯钩增加长度为 4.9*d*。

④ 钢筋的锚固长度。受拉钢筋的锚固长度应符合《混凝土结构设计规范》[GB 50010—2010(2015 版)]的要求。为便于钢筋工程量的计算，钢筋的锚固长度可以通过查《国家建筑标准设计图集》(16G101)确定。

⑤ 纵向受拉钢筋的搭接长度。纵向受拉钢筋绑扎搭接接头的搭接长度应符合《混凝土结构设计规范》[GB 50010—2010(2015 版)]的要求。纵向受拉钢筋搭接长度可以通过查《国

家建筑标准设计图集》(16G101)确定。

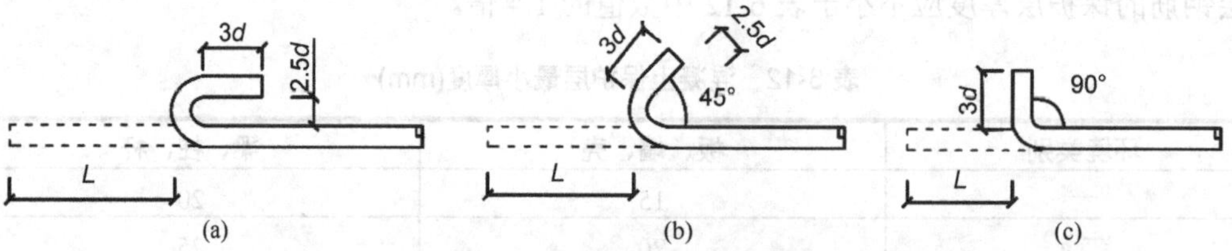

图 6-29　钢筋弯钩长度示意图

(2)　箍筋长度的计算。箍筋是为了固定主筋位置和组成钢筋骨架而设置的一种钢筋。计算长度时，要考虑混凝土保护层、箍筋的形式、箍筋的根数和箍筋单根长度。

箍筋单根长度的计算采用箍筋外皮尺寸并考虑弯钩的增加长度，可按式(6.5.11)计算。

$$箍筋单根长度=箍筋的外皮尺寸周长+2\times弯钩增加长度 \tag{6.5.11}$$

双肢箍的单根长度可按式(6.5.12)计算：

$$\begin{aligned}双肢箍单根长度&=箍筋的外皮尺寸周长+2\times弯钩增加长度\\&=构件周长-8\times混凝土保护层厚度+2\times弯钩增加长度\end{aligned} \tag{6.5.12}$$

《混凝土结构工程施工规范》(GB 50666—2019)对箍筋、拉筋末端弯钩的要求：对一般结构构件，箍筋弯钩的弯折角度应不小于 90°，弯折后平直段长度应不小于箍筋直径的 5 倍；对有抗震设防要求或设计有专门要求的结构构件，箍筋弯钩的弯折角度应不小于 135°，弯折后平直段长度应不小于箍筋直径的 10 倍和 75mm 两者之中的较大值；圆形箍筋的搭接长度应不小于其受拉锚固长度，且两末端均应做不小于 135°的弯钩，弯折后平直段长度对一般结构构件应不小于箍筋直径的 5 倍，对有抗震设防要求的结构构件应不小于箍筋直径的 10 倍和 75mm 的较大值。拉筋用作梁、柱复合箍筋中单肢箍筋或梁腰筋间拉结筋时，两端弯钩的弯折角度均应不小于 135°，弯折后平直段长度对一般结构构件应不小于箍筋直径的 5 倍，对有抗震设防要求的结构构件应不小于箍筋直径的 10 倍和 75mm 的较大值；拉筋用作剪力墙、楼板等构件中拉结筋时，两端弯钩可采用一端 135°、另一端 90°，弯折后平直段长度应不小于拉筋直径的 5 倍。

箍筋根数的计算，应按式(6.5.13)计算：

$$箍筋根数=箍筋分布长度\div箍筋间距+1 \tag{6.5.13}$$

6.5.11　螺栓、铁件(编码：010516)

螺栓、铁件包括螺栓、预件铁件和机械连接。

1. 工程量计算规则

(1)　螺栓、预埋铁件，按设计图示尺寸以质量(t)计算。

(2)　机械连接，按数量(个)计算。

2. 相关说明

编制工程量清单时，如果设计未明确，其工程数量可为暂估量，实际工程量按现场签证数量计算。

6.6　金属结构工程(编码：0106)

金属结构工程包括钢网架、钢屋架、钢托架、钢桁架、钢架桥、钢柱、钢梁、钢板楼板、墙板、钢构件、金属制品。金属构件的切边、不规则及多边形钢板发生的损耗在综合单价中考虑；工作内容中综合了补刷油漆，但不包括刷防火涂料，金属构件刷防火涂料单独列项计算工程量。钢材重量计算公式如表 6-14 所示。

表 6-14　钢材重量计算公式表

名　称	单　位	计算公式(单位：mm)
圆钢	kg/m	0.006 17×直径 2
方钢	kg/m	0.007 85×边宽 2
六角钢	kg/m	0.006 8×对边距 2
扁钢	kg/m	0.007 85×边宽×厚
等边角钢	kg/m	0.007 95×边厚×(2×边宽-边厚)
不等边角钢	kg/m	0.007 95×边厚×(长边宽+短边宽-边厚)
工字钢	kg/m	
a 型	kg/m	0.007 85×腹厚×［高+3.34×(腿宽-腹厚)］
b 型	kg/m	0.007 85×腹厚×［高+2.65×(腿宽-腹厚)］
c 型	kg/m	0.007 85×腹厚×［高+2.26×(腿宽-腹厚)］
槽钢	kg/m	
a 型	kg/m	0.007 85×腹厚×［高+3.26×(腿宽-腹厚)］
b 型	kg/m	0.007 85×腹厚×［高+2.44×(腿宽-腹厚)］
c 型	kg/m	0.007 85×腹厚×［高+2.24×(腿宽-腹厚)］
钢管	kg/m	0.246 6×壁厚×(外径-壁厚)
钢板	kg/m^2	7.85×板厚

6.6.1　钢网架(编码：010601)

1. 工程量计算规则

钢网架工程量，按设计图示尺寸以质量(t)计算，不扣除孔眼的质量，焊条、铆钉等不另增加质量。项目特征描述：钢材品种、规格；网架节点形式、连接方式；网架跨度、安装高度；探伤要求；防火要求等。其中防火要求是指耐火极限。

2. 相关说明

(1) 钢网架项目适用于一般钢网架和不锈钢网架。节点形式(球形节点、板式节点等)和节点连接方式(焊接、丝接)等均使用该项目。

(2) 注意焊条、铆钉等不另增加质量，与钢屋架等不同(钢屋架焊条、铆钉、螺栓等不另增加质量)。

6.6.2 钢屋架、钢托架、钢桁架、钢架桥(编码：010602)

1. 工程量计算规则

(1) 钢屋架，以“榀”计量时，按设计图示以数量计算；以“t”计量时，按设计图示尺寸以质量计算，不扣除孔眼的质量，焊条、铆钉、螺栓等不另增加质量。

(2) 钢托架、钢桁架、钢架桥，按设计图示尺寸以质量(t)计算。不扣除孔眼的质量，焊条、铆钉、螺栓等不另增加质量。

2. 相关说明

(1) 钢托架是指在工业厂房中，由于工业或者交通需要而在大开间位置设置的承托屋架的钢构件。

(2) 以“榀”计量，按标准图设计的应注明标准图代号，按非标准图设计的项目特征必须描述单榀屋架的质量。

(3) 项目特征中螺栓的种类是指普通螺栓或高强螺栓。

6.6.3 钢柱(编码：010603)

钢柱包括实腹钢柱、空腹钢柱、钢管柱等项目。

1. 工程量计算规则

(1) 实腹钢柱、空腹钢柱，按设计图示尺寸以质量(t)计算。不扣除孔眼的质量，焊条、铆钉、螺栓等不另增加质量，依附在钢柱上的牛腿及悬臂梁等并入钢柱工程量内。

(2) 钢管柱，按设计图示尺寸以质量(t)计算。不扣除孔眼的质量，焊条、铆钉、螺栓等不另增加质量，钢管柱上的节点板、加强环、内衬管、牛腿等并入钢管柱工程量内。

2. 相关说明

(1) 型钢混凝土柱浇筑钢筋混凝土，其混凝土和钢筋应按“混凝土及钢筋混凝土工程”中相关项目编码列项。

(2) 实腹钢柱类型是指十字形、T 形、L 形、H 形等；空腹钢柱类型是指箱形、格构式等。

6.6.4 钢梁(编码：010604)

钢梁包括钢梁、钢吊车梁等项目。

1. 工程量计算规则

钢梁、钢吊车梁，按设计图示尺寸以质量(t)计算。不扣除孔眼的质量，焊条、铆钉、螺栓等不另增加质量，制动梁、制动板、制动桁架、车档并入钢吊车梁工程量内。

2. 相关说明

(1) 项目特征中梁类型是指 H 形、L 形、T 形、箱形、格构式等。

(2) 型钢混凝土梁浇筑钢筋混凝土，其混凝土和钢筋应按“混凝土及钢筋混凝土工程”中相关项目编码列项。

6.6.5 钢板楼板、墙板(编码：010605)

1. 工程量计算规则

(1) 压型钢板楼板，按设计图示尺寸以铺设水平投影面积(m^2)计算。不扣除单个面积≤$0.3m^2$的柱、垛及孔洞所占的面积。

(2) 压型钢板墙板，按设计图示尺寸以铺挂面积(m^2)计算。不扣除单个面积≤$0.3m^2$的梁、孔洞所占面积，包角、包边、台水等不另增加面积。

2. 相关说明

(1) 钢板楼板上浇筑钢筋混凝土，其混凝土和钢筋应按“混凝土及钢筋混凝土工程”中相关项目编码列项。

(2) 压型钢楼板按钢板楼板项目编码列项。

6.6.6 钢构件(编码：010606)

钢构件包括钢支撑和钢拉条、钢檩条、钢天窗架、钢挡风架、钢墙架、钢平台、钢走道、钢梯、钢栏杆、钢漏斗、钢板天沟、钢支架、零星钢构件。

1. 工程量计算规则

(1) 钢支撑、钢拉条、钢檩条、钢天窗架、钢挡风架、钢墙架、钢平台、钢走道、钢梯、钢栏杆、钢支架、零星钢构件，按设计图示尺寸以质量(t)计算。不扣除孔眼的质量，焊条、铆钉、螺栓等不另增加质量。

(2) 钢漏斗、钢板天沟，按设计图示尺寸以重量(t)计算。不扣除孔眼的质量，焊条、铆钉、螺栓等不另增加质量，依附漏斗的型钢并入漏斗工程量内。

2. 相关说明

(1) 钢支撑、钢拉条类型是指单式、复式；钢檩条类型是指型钢式、格构式；钢漏斗形式是指方形、圆形；天沟形式是指矩形沟或半圆形沟。加工铁件等小型构件，按零星钢构件项目编码列项。

(2) 钢墙架项目包括墙架柱、墙架和连接杆件。

6.6.7 金属制品(编码：010607)

金属制品包括成品空调金属百叶护栏、成品栅栏、成品雨篷、金属网栏、砌块墙钢丝网加固、后浇带金属网。

1. 工程量计算规则

(1) 成品空调金属百叶护栏、成品栅栏、金属网栏，按设计图示尺寸以面积(m^2)计算。

(2) 成品雨篷，以“m”计量时，按设计图示接触边尺寸以长度(m)计算；以“m^2”计量时，按设计图示尺寸以展开面积(m^2)计算。

(3) 砌块墙钢丝网加固、后浇带金属网，按设计图示尺寸以面积(m^2)计算。

2. 相关说明

抹灰钢丝网加固按砌块墙钢丝网加固项目编码列项。

6.7 木结构(编码：0107)

木结构包括木屋架、木构件、屋面木基层。

6.7.1 木屋架(编码：010701)

木屋架包括木屋架和钢木屋架，如图 6-30 和图 6-31 所示。

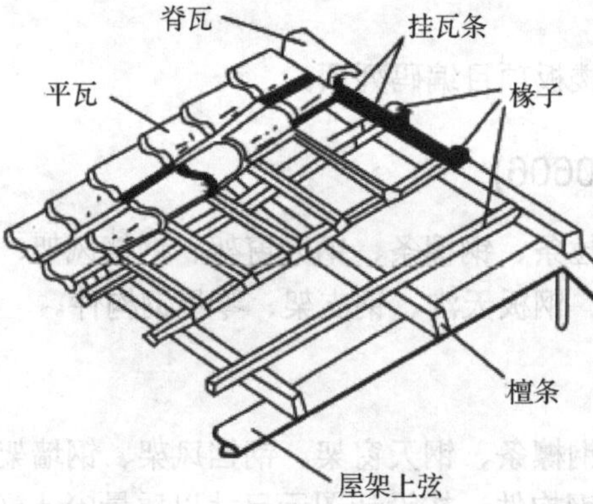

图 6-30 木屋架结构图

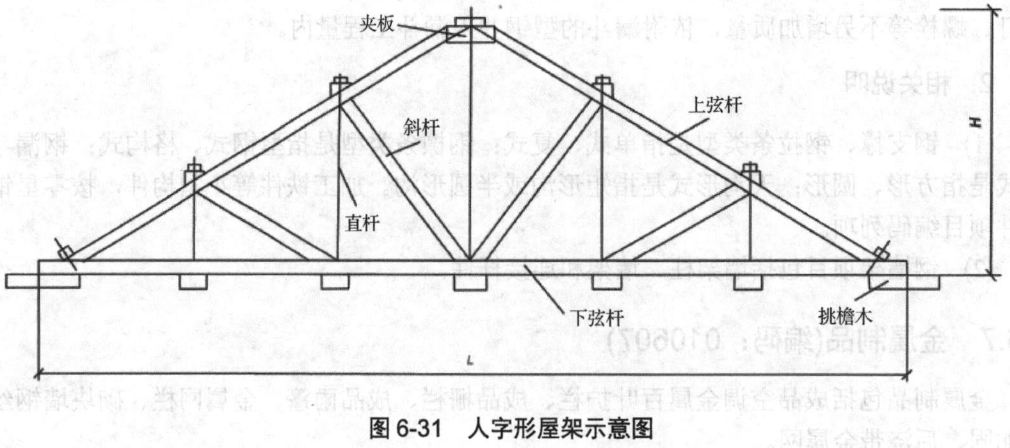

图 6-31 人字形屋架示意图

1. 工程量计算规则

(1) 木屋架，以“榀”计量时，按设计图示以数量计算；以“m^3”计量时，按设计图示的规格尺寸以体积(m^3)计算。

(2) 钢木屋架，以“榀”计量，按设计图示以数量计算。

2. 相关说明

(1) 屋架的跨度以上、下弦中心线两交点之间的距离计算。

(2) 带气楼的屋架和带马尾、折角以及正交部分的半屋架，按相关屋架项目编码列项。

(3) 以“榀”计量，按标准图设计的应注明标准图代号，按非标准图设计的项目特征要描述木屋架的跨度、材料品种及规格、光要求、拉杆及夹板种类、防护材料种类。

(4) 屋架中钢拉杆、钢夹板等应包括在清单项目的综合单价内。

6.7.2 木构件(编码：010702)

木构件包括木柱、木梁、木檩条、木楼梯及其他木构件。

1. 工程量计算规则

(1) 木柱、木梁，按设计图示尺寸以体积(m^3)计算。

(2) 木檩条，以“m^3”计量时，按设计图示尺寸以体积(m^3)计算；以“m”计量时，按设计图示尺寸以长度(m)计算。

(3) 木楼梯，按设计图示尺寸以水平投影面积“m^2”计算。不扣除宽度小于 300mm 的楼梯井，伸入墙内部分不计算。

2. 相关说明

(1) 若按图示以“m”计量，项目特征必须描述构件规格尺寸。

(2) 木楼梯的栏杆(栏板)、扶手，应按其他装饰工程中的相关项目编码列项。

6.7.3 屋面木基层(编码：010703)

按设计图示尺寸以斜面积计算，不扣除房上烟囱、风帽底座、风道、小气窗、斜沟等所占面积，小气窗的出檐部分不另增加面积。

6.8 门窗工程(编码：0108)

门窗工程包括木门、金属门、金属卷帘(闸)门、厂库房大门及特种门、其他门、木窗、金属窗、门窗套、窗台板、窗帘、窗帘盒(轨)等。

6.8.1 木门(编码：010801)

木门包括木质门、木质门带套、木质连窗门、木质防火门、木门框、门锁安装。

1. 工程量计算规则

(1) 木质门、木质门带套、木质连窗门、木质防火门，以“樘”计量，按设计图示以数量计算；以“m^2”计量，按设计图示洞口尺寸以面积(m^2)计算。项目特征描述：门代号及洞口尺寸，镶嵌玻璃品种、厚度。

(2) 木门框，以“樘”计量，按设计图示以数量计算；以“m”计量，按设计图示框的中心线以延长米计算。单独制作安装木门框按木门框项目编码列项。木门框项目特征除了描述门代号及洞口尺寸、防护材料的种类，还需描述框截面尺寸。

(3) 门锁安装，按设计图示以数量(个或套)计算。

2. 相关说明

(1) 木质门应区分镶板木门、企口木板门、实木装饰门、胶合板门、夹板装饰门、木纱门、全玻门(带木质扇框)、木质半玻门(带木质扇框)等项目，分别编码列项。

(2) 木门五金应包括：折页、插销、门碰珠、弓背拉手、搭机、木螺丝、弹簧折页(自动门)、管子拉手(自由门、地弹门)、地弹簧(地弹门)、角铁、门轧头(地弹门、自由门)等，五金安装应计算在综合单价中。需要注意的是，木门五金不含门锁，门锁安装单独列项计算。

(3) 木质门带套计量按洞口尺寸以面积计算，不包括门套的面积，但门套应计算在综合单价中。单独门套的制作、安装，按木门窗项目编码列项计算工程量。

(4) 以“樘”计量，项目特征必须描述洞口尺寸；以“m^2”计量，项目特征可不描述洞口尺寸。

6.8.2 金属门(编码：010802)

金属门包括金属(塑钢)门、彩板门、钢质防火门、防盗门。

1. 工程量计算规则

金属(塑钢)门、彩板门、钢质防火门、防盗门，以“樘”计量，按设计图示数量计算；以“m^2”计量，按设计图示洞口尺寸以面积计算。

2. 相关说明

(1) 金属门应区分金属平开门、金属推拉门、金属地弹门、金属全玻门(带金属扇框)、金属半玻门(带扇框)等项目，分别编码列项。

(2) 金属门五金包括L形执手插锁(双舌)、执手锁(单舌)、门轨头、地锁、防盗门机、门眼(猫眼)、门碰珠、电子锁(磁卡锁)、闭门器、装饰拉手等；铝合金门五金包括：地弹簧、门锁、拉手、门插、门铰、螺丝等。五金安装应计算在综合单价中。但应注意，金属门门锁已包含在金属门五金中，不需要另行计算。

(3) 以“樘”计量，项目特征必须描述洞口尺寸，没有洞口尺寸必须描述门框或扇外围尺寸；以“m^2”计量，项目特征可不描述洞口尺寸及框、扇的外围尺寸。以“m^2”计量，无设计图示洞口尺寸，按门框、扇外围以面积计算。

(4) 各金属门项目工程量计算分两种情况：以“樘”计量，按设计图示数量计算；以“m^2”计量，按设计图示洞口尺寸以面积计算(无设计图示洞口尺寸，按门框、扇外围以面积计算)。

6.8.3 金属卷帘(闸)门(编码：010803)

金属卷帘(闸)门包括金属卷帘(闸)门、防火卷帘(闸)门，以“樘”计量，按设计图示以数量计算；以“m^2”计量，按设计图示洞口尺寸以面积计算。

以“樘”计量，项目特征必须描述洞口尺寸；以“m^2”计量，项目特征可不描述洞口尺寸。

6.8.4　厂库房大门、特种门(编码：010804)

厂库房大门、特种门包括木板大门、钢木大门、全钢板大门、防护铁丝门、金属格栅门、钢质花饰大门、特种门。

1. 工程量计算规则

(1) 木板大门、钢木大门、全钢板大门、金属格栅门、特种门，以“樘”计量，按设计图示以数量计算；以“m^2”计量，按设计图示洞口尺寸以面积计算。项目特征描述：门代号及洞口尺寸，门框或扇外围尺寸，门框、扇材质，五金种类、规格，防护材料种类等；刷防护涂料应包括在综合单价中。

(2) 防护铁丝门、钢质花饰大门，以“樘”计量，按设计图示以数量计算；以“m^2”计量，按设计图示门框或扇以面积计算。

2. 相关说明

(1) 特种门应区分冷藏门、冷冻间门、保温门、变电室门、隔音门、防射线门、人防门、金库门等项目，分别编码列项。

(2) 工程量以“樘”计量，按设计图示以数量计算；以“m^2”计量，按设计图示门框或扇以面积计算。

(3) 工程量以“m^2”计量，无设计图示洞口尺寸，应按门框、扇外围以面积计算或扇以面积计算，如防护铁丝门、钢质花饰大门。

6.8.5　其他门(编码：010805)

其他门包括平开电子感应门、旋转门、电子对讲门、电动伸缩门、全玻自由门、镜面不锈钢饰面门、复合材料门。

1. 工程量计算规则

工程量以“樘”计量，按设计图示以数量计算；以“m^2”计量，按设计图示洞口尺寸以面积计算。

2. 相关说明

(1) 以“樘”计量，项目特征必须描述洞口尺寸，没有洞口尺寸必须描述门框或扇外围尺寸；以“m^2”计量，项目特征可不描述洞口尺寸及框、扇的外围尺寸。

(2) 以“m^2”计量，无设计图示洞口尺寸，按门框、扇外围以面积计算。

6.8.6　木窗(编码：010806)

木窗包括木质窗、木飘(凸)窗、木橱窗、木纱窗。

1. 工程量计算规则

(1) 木质窗以“樘”计量，按设计图示以数量计算；以“m^2”计量，按设计图示洞口尺寸以面积计算。

(2) 木飘(凸)窗、木橱窗，以“樘”计量，按设计图示数量计算；以“m^2”计量，按设计图示尺寸以框外围展开面积计算。木橱窗、木飘(凸)窗以“樘”计量，项目特征必须描述框截面及外围展开面积。

(3) 木纱窗以“樘”计量，按设计图示数量计算；以“m^2”计量，按框的外围尺寸以面积计算。

2. 相关说明

(1) 木质窗应区分木百叶窗、木组合窗、木天窗、木固定窗、木装饰空花窗等项目，分别编码列项。

(2) 以“樘”计量，项目特征必须描述洞口尺寸，没有洞口尺寸必须描述窗框外围尺寸；以“m^2”计量，项目特征可不描述洞口尺寸及窗框的外围尺寸。

(3) 以“m^2”计量，无设计图示洞口尺寸，按窗框外围以面积计算。

(4) 木窗五金包括：折页、插销、风钩、木螺丝、滑轮滑轨(推拉窗)等。

6.8.7 金属窗(编码：010807)

金属窗包括金属(塑钢、断桥)窗、金属防火窗、金属百叶窗、金属纱窗、金属格栅窗、金属(塑钢、断桥)橱窗、金属(塑钢、断桥)飘(凸)窗、彩板窗、复合材料窗。

1. 工程量计算规则

(1) 金属(塑钢、断桥)窗、金属防火窗、金属百叶窗、金属格栅窗工程量，以“樘”计量，按设计图示数量计算；以“m^2”计量，按设计图示洞口尺寸以面积计算。

(2) 金属纱窗以“樘”计量，按设计图示数量计算；以“m^2”计量，按框的外围尺寸以面积计算。

(3) 金属(塑钢、断桥)橱窗、金属(塑钢、断桥)飘(凸)窗的工程量，以“樘”计量，按设计图示数量计算；以“m^2”计量，按设计图示尺寸以框外展开面积计算。

(4) 彩板窗、复合材料窗以“樘”计量，按设计图示数量计算；以“m^2”计量，按设计图示洞口尺寸或框外围尺寸以面积计算。

2. 相关说明

(1) 金属窗应区分金属组合窗、防盗窗等项目，分别编码列项。

(2) 以“樘”计量，项目特征必须描述洞口尺寸，没有洞口尺寸必须描述窗框外围尺寸；以“m^2”计量，项目特征可不描述洞口尺寸及窗框的外围尺寸。

(3) 以“m^2”计量，无设计图示洞口尺寸，按窗框外围尺寸以面积计算。

(4) 金属橱窗、飘(凸)窗以“樘”计量，项目特征必须描述框外围展开面积。

(5) 金属窗五金包括：折页、螺丝、执手、卡锁、铰拉、风撑、滑轮、滑轨、拉把、拉手、角码、牛角制等。

6.8.8　门窗套(编码：010808)

门窗套包括木门窗套、木筒子板、饰面夹板筒子板、金属门窗套、石材门窗套、门窗木贴脸、成品木门窗套。

1. 工程量计算规则

(1) 木门窗套、木筒子板、饰面夹板筒子板、金属门窗套、石材门窗套、成品木门窗套，以“樘”计量，按设计图示以数量计算；以“m^2”计量，按设计图示尺寸以展开面积计算；以“m”计量，按设计图示中心以延长米计算。

(2) 门窗贴脸，以“樘”计量，按设计图示以数量计算；以“m”计量，按设计图示尺寸以延长米计算。

2. 相关说明

(1) 木门窗套适用于单独门窗套的制作、安装。

(2) 当以“樘”计量时，项目特征必须描述洞口尺寸、门窗套展开宽度；当以“m^2”计量时，项目特征可不描述洞口尺寸、门窗套展开宽度；当以“m”计量时，项目特征必须描述门窗套展开宽度、筒子板及贴脸宽度。

6.8.9　窗台板(编码：010809)

窗台板包括木窗台板、铝塑窗台板、金属窗台板、石材窗台板。工程量按设计图示尺寸以展开面积计算。

6.8.10　窗帘、窗帘盒、窗帘轨(编码：010810)

窗帘、窗帘盒、窗帘轨，包括窗帘、木窗帘盒、饰面夹板(塑料窗帘盒)、铝合金窗帘盒、窗帘轨。

1. 工程量计算规则

(1) 窗帘工程量以“m”计量，按设计图示尺寸以成活后长度计算；以“m^2”计量，按图示尺寸以成活后展开面积计算。

(2) 木窗帘盒、饰面夹板(塑料窗帘盒)、铝合金窗帘盒、窗帘轨，按设计图示尺寸以长度(m)计算。

2. 相关说明

(1) 当窗帘是双层时，项目特征必须描述每层材质。

(2) 当窗帘以“m”计量，项目特征必须描述窗帘高度和宽度。

(3) 当窗帘盒为弧形时，其长度应以中心线计算。

6.9　屋面及防水工程(编码：0109)

屋面及防水工程包括瓦(型材)及其他屋面、屋面防水及其他、墙面防水及防潮(地)面防水及防潮。

6.9.1 瓦屋面、型材屋面及其他屋面(编码：010901)

瓦屋面、型材屋面及其他屋面包括瓦屋面、型材屋面、阳光板屋面、玻璃钢屋面、膜结构屋面。

1. 工程量计算规则

(1) 瓦屋面、型材屋面，按设计图示尺寸以斜面积(m^2)计算，不扣除房上烟囱、风帽底座、风道、小气窗、斜沟等所占面积，小气窗的出檐部分不另增加面积。

(2) 阳光板、玻璃钢屋面，按设计图示尺寸以斜面积(m^2)计算，不扣除屋面面积小于或等于 0.3m^2 的孔洞所占面积。

(3) 膜结构屋面，按设计图示尺寸以需要覆盖的水平投影面积(m^2)计算。

2. 相关说明

(1) 瓦屋面若是在木基层上铺瓦，项目特征不必描述黏结层砂浆的配合比，瓦屋面铺防水层，按屋面防水项目编码列项，木基层按木结构工程编码列项。

(2) 型材屋面、阳光板屋面、玻璃钢屋面的柱、梁、屋架，按金属结构工程、木结构工程中相关项目编码列项。

(3) 型材屋面的金属条应包含在综合单价内计算，其工作内容包含了檩条制作、运输及安装。

(4) 瓦屋面斜面积按屋面水平投影面积乘以屋面延尺系数。延尺系数可根据屋面坡度的大小确定，如表 6-15 和图 6-32 所示。

表 6-15　屋面坡度系数表

坡度			延尺系数 *C*	隅延尺系数 *D* (*S*=*A* 时)	坡度			延尺系数 *C*	隅延尺系数 *D* (*S*=*A* 时)
B/*A*	*B*/2*A*	角度 *α*			*B*/*A*	*B*/2*A*	角度 *α*		
1	1/2	45°	1.4142	1.7320	0.4	1/5	21°48′	1.0770	1.4697
0.75		36°52′	1.2500	1.6008	0.35		19°47′	1.0595	1.4569
0.70		35°	1.2207	1.5780	0.30		16°42′	1.0440	1.4457
0.666	1/3	33°40′	1.2015	1.5632	0.25	1/8	14°02′	1.0308	1.4362
0.65		33°01′	1.1927	1.5564	0.20	1/10	11°19′	1.0198	1.4283
0.6		30°58′	1.1662	1.5362	0.15		8°32′	1.0112	1.4222
0.577		30°	1.1545	1.5274	0.125	1/16	7°8′	1.0078	1.4197
0.55		28°49′	1.1413	1.5174	0.10	1/20	5°42′	1.0050	1.4178
0.50	1/4	26°34′	1.1180	1.5000	0.083	1/24	4°45′	1.0034	1.4166
0.45		24°14′	1.0966	1.4841	0.066	1/30	3°49′	1.002	1.4158

注：延尺系数又称屋面系数，隅延尺系数又称屋脊系数。

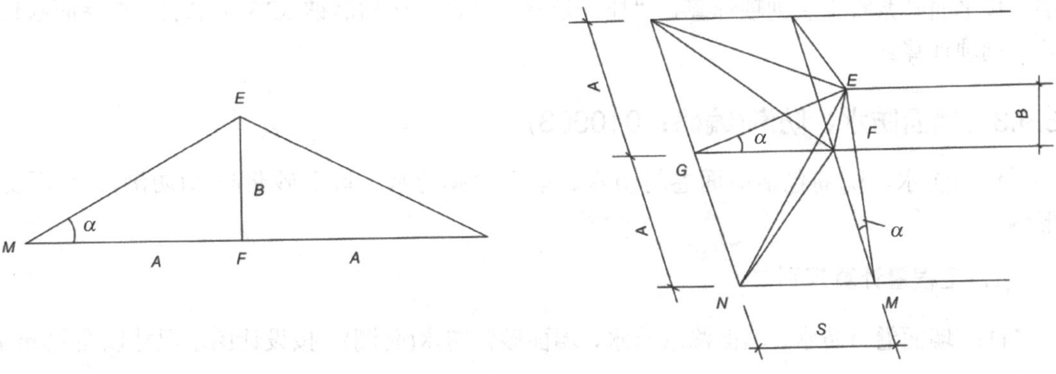

图 6-32　屋面坡度示意图

6.9.2　屋面防水及其他(编码：010902)

屋面防水及其他包括屋面卷材防水、屋面涂膜防水、屋面刚性层、屋面排水管、屋面排(透)气管、屋面(廊、阳台)泄(吐)水管、屋面天沟及檐沟、屋面变形缝。

1. 工程量计算规则

(1) 屋面卷材防水、屋面涂膜防水，按设计图示尺寸以面积(m^2)计算。斜屋顶(不包括平屋顶找坡)按斜面积计算，平屋顶按水平投影面积计算。不扣除房上烟囱、风帽底座、风道、屋面小气窗和斜沟所占面积。屋面的女儿墙、伸缩缝和天窗等处的弯起部分，并入屋面工程量内计算。

(2) 屋面刚性层，按设计图示尺寸以面积(m^2)计算。不扣除房上烟囱、风帽底座、风道等所占的面积。项目特征描述：刚性层厚度、混凝土种类、混凝土强度等级、嵌缝材料种类、钢筋规格及型号，当无钢筋，其钢筋项目特征不必描述。同时还应注意，当有钢筋时，其工作内容中包含了钢筋制作安装，即钢筋计入综合单价，不另编码列项。

(3) 屋面排水管，按设计图示尺寸以长度(m)计算。如设计未标注尺寸，以檐口至设计室外散水上表面垂直距离计算。

(4) 屋面排(透)气管，按设计图示尺寸以长度(m)计算。

(5) 屋面(廊、阳台)泄(吐)水管，按设计图示以数量(根或个)计算。

(6) 屋面天沟、檐沟，按设计图示尺寸以展开面积(m^2)计算。

(7) 屋面变形缝，按设计图示尺寸以长度计算。

2. 相关说明

(1) 屋面防水搭接及附加层用量不另行计算，在综合单价中考虑。

(2) 屋面找平层按楼地面装饰工程“平面砂浆找平层”项目编码列项。屋面保温找坡层按保温、隔热、防腐工程“保温隔热屋面”项目编码列项。

例如，某屋面做法(自下而上)：120mm 厚现浇混凝土板，现浇水泥珍珠岩最薄处 30mm 厚，20 厚 1∶2.5 水泥砂浆找平层，刷一遍冷底子油，热粘满铺 SBS 防水层，隔热层。清单项目列项时，“现浇水泥珍珠岩”按保温隔热层列项计算，“20 厚 1∶2.5 水泥砂浆找平层”按平面砂浆找平层列项计算，“刷一遍冷底子油，热粘满铺 SBS 防水层”按屋面卷材防水列项计算。

6.9.3 墙面防水、防潮(编码：010903)

墙面防水、防潮包括墙面卷材防水、墙面涂膜防水、墙面砂浆防水(防潮)、墙面变形缝。

1. 工程量计算规则

(1) 墙面卷材防水、墙面涂膜防水、墙面砂浆防水(防潮)，按设计图示尺寸以面积(m^2)计算。

(2) 墙面变形缝，按设计图示尺寸以长度(m)计算。墙面变形缝，若做双面，工程量乘以系数 2。

2. 相关说明

(1) 墙面防水搭接及附加层用量不另行计算，只在综合单价中考虑。

(2) 墙面找平层按本墙、柱面装饰与隔断、幕墙工程“立面砂浆找平层”项目编码列项。

(3) 墙面砂浆防水(防潮)项目特征描述防水层做法、砂浆厚度及配合比、钢丝网规格，要注意在其工作内容中已包含了挂钢丝网，即钢丝网不另行计算，在综合单价中考虑。

6.9.4 楼(地)面防水、防潮(编码：010904)

楼(地)面防水、防潮包括楼(地)面卷材防水、楼(地)面涂膜防水、楼(地)面砂浆防水(防潮)、楼(地)面变形缝。

1. 工程量计算规则

(1) 楼(地)面卷材防水、楼(地)面涂膜防水、楼(地)面砂浆防水(防潮)，按设计图示尺寸以面积(m^2)计算。

① 楼(地)面防水：按主墙间净空面积计算，扣除凸出地面的构筑物、设备基础等所占面积，不扣除间壁墙及单个面积小于或等于 $0.3m^2$ 的柱、垛、烟囱和孔洞所占面积。

② 楼(地)面防水反边高度小于或等于 300mm 算作地面防水，反边高度大于 300mm 算作墙面防水计算。

(2) 楼(地)面变形缝，按设计图示尺寸以长度(m)计算。

2. 相关说明

(1) 楼(地)面防水找平层按楼地面装饰工程“平面砂浆找平层”项目编码列项。

(2) 楼(地)面防水搭接及附加层用量不另行计算，只在综合单价中考虑。

6.10 保温、隔热、防腐工程(编码：0110)

保温、隔热、防腐工程包括保温及隔热、防腐面层、其他防腐。

6.10.1　保温、隔热(编码：011001)

保温、隔热包括保温隔热屋面、保温隔热天棚、保温隔热墙面、保温柱及梁、隔热楼地面、其他保温隔热。

1. 工程量计算规则

(1) 保温隔热屋面，按设计图示尺寸以面积(m^2)计算。扣除面积大于$0.3m^2$孔洞及占位面积。

(2) 保温隔热天棚，按设计图示尺寸以面积(m^2)计算。扣除面积大于$0.3m^2$柱、垛、孔洞所占面积，与天棚相连的梁按展开面积计算，并入天棚工程量内。柱帽保温隔热应并入天棚保温隔热工程量内。

(3) 保温隔热墙面，按设计图示尺寸以面积(m^2)计算。扣除门窗洞口以及面积大于$0.3m^2$梁、孔洞所占面积；门窗洞口侧壁以及与墙相连的柱，并入保温墙体工程量。

(4) 保温柱、梁，按设计图示尺寸以面积(m^2)计算。

① 柱按设计图示柱断面保温层中心线展开长度乘以保温层高度以面积计算，扣除面积大于$0.3m^2$梁所占面积。

② 梁按设计图示梁断面保温层中心线展开长度乘保温层长度以面积计算。

(5) 保温隔热楼地面，按设计图示尺寸以面积(m^2)计算。扣除面积大于$0.3m^2$柱、垛、孔洞所占面积，门洞、空圈、暖气包槽、壁龛的开口部分不增加面积。

(6) 其他保温隔热，按设计图示尺寸以展开面积(m^2)计算。扣除面积大于$0.3m^2$孔洞及占位面积。

2. 相关说明

(1) 池槽保温隔热应按其他保温隔热项目编码列项。

(2) 项目特征中保温隔热方式是指内保温、外保温、夹心保温。

(3) 保温隔热装饰面层，按装饰工程中相关项目编码列项。

(4) 仅做找平层按楼地面装饰工程“平面砂浆找平层”或墙、柱面装饰与隔断、幕墙工程“立面砂浆找平层”项目编码列项。

(5) 保温柱、梁适用于不与墙、天棚相连的独立柱、梁，与墙、天棚相连的柱、梁并入墙、天棚工程量内。

6.10.2　防腐面层(编码：011002)

防腐面层包括防腐混凝土面层、防腐砂浆面层、防腐胶泥面层、玻璃钢防腐面层、聚氯乙烯板面层、块料防腐面层、池及槽块料防腐面层。

1. 工程量计算规则

(1) 防腐混凝土面层、防腐砂浆面层、防腐胶泥面层、玻璃钢防腐面层、聚氯乙烯板面层、块料防腐面层，按设计图示尺寸以面积(m^2)计算。

① 平面防腐：扣除凸出地面的构筑物、设备基础等以及面积大于$0.3m^2$的孔洞、柱垛所占面积，门洞、空圈、暖气包槽、壁龛的开口部分不增加面积。

② 立面防腐：扣除门、窗洞以及面积大于 $0.3m^2$ 的孔洞、梁所占面积，门、窗、洞口侧壁、垛突出部分按展开面积并入墙面积内。

(2) 池、槽块料防腐面层，按设计图示尺寸以展开面积(m^2)计算。

2. 相关说明

(1) 防腐踢脚线，应按楼地面装饰工程“踢脚线”项目编码列项。

(2) 防腐混凝土面层、防腐砂浆面层、防腐胶泥面层等项目在描述项目特征时，应描述混凝土、砂浆、胶泥等材料的种类和防腐的部位。

6.10.3 其他防腐(编码：011003)

其他防腐包括隔离层、砌筑沥青浸渍砖、防腐涂料。

1. 工程量计算规则

(1) 隔离层，按设计图示尺寸以面积(m^2)计算。

① 平面防腐：扣除凸出地面的构筑物、设备基础等以及面积大于 $0.3m^2$ 孔洞、柱、垛所占面积，门洞、空圈、暖气包槽、壁的开口部分不另增加面积。

② 立面防腐：扣除门、窗、洞口以及面积大于 $0.3m^2$ 孔洞、梁所占面积，门、窗、洞口侧壁、垛突出部分按展开面积并入墙面积内。

(2) 砌筑沥青浸渍砖，按设计图示尺寸以体积(m^3)计算。

(3) 防腐涂料，按设计图示尺寸以面积(m^2)计算。

① 平面防腐：扣除凸出地面的构筑物、设备基础等以及面积大于 $0.3m^2$ 孔洞、柱、垛所占面积，门洞、空圈、暖气包槽、壁龛的开口部分不另增加面积。

② 立面防腐：扣除门、窗、洞口以及面积大于 $0.3m^2$ 孔洞、梁所占面积，门、窗、洞口侧壁、垛突出部分按展开面积并入墙面积内。

2. 相关说明

(1) 砌筑沥青浸渍砖项目特征中浸渍砖砌法指平砌、立砌。

(2) 防腐涂料需要刮腻子时，项目特征应描述刮腻子的种类及遍数并包含在综合单价内，不另计算。

6.11 楼地面装饰工程(编码：0111)

楼地面装饰工程包括整体面层及找平层、块料面层、橡塑面层、其他材料面层、踢脚线、楼梯面层、台阶装饰、零星装饰项目。楼梯、台阶侧面装饰及小于或等于 $0.5m^2$ 少量分散的楼地面装修，应按零星装饰项目编码列项。

6.11.1 整体面层及找平层(编码：011101)

整体面层及找平层包括水泥砂浆楼地面、现浇水磨石楼地面、细石混凝土楼地面、菱苦土楼地面、自流坪楼地面、平面砂浆找平层。

1. 工程量计算规则

(1) 水泥砂浆楼地面、现浇水磨石楼地面、细石混凝土楼地面、菱苦土楼地面、自流坪楼地面，按设计图示尺寸以面积(m^2)计算。扣除凸出地面构筑物、设备基础、室内铁道、地沟等所占面积，不扣除间壁墙及小于或等于 0.3m^2 柱、垛、附墙烟囱及孔洞所占面积。门洞、空圈、暖气包槽、壁龛的开口部分不另增加面积。

(2) 平面砂浆找平层，按设计图示尺寸以面积(m^2)计算。平面砂浆找平层只适用于做找平层的平面抹灰。

2. 相关说明

(1) 楼地面混凝土垫层另按现浇混凝土基础中垫层项目编码列项，除混凝土外的其他材料垫层按砌筑工程中垫层项目编码列项。

(2) 间壁墙指墙厚小于或等于 120mm 的墙。

(3) 水泥砂浆面层处理是拉毛还是提浆压光应在面层做法要求中描述。

(4) 地面做法中，垫层需单独列项计算，而找平层综合在地面清单项目中，在综合单价中考虑，不需另行计算。例如，“某地面做法：3∶7 灰土垫层 30mm 厚，40mm 厚 C22 细石混凝土找平层，细石混凝土现场搅拌，20mm 厚 1∶3 水泥砂浆面层”。该地面中涉及垫层(010404001)、水泥砂浆楼地面(011101001)两个清单项目，而找平层属于水泥砂浆楼地面的工作内容，不单独列项。

6.11.2　块料面层(编码：011102)

块料面层包括石材楼地面、碎石材楼地面、块料楼地面。

1. 工程量计算规则

石材楼地面、碎石材楼地面、块料楼地面，按设计图示尺寸以面积(m^2)计算。门洞、空圈、暖气包槽、壁龛的开口部分并入相应的工程量内计算。

2. 相关说明

(1) 在描述碎石材项目的面层材料特征时可以不用描述规格、颜色。

(2) 石材、块料与黏结材料的结合面刷防渗材料的种类在防护层材料种类中描述。

(3) 工作内容中的磨边指施工现场磨边(下同)。

(4) 与整体面层工程量计算上的不同之处在于门洞、空圈、暖气包槽、壁龛的开口部分是否并入相应的工程量。

(5) 找平层计入相应清单项目的综合单价，不单独列项计算工程量。

6.11.3　橡塑面层(编码：011103)

橡塑面层包括橡胶板楼地面、橡胶卷材楼地面、塑料板楼地面、塑料卷材楼地面。

1. 工程量计算规则

橡胶板楼地面、橡胶卷材楼地面、塑料板楼地面、塑料卷材楼地面，按设计图示尺寸以面积(m^2)计算。门洞、空圈、暖气包槽、壁龛的开口部分并入相应的工程量内计算。

2. 相关说明

橡塑面层项目中如涉及找平层，另按“找平层”项目编码列项。这一点与整体面层和块料面层不同，即橡塑面层工作内容中不含找平层，不计综合单价，需要另外计算。

6.11.4 其他材料面层(编码：011104)

其他材料面层包括地毯楼地面，竹、木(复合)地板，金属复合地板，防静电活动地板。地毯楼地面、竹及木(复合)地板、金属复合地板、防静电活动地板，按设计图示尺寸以面积(m^2)计算。门洞、空圈、暖气包槽、壁龛的开口部分并入相应的工程量内计算。

6.11.5 踢脚线(编码：011105)

踢脚线包括水泥砂浆踢脚线、石材踢脚线、块料踢脚线、塑料板踢脚线、木质踢脚线、金属踢脚线、防静电踢脚线。工程量以“m^2”计量，按设计图示长度乘高度以面积计算；以“m”计量，按延长米计算。

6.11.6 楼梯面层(编码：011106)

楼梯面层包括石材楼梯面层、块料楼梯面层、拼碎块料面层、水泥砂浆楼梯面层、现浇水磨石楼梯面层、地毯楼梯面层、木板楼梯面层、橡胶板楼梯面层、塑料板楼梯面层。

1. 工程量计算规则

石材楼梯面层、块料层楼梯面层、拼碎块料面层、水泥砂浆楼梯面层、现浇水磨石楼梯面层、地毯楼梯面层、木板楼梯面层、橡胶板楼梯面层、塑料板楼梯面层，按设计图示尺寸以楼梯(包括踏步、休息平台及小于或等于500mm的楼梯井)水平投影面积(m^2)计算。楼梯与楼地面相连时，算至梯口梁内侧边沿；无梯口梁者，算至最上一层踏步边沿加300mm。

2. 相关说明

(1) 在描述碎石材项目的面层材料特征时可以不用描述规格、颜色。

(2) 石材、块料与黏结材料的结合面刷防渗材料的种类在防护材料种类中描述。

(3) 与整体楼地面一样，找平层计入综合单价，不需要另行计算。防滑条也计入综合单价，不需要另行计算。

6.11.7 台阶装饰(编码：011107)

台阶装饰包括石材台阶面、块料台阶面、拼碎块料台阶面、水泥砂浆台阶面、现浇水磨石台阶面、剁假石台阶面。

1. 工程量计算规则

石材台阶面、块料台阶面、拼碎块料台阶面、水泥砂浆台阶面、现浇水磨石台阶面、

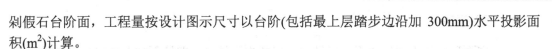

剁假石台阶面，工程量按设计图示尺寸以台阶(包括最上层踏步边沿加 300mm)水平投影面积(m^2)计算。

2. 相关说明

(1) 在描述碎石材项目的面层材料特征时可以不用描述规格、颜色。

(2) 石材、块料与黏结材料的结合面刷防渗材料的种类在防护材料种类中描述。

6.11.8　零星装饰项目(编码：011108)

零星装饰项目包括石材零星项目、碎拼石材零星项目、块料零星项目、水泥砂浆零星项目。

1. 工程量计算规则

石材零星项目、碎拼石材零星项目、块料零星项目、水泥砂浆零星项目，按设计图示尺寸以面积(m^2)计算。

2. 相关说明

(1) 楼梯、台阶牵边和侧面镶贴块料面层，不大于 $0.5m^2$ 的少量分散的楼地面镶贴块料面层，应按零星项目列项。

(2) 石材、块料与黏结材料的结合面刷防渗材料的种类在防护材料种类中描述。

6.12　墙、柱面装饰与隔断、幕墙工程(编码：0112)

墙、柱面装饰与隔断、幕墙工程包括墙面抹灰、柱(梁)面抹灰、零星抹灰、墙面块料面层、柱(梁)面镶贴块料、镶贴零星块料、墙饰面、柱(梁)饰面、幕墙工程、隔断。

6.12.1　墙面抹灰(编码：011201)

墙面抹灰包括墙面一般抹灰、墙面装饰抹灰、墙面勾缝、立面砂浆找平层。

1. 工程量计算规则

墙面一般抹灰、墙面装饰抹灰、墙面勾缝、立面砂浆找平层，按设计图示尺寸以面积(m^2)计算。扣除墙裙、门窗洞口及单个大于 $0.3m^2$ 的孔洞面积，不扣除踢脚线、挂镜线和墙与构件交接处的面积，门窗洞口和孔洞的侧壁及顶面不另增加面积。附墙柱、梁、垛、烟囱侧壁并入相应的墙面面积内，飘窗凸出外墙面增加的抹灰并入外墙工程量内计算。

(1) 外墙抹灰面积按外墙垂直投影面积计算。

(2) 外墙裙抹灰面积按其长度乘以高度计算。

(3) 内墙抹灰面积按主墙间的净长乘以高度计算。无墙裙的内墙高度按室内楼地面至天棚底面计算；有墙裙的内墙高度按墙裙顶至天棚底面计算。但有吊顶天棚的内墙面抹灰，抹至吊顶以上部分在综合单价中考虑，不另行计算。

(4) 内墙裙抹灰面积按内墙净长乘以高度计算。

2．相关说明

(1) 立面砂浆找平项目适用于仅做找平层的立面抹灰，即墙面抹灰中找平层在综合单价中考虑，不另行计算。

(2) 墙面抹石灰砂浆、水泥砂浆、混合砂浆聚合物水泥砂浆、麻刀石灰浆、石膏灰浆等按墙面一般抹灰项目编码列项；墙面水刷石、斩假石、干粘石、假面砖等按墙面装饰抹灰项目编码列项。

6.12.2 柱(梁)面抹灰(编码：011202)

柱(梁)面抹灰包括柱(梁)面一般抹灰、柱(梁)面装饰抹灰、柱(梁)面砂浆找平层、柱面勾缝。

1．工程量计算规则

(1) 柱面一般抹灰、柱面装饰抹灰、柱面砂浆找平层，按设计图示柱断面周长乘高度以面积(m^2)计算。

(2) 梁面一般抹灰、梁面装饰抹灰、梁面砂浆找平层，按设计图示梁断面周长乘长度以面积(m^2)计算。

(3) 柱面勾缝，按设计图示柱断面周长乘高度以面积(m^2)计算。

2．相关说明

(1) 砂浆找平项目适用于仅做找平层的柱(梁)面抹灰。

(2) 柱(梁)面抹石灰砂浆、水泥砂浆、混合砂浆、聚合物水泥砂浆、麻刀石灰浆、石膏灰浆等按柱(梁)面一般抹灰项目编码列项；柱(梁)面水刷石、斩假石、干粘石、假面砖等按柱(梁)面装饰抹灰项目编码列项。

6.12.3 零星抹灰(编码：011203)

零星抹灰包括零星项目一般抹灰、零星项目装饰抹灰、零星砂浆找平层。

1．工程量计算规则

零星项目一般抹灰、零星项目装饰抹灰、零星砂浆找平层，按设计图示尺寸以面积(m^2)计算。

2．相关说明

(1) 零星项目抹石灰砂浆、水泥砂浆、混合砂浆、聚合物水泥砂浆、麻刀石灰浆、石膏灰浆等按零星项目一般抹灰编码列项，水刷石、斩假石、干粘石、假面砖等按零星项目装饰抹灰编码列项。

(2) 墙、柱(梁)面小于或等于 $0.5m^2$ 的少量分散的抹灰按零星抹灰项目编码列项。

6.12.4 墙面块料面层(编码：011204)

墙面块料面层包括石材墙面、碎拼石材墙面、块料墙面、干挂石材钢骨架。

1. 工程量计算规则

(1) 石材墙面、碎拼石材墙面、块料墙面，按镶贴表面积(m^2)计算。项目特征描述：墙体类型，安装方式，面层材料品种、规格、颜色，缝宽、嵌缝材料种类，防护材料种类，磨光、酸洗、打蜡要求。

(2) 干挂石材钢骨架，按设计图示尺寸以质量(t)计算。

2. 相关说明

(1) 在描述碎块项目的面层材料特征时可不用描述规格、颜色。

(2) 石材、块料与黏结材料的结合面刷防渗材料的种类在防护层材料种类中描述。

(3) 安装方式可描述为砂浆或黏结剂粘贴、挂贴、干挂等，不论哪种安装方式，都要详细描述与组价相关的内容。

6.12.5　柱(梁)面镶贴块料(编码：011205)

柱(梁)面镶贴块料包括石材柱面、块料柱面、拼碎块柱面、石材梁面、块料梁面。

1. 工程量计算规则

石材柱面、块料柱面、拼碎块柱面、石材梁面、块料梁面，按设计图示尺寸以镶贴表面积(m^2)计算。

2. 相关说明

(1) 在描述碎块项目的面层材料特征时可以不用描述规格、颜色。

(2) 石材、块料与黏接材料的结合面刷防渗材料的种类在防护层材料种类中描述。

(3) 柱梁面干挂石材的钢骨架按“墙面块料面层”中相应项目编码列项。

6.12.6　镶贴零星块料(编码：011206)

镶贴零星块料包括石材零星项目、块料零星项目、拼碎块零星项目。

1. 工程量计算规则

石材零星项目、块料零星项目、拼碎块零星项目，按镶贴表面积(m^2)计算。

2. 相关说明

(1) 墙柱面小于或等于 $0.5m^2$ 的少量分散的镶贴块料面层按零星项目执行。

(2) 在描述碎块项目的面层材料特征时可以不用描述规格、颜色。

(3) 石材、块料与黏接材料的结合面刷防渗材料的种类在防护材料种类中描述。

(4) 零星项目干挂石材的钢骨架按“墙面块料面层”相应项目编码列项。

6.12.7　墙饰面(编码：011207)

墙饰面包括墙面装饰板、墙面装饰浮雕。

1. 工程量计算规则

(1) 墙面装饰板，按设计图示墙净长乘以净高以面积(m^2)计算。扣除门窗洞口及单个大于 $0.3m^2$ 的孔洞所占面积。

(2) 墙面装饰浮雕，按设计图示尺寸以面积(m^2)计算。

2. 相关说明

(1) 墙面装饰板综合了龙骨制作、运输、安装，应在综合单价中考虑。

(2) 基层材料是在龙骨上黏贴或铺订一层加强面层的底板。墙面装饰板中基层铺订应在综合单价中考虑。

6.12.8 柱(梁)饰面(编码：011208)

柱(梁)饰面包括柱(梁)面装饰、成品装饰柱。

1. 工程量计算规则

(1) 柱(梁)面装饰，按设计图示饰面外尺寸以面积(m^2)计算。柱帽、柱墩并入相应柱饰面工程量内计算。

(2) 成品装饰柱，工程量以“根”计量，按设计数量计算；以“m”计量，按设计长度计算。

2. 相关说明

(1) 柱(梁)面装饰综合了龙骨制作、运输、安装，应在综合单价中考虑。

(2) 饰面外围尺寸即饰面的表面尺寸。

6.12.9 幕墙工程(编码：011209)

幕墙包括带骨架幕墙、全玻(无框玻璃)幕墙。

1. 工程量计算规则

(1) 带骨架幕墙，按设计图示框外围尺寸以面积(m^2)计算。与幕墙同种材质的窗所占面积不扣除。

(2) 全玻(无框玻璃)幕墙，按设计图示尺寸以面积(m^2)计算。带肋全玻幕墙按展开面积计算。

2. 相关说明

(1) 与幕墙同种材质的窗并入幕墙工程量内容，包含在幕墙综合单价中；不同种材料窗应另列项计算工程量。但幕墙上的门应单独计算工程量。

(2) 幕墙钢骨架按干挂石材钢骨架另列项目。

(3) 带肋全玻璃幕墙是指玻璃幕墙带玻璃肋，玻璃肋的工程量并入玻璃幕墙工程量内计算。

6.12.10　隔断(编码：011210)

隔断包括木隔断、金属隔断、玻璃隔断、塑料隔断、成品隔断、其他隔断。

1. 工程量计算规则

(1) 木隔断、金属隔断，按设计图示框外围尺寸以面积(m^2)计算。不扣除单个小于或等于 $0.3m^2$ 的孔洞所占面积；浴厕门的材质与隔断相同时，门的面积并入隔断面积内。

(2) 玻璃隔断、塑料隔断，按设计图示框外围尺寸以面积计算。不扣除单个小于或等于 $0.3m^2$ 的孔洞所占面积。

(3) 成品隔断、其他隔断，以“m^2”计量，按设计图示框外围尺寸以面积计算；以“间”计量，按设计间的数量计算。

2. 相关说明

(1) 浴厕门材质与隔断相同时，工程量并入隔断面积内计算；材质不同时，分别列项计算工程量。

(2) 隔断龙骨制作、运输、安装在木隔断综合单价中考虑，不另计算工程量。

6.13　天棚工程(编码：0113)

天棚工程包括天棚抹灰、天棚吊顶、采光天棚、天棚其他装饰。

6.13.1　天棚抹灰(编码：011301)

天棚抹灰适用于各种天棚抹灰，按设计图示尺寸以水平投影面积(m^2)计算。不扣除间壁墙、垛、柱、附墙烟囱、检查口和管道所占面积，带梁天棚梁两侧抹灰面积并入天棚面积内，板式楼梯底面抹灰按斜面积计算，锯齿形楼梯底板抹灰按展开面积计算。

1. 工程量计算规则

天棚抹灰，按设计图示尺寸以水平投影面积(m^2)计算。不扣除间壁墙、垛、柱、附墙烟囱、检查口和管道所占的面积，带梁天棚的梁两侧抹灰面积并入天棚面积内，板式楼梯底面抹灰按斜面积计算，锯齿形楼梯底板抹灰按展开面积计算。

2. 相关说明

天棚抹灰项目特征描述包括基层类型、抹灰厚度及材料种类、砂浆配合比，其中基层类型是指混凝现浇板、预制混凝土板或木板条等。

6.13.2　天棚吊顶(编码：011302)

天棚吊顶包括吊顶天棚、格栅吊顶、吊筒吊顶、藤条造型悬挂吊顶、织物软雕吊顶、装饰网架吊顶。

1. 工程量计算规则

(1) 吊顶天棚，按设计图示尺寸以水平投影面积(m^2)计算。天棚面中的灯槽及跌级、锯齿形、吊挂式、藻井式天棚面积不展开计算。不扣除间壁墙、检查口、附墙烟囱、柱垛和管道所占面积，扣除单个大于 $0.3m^2$ 的孔洞、独立柱及与天棚相连的窗帘盒所占面积。

(2) 格栅吊顶、吊筒吊顶、藤条造型悬挂吊顶、织物软雕吊顶、装饰网架吊顶，按设计图示尺寸以水平投影面积(m^2)计算。

2. 相关说明

(1) 天棚的检查口应在综合单价中考虑，计算工程量时不扣除，但灯带(槽)、送风口和回风口单独列项计算工程量。

(2) 吊顶的形式如平面、跌级、锯齿形、吊挂式、藻井式等应在项目特征中描述。

(3) 吊顶龙骨安装应在综合单价中考虑，不另列项计算工程量。

6.13.3 采光天棚(编码：011303)

采光天棚工程量按框外围展开面积计算。采光天棚骨架应单独按“金属结构”中相关项目编码列项。

6.13.4 天棚其他装饰(编码：011304)

天棚其他装饰包括灯带(槽)、送风口及回风口。

1. 工程量计算规则

(1) 灯带(槽)，按设计图示尺寸以框外围面积(m^2)计算。

(2) 送风口、回风口，按设计图示以数量(个)计算。

2. 相关说明

(1) 格栅片材料品种有不锈钢格栅、铝合金格栅、玻璃格栅等。

(2) 送风口、回风口无论所占面积大小均按数量计算。

6.14 油漆、涂料、裱糊工程(编码：0114)

油漆、涂料、裱糊工程包括门油漆、窗油漆、木扶手及其他板条(线条)油漆、木材面油漆、金属面油漆、抹灰面油漆、喷刷涂料、裱糊。

6.14.1 门油漆(编码：011401)

门油漆包括木门油漆、金属门油漆。

1. 工程量计算规则

木门油漆、金属门油漆，工程量以“樘”计量，按设计图示以数量计算；以“m^2”计量，按设计图示洞口尺寸以面积(m^2)计算。

2．相关说明

(1) 木门油漆应区分木大门、单层木门、双层(一玻一纱)木门、双层(单裁口)木门、全玻自由门、半玻自由门、装饰门及有框门或无框门等项目，分别编码列项。金属门油漆应区分平开门、推拉门、钢制防火门等项目，分别编码列项。

(2) 以"m^2"计量，项目特征可不必描述洞口尺寸。

(3) 木门油漆、金属门油漆工作内容中包括"刮腻子"，应在综合单价中考虑，不另计算工程量。

6.14.2　窗油漆(编码：011402)

窗油漆包括木窗油漆、金属窗油漆。

1．工程量计算规则

木窗油漆、金属窗油漆，以"樘"计量，按设计图示以数量计算；以"m^2"计量，按设计图示洞口尺寸以面积(m^2)计算。

2．相关说明

(1) 木窗油漆应区分单层木窗、双层(一玻一纱)木窗、双层框扇(单裁口)木窗、双层框三层(二玻一纱)木窗、单层组合窗、双层组合窗、木百叶窗、木推拉窗等项目，分别编码列项。

(2) 金属窗油漆应区分平开窗、推拉窗、固定窗、组合窗、金属隔栅窗等项目，分别编码列项。

(3) 以"m^2"计量，项目特征可不必描述洞口尺寸。

(4) 窗油漆工作内容中包括"刮腻子"，应在综合单价中考虑，不另计算工程量。

6.14.3　木扶手及其他板条、线条油漆(编码：011403)

木扶手及其他板条、线条油漆包括木扶手油漆，窗帘盒油漆，封檐板及顺水板油漆，挂衣板及黑板框油漆，挂镜线、窗帘棍、单独木线油漆。

1．工程量计算规则

木扶手油漆，窗帘盒油漆，封檐板及顺水板油漆，挂衣板及黑板框油漆，挂镜线、窗帘棍、单独木线油漆，按设计图示尺寸以长度(m)计算。

2．相关说明

(1) 木扶手应分为带托板与不带托板两种，分别编码列项，若是木栏杆带扶手，木扶手不应单独列项，应包含在木栏杆油漆中。

(2) 工作内容中包括"刮腻子"，应在综合单价中考虑，不另计算工程量。

6.14.4　木材面油漆(编码：011404)

木材面油漆包括木护墙、木墙裙油漆，窗台板、筒子板、盖板、门窗套、踢脚线油漆，清水板条天棚、檐口油漆，木方格吊顶天棚油漆，吸音板墙面、天棚面油漆，暖气罩油漆及其他木材面油漆，木间壁及木隔断油漆、玻璃间壁露明墙筋油漆、木栅栏及木栏杆(带扶手)油漆，衣柜及壁柜油漆、梁柱饰面油漆、零星木装修油漆，木地板油漆、木地板烫硬蜡面。

1. 工程量计算规则

(1) 木护墙、木墙裙油漆，窗台板、筒子板、盖板、门窗套、踢脚线油漆，清水板条天棚、檐口油漆，木方格吊顶天棚油漆，吸音板墙面、天棚面油漆，暖气罩油漆及其他木材面油漆的工程量均按设计图示尺寸以面积(m^2)计算。

(2) 木间壁及木隔断油漆、玻璃间壁露明墙筋油漆、木栅栏及木栏杆(带扶手)油漆，按设计图示尺寸以单面外围面积(m^2)计算。

(3) 衣柜及壁柜油漆、梁柱饰面油漆、零星木装修油漆，按设计图示尺寸以油漆部分展开面积(m^2)计算。

(4) 木地板油漆、木地板烫硬蜡面，按设计图示尺寸以面积(m^2)计算。空洞、空圈、暖气包槽、壁龛的开口部分并入相应的工程量内。

2. 相关说明

木栏杆(带扶手)油漆、扶手油漆在综合单价中考虑，不单独列项计算工程量。

6.14.5 金属面油漆(编码：011405)

金属面油漆，以“t”计量，按设计图示尺寸以质量(t)计算；以“m^2”计量，按设计图示尺寸展开面积(m^2)计算。

6.14.6 抹灰面油漆(编码：011406)

抹灰面油漆包括抹灰面油漆、抹灰线条油漆、满刮腻子。

1. 工程量计算规则

(1) 抹灰面油漆，按设计图示尺寸以面积(m^2)计算。
(2) 抹灰线条油漆，按设计图示尺寸以长度(m)计算。
(3) 满刮腻子，按设计图示尺寸以面积(m^2)计算。

2. 相关说明

满刮腻子适用于单独刮腻子的情况。其他工作内容中含有刮腻子的项目，刮腻子应在综合单价中考虑，均不单独列项计算工程量。

6.14.7 喷刷涂料(编码：011407)

喷刷涂料包括墙面喷刷涂料、天棚喷刷涂料、线条刷涂料、金属构件刷防火涂料、木材构件喷刷防火涂料等。喷刷墙面涂料部位要注明内墙或外墙。

1. 工程量计算规则

(1) 墙面喷刷涂料、天棚喷刷涂料，按设计图示尺寸以面积(m^2)计算。

(2) 线条刷涂料，按设计图示尺寸以长度(m)计算。

(3) 金属构件刷防火涂料，以“t”计量，按设计图示尺寸以质量(t)计算；以“m^2”计量，按设计展开面积(m^2)计算。

(4) 木材构件喷刷防火涂料，以“m^2”计量，按设计图示尺寸以面积(m^2)计算。

2. 相关说明

喷刷墙面涂料部位要注明内墙或外墙。

6.14.8　裱糊(编码：011408)

裱糊包括墙纸糊、织锦缎裱糊，按设计图示尺寸以面积(m^2)计算。

6.15　其他装饰工程(编码：0115)

其他装饰工程包括柜类、货架、压条、装饰线，扶手、栏杆、栏板装饰，暖气罩，浴厕配件，雨篷、旗杆，招牌、灯箱和美术字。项目工作内容中包括“刷油漆”的，不得将油漆分离而单列油漆清单项目；工作内容中没有包括“刷油漆”的，可单独按油漆项目列项。

6.15.1　柜类、货架(编码：011501)

柜类、货架包括柜台、酒柜、衣柜、存包柜、鞋柜、书柜、厨房壁柜、木壁柜、厨房低柜、厨房吊柜、矮柜、吧台背柜、酒吧吊柜、酒吧台、展台、收银台、试衣间、货架、书架、服务台。

工程量以“个”计量，按设计图示以数量计算；以“m”计量，按设计图示尺寸以延长米计算；以“m^3”计量，按设计图示尺寸以体积计算。

6.15.2　压条、装饰线(编码：011502)

压条、装饰线包括金属装饰线、木质装饰线、石材装饰线、石膏装饰线、镜面玻璃线、铝塑装饰线、塑料装饰线、GRC 装饰线。工程量按设计图示尺寸以长度(m)计算。

6.15.3　扶手、栏杆、栏板装饰(编码：011503)

扶手、栏杆、栏板装饰包括金扶手、栏杆、栏板，硬木扶手、栏杆、栏板，塑料扶手、栏杆、栏板，GRC 栏杆、扶手，金属靠墙扶手，硬木靠墙扶手，塑料靠墙扶手，玻璃栏板。工程量按设计图示尺寸以扶手中心线以长度(包括弯头长度)(m)计算。

6.15.4　暖气罩(编码：011504)

暖气罩包括饰面板暖气罩、塑料板暖气罩、金属暖气罩，按设计图示尺寸以垂直投影面积(不展开)(m^2)计算。

6.15.5　浴厕配件(编码：011505)

浴厕配件包括洗漱台、晾衣架、帘子杆、浴缸拉手、卫生间扶手、毛巾杆(架)、毛巾环、卫生纸盒、肥皂盒、镜面玻璃、镜箱。

1. 工程量计算规则

(1) 洗漱台，按设计图示尺寸以台面外接矩形面积(m^2)计算，不扣除孔洞、挖弯、削角所占面积，挡板、吊沿板面积并入台面面积内；或按设计图示数量“个”计算。

(2) 晾衣架、帘子杆、浴缸拉手、卫生间扶手、卫生纸盒、肥皂盒、镜箱，按设计图示以数量“个”计算。

(3) 毛巾杆(架)，按设计图示以数量“套”计算。

(4) 毛巾环，按设计图示以数量“副”计算。

(5) 镜面玻璃，按设计图示尺寸以边框外围面积(m^2)计算。

2. 相关说明

(1) 洗漱台放置洗面盆处应挖洞、挖弯、削角，计算工程量时不扣除。

(2) 挡板是指镜面玻璃下边沿至洗漱台面和侧墙与台面接触部位的竖挡板。吊沿是指台面外边沿下方的竖挡板。

6.15.6 雨篷、旗杆(编码：011506)

雨篷、旗杆包括雨篷吊挂饰面、金属旗杆、玻璃雨篷。

(1) 雨篷吊挂饰面、玻璃雨篷，按设计图示尺寸以水平投影面积(m^2)计算。

(2) 金属旗杆，按设计图示以数量(根)计算。

6.15.7 招牌、灯箱(编码：011507)

招牌、灯箱包括平面、箱式招牌，竖式标箱，灯箱，信报箱。

(1) 平面、箱式招牌，按设计图示尺寸以正立面边框外围面积(m^2)计算。复杂形的凸凹造型部分不增加面积。

(2) 竖式标箱、灯箱、信报箱，按设计图示数量(个)计算。

6.15.8 美术字(编码：011508)

美术字包括泡沫塑料字、有机玻璃字、木质字、金属字、吸塑字，按设计图示以数量(个)计算。

6.16 拆除工程(编码：0116)

拆除工程包括砖砌体拆除，混凝土及钢筋混凝土构件拆除，木构件拆除，抹灰面拆除，块料面层拆除，龙骨及饰面拆除，屋面拆除，铲除油漆涂料裱糊面，栏杆栏板、轻质隔断隔墙拆除，门窗拆除，金属构件拆除，管道及卫生洁具拆除，灯具、玻璃拆除，其他构件拆除，开孔(打洞)。拆除工程适用于房屋工程的维修、加固、二次装修前的拆除，不适用于房屋的整体拆除。

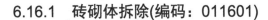

6.16.1　砖砌体拆除(编码：011601)

1. 工程量计算规则

砖砌体拆除，以“m^3”计量，按拆除的体积计算；以“m”计量，按拆除的延长米计算。

2. 相关说明

(1) 砌体名称指墙、柱、水池等。

(2) 项目特征描述中砌体表面的附着物种类是指抹灰层、块料层、龙骨及装饰面层等。

(3) 以“m”计量，如砖地沟、砖明沟等必须描述拆除部位的截面尺寸；以“m^2”计量，截面尺寸则不必描述。

6.16.2　混凝土及钢筋混凝土构件拆除(编码：011602)

混凝土及钢筋混凝土构件拆除包括混凝土构件拆除、钢筋混凝土构件拆除。

1. 工程量计算规则

混凝土构件拆除、钢筋混凝土构件拆除，以“m^3”计量，按拆除构件的混凝土体积(m^3)计算；以“m^2”计量，按拆除部位的面积(m^2)计算；以“m”计量，按拆除部位的延长米(m)计算。

2. 相关说明

(1) 以“m^3”作为计量单位时，可不描述构件的规格尺寸；以“m^2”作为计量单位时，则应描述构件的厚度；以“m”作为计量单位时，则必须描述构件的规格尺寸。

(2) 项目特征描述中构件表面的附着物种类指抹灰层、块料层、龙骨及装饰面层等。

6.16.3　木构件拆除(编码：011603)

1. 工程量计算规则

木构件拆除，以“m^3”计量，按拆除构件的体积计算；以“m^2”计量，按拆除面积计算；以“m”计量，按拆除延长米计算。

2. 相关说明

(1) 拆除木构件应按木梁、木柱、木楼梯、木屋架、承重木楼板等分别在构件名称中描述。

(2) 以“m^3”作为计量单位时，可不描述构件的规格尺寸；以“m^2”作为计量单位时，则应描述构件的厚度；以“m”作为计量单位时，则必须描述构件的规格尺寸。

(3) 项目特征描述中构件表面的附着物种类指抹灰层、块料层、龙骨及装饰面层等。

6.16.4　抹灰面拆除(编码：011604)

抹灰面拆除包括平面抹灰层拆除、立面抹灰层拆除、天棚抹灰面拆除。

1. 工程量计算规则

平面抹灰层拆除、立面抹灰层拆除、天棚抹灰面拆除，按拆除部位的面积(m^2)计算。

2. 相关说明

(1) 单独拆除抹灰层应按“抹灰面拆除”中的项目编码列项。
(2) 项目特征描述中抹灰层种类可描述为一般抹灰或装饰抹灰。

6.16.5 块料面层拆除(编码：011605)

块料面层拆除包括平面块料拆除、立面块料拆除。

1. 工程量计算规则

平面块料拆除、立面块料拆除，按拆除面积(m^2)计算。项目特征描述：拆除的基层类型、饰面材料种类。

2. 相关说明

(1) 如果仅拆除块料层，拆除的基层类型不用描述。

(2) 项目特征描述中拆除的基层类型的描述是指砂浆层、防水层、干挂或挂贴所采用的钢骨架层等。

6.16.6 龙骨及饰面拆除(编码：011606)

龙骨及饰面拆除包括楼地面龙骨及饰面拆除、墙柱面龙骨及饰面拆除、天棚面龙骨及饰面拆除。

1. 工程量计算规则

楼地面龙骨及饰面拆除、墙柱面龙骨及饰面拆除、天棚面龙骨及饰面拆除，按拆除面积(m^2)计算。

2. 相关说明

(1) 项目特征描述中基层类型的描述是指砂浆层、防水层等。
(2) 如仅拆除龙骨及饰面，拆除的基层类型不用描述。
(3) 如果只拆除饰面，不用描述龙骨材料种类。

6.16.7 屋面拆除(编码：011607)

屋面拆除包括刚性层拆除、防水层拆除，按拆除部位的面积(m^2)计算。

6.16.8 铲除油漆涂料裱糊面(编码：011608)

铲除油漆涂料裱糊面包括铲除油漆面、铲除涂料面、铲除裱糊面。

1. 工程量计算规则

铲除油漆面、铲除涂料面、铲除裱糊面，以“m^2”计量，按铲除部位的面积计算；以

“m”计量，按铲除部位的延长米计算。

2. 相关说明

(1) 单独铲除油漆涂料裱糊面的工程按“铲除油漆涂料裱糊面”中的项目编码列项。
(2) 项目特征描述中铲除部位名称的描述是指墙面、柱面、天棚、门窗等。
(3) 按“m”计量，必须描述铲除部位的截面尺寸；以“m^2”计量时，则不用描述铲除部位的截面尺寸。

6.16.9　栏杆栏板、轻质隔断隔墙拆除(编码：011609)

1. 工程量计算规则

(1) 栏杆、栏板拆除，以“m^2”计量，按拆除部位的面积计算；以“m”计量，按拆除部位的延长米计算。
(2) 隔断隔墙拆除，按拆除部位的面积计算。

2. 相关说明

以“m^2”计量，不用描述栏杆(板)的高度。

6.16.10　门窗拆除(编码：011610)

门窗拆除包括木门窗拆除、金属门窗拆除。

1. 工程量计算规则

木门窗拆除、金属门窗拆除，以“m^2”计量，按拆除面积(m^2)计算；以“樘”计量，按拆除樘数计算。项目特征描述：室内高度、门窗洞口尺寸。

2. 相关说明

门窗拆除，以“m^2”计量，不用描述门窗的洞口尺寸。室内高度是指室内楼地面至门窗的上边框。

6.16.11　金属构件拆除(编码：011611)

金属构件拆除包括钢梁拆除、钢柱拆除、钢网架拆除、钢支撑及钢墙架拆除、其他金属构件拆除。工程量计算规则如下。

(1) 钢梁拆除、钢柱拆除，以“t”计量，按拆除构件的质量(t)计算；以“m”计量，按拆除构件的延长米(m)计算。
(2) 钢网架拆除，按拆除构件的质量(t)计算。
(3) 钢支撑及钢墙架拆除、其他金属构件拆除，以“t”计量，按拆除构件的质量(t)计算；以“m”计量，按拆除构件的延长米(m)计算。

6.16.12　管道及卫生洁具拆除(编码：011612)

管道及卫生洁具拆除包括管道拆除、卫生洁具拆除。工程量计算规则如下。

(1) 管道拆除，按拆除管道的延长米(m)计算。
(2) 卫生洁具拆除，按拆除的数量(套或个)计算。

6.16.13 灯具、玻璃拆除(编码：011613)

灯具、玻璃拆除包括灯具拆除、玻璃拆除。

1. 工程量计算规则

(1) 灯具拆除，按拆除的数量(套)计算
(2) 玻璃拆除，按拆除的面积(m^2)计算。

2. 相关说明

拆除部位的描述是指门窗玻璃、隔断玻璃、墙玻璃、家具玻璃等。

6.16.14 其他构件拆除(编码：011614)

其他构件拆除包括暖气罩拆除、柜体拆除、窗台板拆除、筒子板拆除、窗帘盒拆除、窗帘轨拆除。

1. 工程量计算规则

(1) 暖气罩拆除、柜体拆除，以“个”为单位计量，按拆除个数计算；以“m”为单位计量，按拆除延长米计算。
(2) 窗台板拆除、筒子板拆除，以“块”计量，按拆除数量计算；以“m”计量，按拆除的延长米计算。
(3) 窗帘盒拆除、窗帘轨拆除，按拆除的延长米计算。

2. 相关说明

双轨窗帘轨拆除按双轨长度分别计算工程量。

6.16.15 开孔(打洞)(编码：011615)

1. 工程量计算规则

开孔(打洞)，按数量“个”计算。项目特征描述：开孔部位、打洞部位材质、洞尺寸。

2. 相关说明

(1) 开孔部位可描述为墙面或楼板。
(2) 开孔(打洞)部位材质可描述为页岩砖或空心砖或钢筋混凝土等。

6.17 措施项目(编码：0117)

措施项目包括脚手架工程、混凝土模板及支架(撑)、垂直运输、超高施工增加、大型机械设备进出场及安拆、施工排水及降水、安全文明施工及其他措施项目。措施项目可以

分为两类：一类是可以计算工程量的措施项目(即单价措施项目)，如脚手架、混凝土模板及支架(撑)、垂直运输、超高施工增加、大型机械设备进出场及安拆、施工降水及排水等；一类是不方便计算工程量的措施项目(即总价措施项目，可采用费率计取的措施项目)，如安全文明施工费等。

6.17.1　脚手架工程(编码：011701)

脚手架工程包括综合脚手架、外脚手架、里脚手架、整体提升架、外装饰吊篮、悬空脚手架、满堂脚手架、挑脚手架。

1. 工程量计算规则

(1) 综合脚手架，按建筑面积(m^2)计算。项目特征描述：建筑结构形式、檐口高度。

(2) 外脚手架、里脚手架、整体提升架、外装饰吊篮，按所服务对象的垂直投影面积计算。

(3) 悬空脚手架、满堂脚手架，按搭设的水平投影面积计算。

(4) 挑脚手架，按搭设长度乘以搭设层数以延长米计算。

2. 相关说明

(1) 综合脚手架针对整个房屋建筑的土建和装饰装修部分。在编制清单项目时，当列出了综合脚手架项目时，不得再列出外脚手架、里脚手架等单项脚手架项目。综合脚手架适用于能够按《建筑工程建筑面积计算规范》(GB/T 50353—2019)计算建筑面积的建筑工程脚手架，不适用于房屋加层、构筑物及附属工程脚手架。

(2) 同一建筑物有不同的檐高时，按建筑物竖向切面分别按不同檐高编列清单项目。建筑物的檐口高度是指设计室外地坪至檐口滴水的高度(平屋顶系指屋面板底高度)，突出主体建筑物屋顶的电梯机房、楼梯出口间、水箱间、瞭望塔、排烟机房等不计入檐口高度。

(3) 整体提升架包括 2m 高的防护架体设施。

(4) 满堂脚手架应按搭设方式、搭设高度、脚手架材质分别列项。根据《房屋建筑与装饰工程消耗量定额》(TY 01-31—2015)的规定，满堂脚手架高度在 3.6～5.2m 时计算基本层，高度在 5.2m 以上，每增加 1.2m 计算一个增加层，不足 0.6m 按一个增加层乘以系数 0.5 计算。

(5) 脚手架材质可以不描述，但应注明由投标人根据工程实际情况按照国家现行标准《建筑施工扣件式钢管脚手架安全技术规范》(JGJ 130—2011)、《建筑施工附着升降脚手架管理暂行规定》(建建〔2000〕230 号)等规范自行确定。

(6) 脚手架按垂直投影面积计算工程时，不应扣除门窗洞口、空圈等所占面积。工作内容中包括上料平台的，在综合单价中考虑，不单独编码列项。

6.17.2　混凝土模板及支架(撑)(编码：011702)

混凝土模板及支架(撑)包括基础、矩形柱、构造柱、异型柱、基础梁、矩形梁、异型梁、圈梁、过梁、弧形及拱形梁、直形墙、弧形墙、短肢剪力墙及电梯井壁、有梁板、无梁板、平板、拱板、薄壳板、空心板、其他板、栏板、天沟及檐沟、雨篷、悬挑板、阳台板、楼梯、其他现浇构件、电缆沟、地沟、台阶、扶手、散水、后浇带、化粪池、检查井。

1．工程量计算规则

混凝土模板及支架(撑)的工程量计算有两种处理方法：一种是以“m^3”计量的模板及支撑(架)，按混凝土及钢筋混凝土项目执行，其综合单价应包含模板及支撑(架)；另一种是以“m^2”计量，按模板与混凝土构件的接触面积计算。按接触面积计算的规则与方法如下。

(1) 现浇混凝土基础、柱、梁、墙、板等主要构件模板及支架工程量按模板与现浇混凝土构件的接触面积(m^2)计算。

① 现浇钢筋混凝土墙、板单孔面积小于或等于 $0.3m^2$ 的孔洞不予扣除，洞侧壁模板亦不增加；单孔面积大于 $0.3m^2$ 时应予扣除，洞侧壁模板面积并入墙、板工程量内计算。

② 现浇框架分别按梁、板、柱有关规定计算；附墙柱、暗梁、暗柱并入墙工程量内计算。

③ 柱、梁、墙、板相互连接的重叠部分，均不计算模板面积。

④ 构造柱按图示外露部分计算模板面积。

(2) 天沟、檐沟、电缆沟、地沟、散水、扶手、后浇带、化粪池、检查井，按模板与现浇混凝土构件的接触面积(m^2)计算。

(3) 雨篷、悬挑板、阳台板，按图示外挑部分尺寸的水平投影面积(m^2)计算，挑出墙外的悬臂梁及板边不另行计算。

(4) 楼梯，按楼梯(包括休息平台、平台梁、斜梁和楼层板的连接梁)的水平投影面积计算，不扣除宽度小于或等于500mm的楼梯井所占面积，楼梯踏步、踏步板平台梁等侧面模板不另行计算，伸入墙内部分亦不增加。

2．相关说明

(1) 原槽浇灌的混凝土基础、垫层不计算模板工程量。

(2) 若现浇混凝土梁、板支撑高度超过3.6m时，项目特征应描述支撑高度。

(3) 采用清水模板时，应在特征中注明。

(4) 有梁板计算模板与支架(撑)，不另行计算脚手架的工程量。

6.17.3 垂直运输(编码：011703)

垂直运输是指施工工程在合理工期内所需垂直运输机械。

1．工程量计算规则

垂直运输，按建筑面积(m^2)计算，或按施工工期日历天数(天)计算。项目特征描述：建筑物建筑类型及结构形式，地下室建筑面积，建筑物檐口高度、层数。

2．相关说明

(1) 同一建筑物有不同檐高时，按建筑物的不同檐高做纵向分割，分别计算建筑面积，以不同檐高分别编码列项。建筑物的檐口高度是指设计室外地坪至檐口滴水的高度(平屋顶系指屋面板底高度)，突出主体建筑物屋顶的电梯机房、楼梯出口间、水箱间、瞭望塔、排烟机房等不计入檐口高度。

(2) 垂直运输项目工作内容：垂直运输机械的固定装置、基础制作、安装，行走式垂直运输机械轨道的铺设、拆除、摊销。即垂直运输设备基础应计入综合单价，不单独编码列项计算工程量，但垂直运输机械的场外运输及安拆按大型机械设备进出场及安拆编码列项计算工程量。

6.17.4　超高施工增加(编码：011704)

单层建筑物檐口高度超过 20m，多层建筑物超过 6 层时(计算层数时，地下室不计入层数)，可按超高部分的建筑面积计算超高施工增加。

1. 工程量计算规则

超高施工增加，按建筑物超高部分的建筑面积(m^2)计算。项目特征描述：建筑物建筑类型及结构形式；建筑物檐口高度、层数；单层建筑物檐口高度超过 20m、多层建筑物超过 6 层部分的建筑面积。

2. 相关说明

(1) 超高施工增加有两种情况：第一种是已经含在相应的分部分项工程或单价措施项目综合单价内，此时不应单独编码列超高施工增加项目；第二种是没有包含在相应分部分项工程或单价措施项目内的应单独编码列项。

(2) 同一建筑物有不同檐高时，可按不同高度分别计算建筑面积，以不同檐高分别编码列项。其工程量计算按建筑物超高部分的建筑面积计算。

(3) 超高施工增加项目工作内容：建筑物超高引起的人工工效降低以及由于人工工效降低引起的机械降效，高层施工用水加压水泵的安装、拆除及工作台班，通信联络设备的使用及摊销。

6.17.5　大型机械设备进出场及安拆(编码：011705)

大型机械设备进出场及安拆需要单独编码列项，与一般中小型机械不同。一般中小型机械的进出场、安拆的费用已经计入机械台班单价，不应独立编码列项。

1. 工程量计算规则

大型机械设备进出场及安拆，按使用机械设备的数量(台・次)计算。项目特征描述：机械设备名称、机械设备规格型号。

2. 相关说明

(1) 安拆费包括施工机械、设备在现场进行安装拆卸所需人工、材料、机械和试运转费用以及机械辅助设施的折旧、搭设、拆除等费用。

(2) 进出场费包括施工机械、设备整体或分体自停放地点运至施工现场或由一施工地点运至另一施工地点所发生的运输、装卸、辅助材料等费用。

6.17.6　施工排水、降水(编码：011706)

施工排水、降水包括成井、排水及降水。

1. 工程量计算规则

(1) 成井，按设计图示尺寸以钻孔深度(m)计算。

(2) 排水、降水，按排、降水日历天数(昼夜)计算。

2. 相关说明

(1) 相应专项设计不具备时，可按暂估量计算(也可按专业工程暂估价的形式列入其他项目)。

(2) 临时排水沟、排水设施安砌、维修、拆除，已包含在安全文明施工中，不包括在施工排水、降水措施项目中。

6.17.7 安全文明施工及其他措施项目(编码：011707)

安全文明施工及其他措施项目包括安全文明施工、夜间施工及非夜间施工照明、二次搬运、冬雨季施工、地上和地下设施及建筑物的临时保护设施、已完工程及设备保护等。属于总价措施项目，按项列项，不计算工程量。

1. 安全文明施工

安全文明施工(含环境保护、文明施工、安全施工、临时设施)，其包含的具体范围如下。

(1) 环境保护：现场施工机械设备降低噪声、防扰民措施；水泥和其他易飞扬细颗粒建筑材料密闭存放或采取覆盖措施等；工程防扬尘洒水；土石方、建渣外运车辆防护措施等；现场污染源的控制、生活垃圾清理外运、场地排水排污措施；其他环境保护措施。

(2) 文明施工："五牌一图"；现场围挡的墙面美化(包括内外粉刷、刷白、标语等)、压顶装饰；现场厕所便槽刷白、贴面砖，水泥砂浆地面或地砖，建筑物内临时便溺设施；其他施工现场临时设施的装饰装修、美化措施；现场生活卫生设施；符合卫生要求的饮水设备、淋浴、消毒等设施；生活用洁净燃料；防煤气中毒、防蚊虫叮咬等措施；施工现场操作场地的硬化；现场绿化、治安综合治理；现场配备医药保健器材、物品和急救人员培训；现场工人的防暑降温、电风扇、空调等设备及用电；其他文明施工措施。

(3) 安全施工：安全资料、特殊作业专项方案的编制，安全施工标志的购置及安全宣传；"三宝"(安全帽、安全带、安全网)、"四口"(楼梯口、电梯井口、通道口、预留洞)、"五临边"(阳台围边、楼板围边、屋面围边、槽坑围边、卸料平台两侧)，水平防护架、垂直防护架、外架封闭等防护；施工安全用电，包括配电箱三级配电、两级保护装置要求、外电防护措施；起重机、塔吊等起重设备(含井架、门架)和外用电梯的安全防护措施(含警示标志)及卸料平台的临边防护、层间安全门、防护棚等设施；建筑工地起重机械的检验检测；施工机具防护棚及其围栏的安全保护设施；施工安全防护通道；工人的安全防护用品、用具购置；消防设施与消防器材的配置；电气保护、安全照明设施；其他安全防护措施。

(4) 临时设施：施工现场采用彩色、定型钢板，砖、混凝土砌块等围挡的安砌、维修、拆除；施工现场临时建筑物、构筑物的搭设、维修、拆除，如临时宿舍、办公室、食堂厨房、厕所、诊疗所、临时文化福利用房、临时仓库、加工场、搅拌台、临时简易水塔、水池等；施工现场临时设施的搭设、维修、拆除，如临时供水管道、临时供电管线、小型临

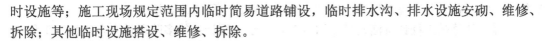

时设施等；施工现场规定范围内临时简易道路铺设，临时排水沟、排水设施安砌、维修、拆除；其他临时设施搭设、维修、拆除。

2. 夜间施工

夜间施工包含的工作内容及范围：夜间固定照明灯具和临时可移动照明灯具的设置、拆除；夜间施工时，施工现场交通标志、安全标牌、警示灯等的设置移动、拆除；夜间照明设备及照明用电、施工人员夜班补助、夜间施工劳动效率降低等。

3. 非夜间施工照明

非夜间施工照明包含的工作内容及范围：为保证工程施工正常进行，在地下室等特殊施工部位施工时所采用的照明设备的安拆、维护、摊销及照明用电等。

4. 二次搬运

由于施工场地条件限制而发生的材料、成品、半成品等一次运输不能到达堆放地点，必须进行的二次或多次搬运。

5. 冬雨季施工

冬雨季施工包含的工作内容及范围：冬雨(风)季施工时增加的临时设施(防寒保温、防雨、防风设施)的搭设、拆除；冬雨(风)季施工时，对砌体、混凝土等采用的特殊加温、保温和养护措施；冬雨(风)季施工时，施工现场的防滑处理、对影响施工的雨雪的清除；冬雨(风)季施工时增加的临时设施、施工人员的劳动保护用品、冬雨(风)季施工劳动效率降低等。

6. 地上、地下设施及建筑物的临时保护设施

地上、地下设施及建筑物的临时保护设施包含的工作内容及范围：在工程施工过程中，对已建成的地上、地下设施及建筑物进行遮盖、封闭、隔离等必要保护措施。

7. 已完工程及设备保护

已完工程及设备保护包含的工作内容及范围：对已完工程及设备采取的覆盖、包裹、封闭、隔离等必要保护措施。

本章小结

2012 年 12 月，住房和城乡建设部发布了《房屋建筑与装饰工程工程量计算规范》(GB 50854—2013)、《仿古建筑工程工程量计算规范》(GB 50855—2013)、《通用安装工程工程量计算规范》(GB 50856—2013)、《市政工程工程量计算规范》(GB 50857—2013)、《园林绿化工程工程量计算规范》(GB 50858—2013)、《矿山工程工程量计算规范》(GB 50859—2013)、《构筑物工程工程量计算规范》(GB 50860—2013)、《城市轨道交通工程工程量计算规范》(GB 50861—2013)、《爆破工程工程量计算规范》(GB 50862—2013)等九个专业的工程量计算规范(以下简称工程量计算规范)，于 2013 年 7 月 1 日起实施，用于规范工程计

量行为，统一各专业工程量清单的编制、项目设置和工程量计算规则。

工程量计算是工程计价活动的重要环节，由于工程计价的多阶段性和多次性，工程计量也具有多阶段性和多次性。工程计量不仅包括招标阶段工程量清单编制中工程量的计算，也包括投标报价以及合同履约阶段的变更、索赔、支付和结算中工程量的计算和确认。

习 题

一、单项选择题

1. 根据《房屋建筑与装饰工程工程量计算规范》(GB 50854—2013)，在三类土中挖基坑不放坡的坑深可达(　　)。

A. 1.2m　　B. 1.3m　　C. 1.5m　　D. 2.0m

2. 根据《房屋建筑与装饰工程工程量计算规范》(GB 50854—2013)规定，关于土方的项目列项或工程量计算正确的是(　　)。

A. 建筑物场地厚度为350mm挖土应按平整场地项目列项

B. 一般土方的工程量通常按开挖虚方体积计算

C. 基础土方开挖需区分沟槽、基坑和一般土方项目分别列项

D. 冻土开挖工程量需按虚方体积计算

3. 根据《房屋建筑与装饰工程工程量计算规范》(GB 50854—2013)，若开挖设计长为20m，宽为6m，深度为0.8m的土方工程，在清单中列项应为(　　)。

A. 平整场地　　B. 挖沟槽　　C. 挖基坑　　D. 挖一般土方

4. 根据《房屋建筑与装饰工程工程量计算规范》(GB 50854—2013)的规定，石材踢脚线工程量应(　　)。

A. 不予计算

B. 并入地面面层工程量

C. 按设计图示尺寸以长度计算

D. 按设计图示长度乘以高度以面积计算

5. 根据《房屋建筑与装饰工程工程量计算规范》(GB 50854—2013)的规定，预制混凝土构件工程量计算正确的是(　　)。

A. 过梁按设计图示尺寸以中心线长度计算

B. 平板按设计图示尺寸以水平投影面积计算

C. 楼梯按设计图示尺寸以体积计算

D. 井盖按设计图示尺寸以面积计算

6. 根据《房屋建筑与装饰工程工程量计算规范》(GB 50854—2013)的规定，现浇混凝土墙工程量应(　　)。

A. 扣除突出墙面部分体积

B. 不扣除面积为0.33m^{2}空洞所占体积

C. 将伸入墙内的梁头计入

D. 扣除预埋铁件体积

7. 外脚手架、里脚手架按照(　　)。

A. 高度

B. 所服务对象的垂直投影面积

C. 所服务对象的建筑面积

D. 搭设的外围垂直投影面积

8. 《房屋建筑与装饰工程工程量计算规范》(GB 50854—2013)中，沟槽是指(　　)。

A. 底宽≤7m 且底长≤3 倍底宽

B. 底宽≤7m 且底长>3 倍底宽

C. 底宽>7m 且底长>3 倍底宽

D. 底宽>7m 且底长≤3 倍底宽

9. 平整场地是指厚度在(　　)毫米以内的挖、填、运、找平。

A. ±30　　B. +300　　C. −300　　D. ±300

10. 某单层混凝土框架厂房工程，层高为 8.9m，檐高为 9.5m，建筑面积为 5 600m^2，该工程的综合脚手架工程量为(　　)。

A. 11 200m^2　　B. 5 600m^2　　C. 16 800m^2　　D. 12 320m^2

二、计算题

1. 某带形基础长 12.8m，基础混凝土垫层宽 0.9m、厚 0.3m；室外地坪标高为−0.45m，混凝土垫层顶面标高为−2.0m；每边工作面为 0.3m，放坡系数 $k=0.5$，计算该挖基槽的清单工程量。

2. 根据《建设工程工程量清单计价规范》(GB 50500—2013)，招标工程量清单中挖土方工程量为 20 000m^3，定额子目工程量为 35 000m^3，挖土方定额人工费 7 元/m^3，材料费 1 元/m^3，机械使用费 2 元/m^3，管理取人、料、机费用之和的 14%，利润率取人、料、机费用与管理费之和的 8%，不考虑其他因素，计算挖土方工程的综合单价。

3. 已知某砖外墙中心线总长 40m，混凝土基础顶面标高−1.6m，室内外高差为 0.3m，墙顶面标高 3.3m，墙厚 0.24m，计算该砖墙工程量。

4. 某工程建筑平面如下图所示，设计楼面做法为 1∶3 水泥砂浆铺贴 300mm × 300mm 地砖面层，计算该地砖楼面的清单工程量。

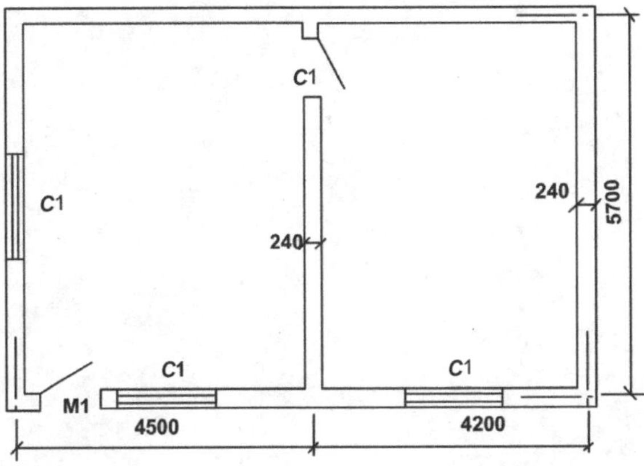

5. 某工程散水尺寸如下图所示，散水宽度为 800mm，计算该散水的清单工程量。

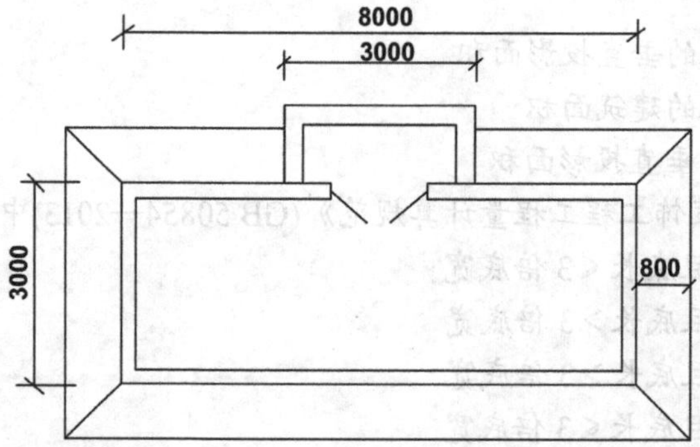

6. 某建筑物女儿墙墙厚 240mm，中轴线尺寸为 10m × 7m，屋面做涂膜防水，立面弯起高度为 400mm，计算该屋面涂膜防水的工程量。

7. 某办公室如下图所示，墙厚均为 240mm，计算该办公室水泥砂浆地面的清单工程量。

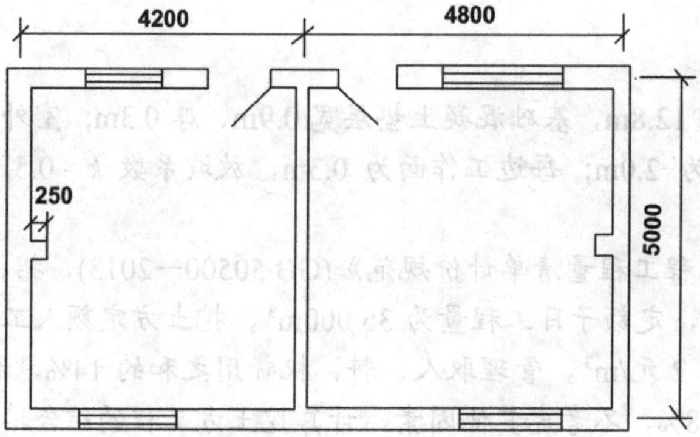

第 7 章

招标投标阶段的工程估价

本章依据《建设工程工程量清单计价规范》(GB 50500—2013)、《招标投标法》及《招标投标法实施条例》等相关法律法规，介绍了招投标过程中招标人和投标人的工程估价实务，包括招标控制价的确定方法、投标价格的估算方法、投标人投标报价的策略、招标人对投标文件的评估等内容。

7.1　招标方的工程估价

工程招标是招标人选择工程承包商、确定工程合同价格的过程。招标人在组织工程招标过程中，最重要的工作是编制招标文件和确定合同价格。为了合理地确定合同价格，招标人可以确定某个价格作为评标的依据，并组织工程招标。

7.1.1　招标标底概述

1．标底的概念

招标标底是招标人对拟建工程的期望价格，也是招标人用来衡量投标人投标报价的基准价格。从广义上讲，标底包括标底价格、标底工期和标底质量等级；从狭义上讲，标底专指标底价格。本节介绍的是狭义的招标标底，即标底价格。

按照国家建设行政主管部门的有关规定，招标标底由具有编制招标文件能力的招标人或其委托的具有相应资质的工程造价咨询机构、招标代理机构编制。

在工程招标中，标底不是招标的必备文件。招标人可以自行确定是否编制标底，如编制了标底，评标时要参考标底对投标人的投标报价进行评判；如未编制标底就开始招标，则称为无标底招标。

2．标底的编制原则

(1)　根据设计图纸及有关资料、招标文件，参照国家规定的技术规范、定额规范，确定工程量和编制标底。

(2) 标底价格应由成本、利润、税金组成，一般应控制在批准的总概算(或修正概算)限额内。

(3) 标底价格作为建设单位的期望价格，应力求与市场的实际变化相吻合，要有利于竞争和保证工程质量。要按照市场行情，客观、公正地确定实际标底价格。

(4) 标底价格应考虑人工、材料、机械台班等价格变动因素，还应包括施工不可预见费、包干费用和措施费等。工程质量高于国家质量要求的，还应增加相应费用。

(5) 一个工程只能编制一个标底。

(6) 招标人设有标底的，标底在开标前必须保密。招标人或其委托的标底编制单位泄露标底的，要按招标投标法的有关规定处罚。

3. 标底的估算方法

标底估价方法的选择应满足招标文件的要求。若工程拟采用总价合同，标底的编制可以根据招标文件的要求，选择工料单价法或综合单价法；若采用单价合同，标底的编制应该采用综合单价法。

随着我国招标方式的变化，招标控制价以其优势逐渐取代标底进行工程招标。

7.1.2 招标控制价

招标控制价是招标人根据国家或省级、行业建设主管部门颁发的有关计价依据和办法，以及拟定的招标文件和招标工程量清单，结合工程具体情况编制的招标工程的最高投标限价。

1. 招标控制价的编制原则

现行计价规范规定，国有资金投资的建设工程招标，招标人必须编制招标控制价。招标控制价应由具有编制能力的招标人或受其委托具有相应资质的工程造价咨询人编制和复核。工程造价咨询人接受招标人的委托编制招标控制价，不得就同一工程再接受投标人委托编制投标报价。

2. 招标控制价的编制依据

(1) 现行《建设工程工程量清单计价规范》(GB 50500—2013)。
(2) 国家或省级、行业建设主管部门颁发的计价定额和计价办法。
(3) 建设工程设计文件及相关资料。
(4) 拟定的招标文件及招标工程量清单。
(5) 建设项目相关的标准、规范、技术资料。
(6) 施工现场情况、工程特点及常规施工方案。
(7) 工程造价管理机构发布的工程造价信息，无工程造价信息时，参照市场价。
(8) 其他的相关资料。

3. 招标控制价的编制

1) 分部分项工程费的确定

分部分项工程费由各分项工程的综合单价与对应的工程量(清单所列工程量)相乘后汇

总而得。

综合单价应根据拟分定的招标文件和招标工程量清单项目中的特征描述及有关要求确定，综合单价还应包括招标文件中划分的应由投标人承担的风险范围及其费用。工程量按国家有关行政主管部门颁布的不同专业的工程量计算规范确定。

如招标文件提供了暂估单价材料的，按暂估价计入综合单价。

2)　措施项目费的确定

措施项目应按招标文件中提供的措施项目清单确定，措施项目采用分部分项工程综合价形式进行计价的工程量，应按措施项目清单中的工程量确定综合单价。以“项”为单位方式计价的，价格包括除规费、税金以外的全部费用。措施项目费中的安全文明施工费应按照国家或省级、行业建设主管部门的规定标准计价。

3)　其他项目费的确定

(1)　暂列金额。应按招标工程量清单中列出的金额填写。

(2)　暂估价。暂估价中的材料、工程设备单价、控制价应按招标工程量清单列出的单价计入综合单价。

(3)　暂估价专业工程金额应按招标工程量清单中列出的金额填写。

(4)　计日工。编制招标控制价时，对计日工中的人工单价和施工机械台班单价应按省行业建设主管部门或其授权的工程造价管理机构公布的单价计算；材料应按工程造价管理机构发布的工程造价信息中的材料单价计算，对工程造价信息中未发布材料单价的材料，其价格应按市场调查确定的单价计算。

(5)　总承包服务费。编制招标控制价时，总承包服务费应按照省级或行业建设主管部门的规定计算，或参考相关规范计算。在现行计价规范条文说明中，总承包服务费的参考值如下所示。

①　当招标人仅要求总包人对其发包的专业工程进行现场协调和统一管理、对竣工资料进行统一汇总整理等服务时，总包服务费按发包的专业工程估算造价的 1.5%左右计算。

②　当招标人要求总包人对其发包的专业工程既进行总承包管理和协调，又提供相应的配合服务时，总承包服务费根据招标文件列出的配合服务内容，按发包的专业工程估算造价的 3%～5%计算。

③　招标人自行供应材料、设备的，按招标人供应材料、设备价值的 1%计算。暂列金额、暂估价如招标工程量清单未列出金额或单价时，编制招标控制价时必须明确。

4)　规费和税金的确定

规费和税金应按国家或省级、行业建设主管部门规定的标准计算。

7.1.3　招标控制价的应用

招标人应在招标文件中如实公布招标控制价，不得对所编制的招标控制价进行上浮或下调。为体现招标的公开、公平、公正，防止招标人有意抬高或压低工程造价，给投标人以错误信息，招标人在招标文件中应公布招标控制价各组成部分的详细内容，不得只公布招标控制价总价，并应将招标控制价报工程所在地工程造价管理机构备查。

7.2 投标方的工程估价

工程投标是投标人通过投标竞争，获得工程承包权的一种方法。投标人在参与工程投标过程中，最重要的工作是编制投标文件和确定投标报价。本节主要介绍投标价格的估算、报价的策略。

7.2.1 投标价的估算

1．投标价概述

投标价是投标人投标时，响应招标文件要求所报出的对已标价工程量清单汇总后表明的总价。它是投标人对拟建工程的期望价格，其价格由成本、利润和税金及招标文件中划分的应由投标人承担的风险范围及其费用构成。

投标价格的高低，直接影响到投标人是否能够中标。因此，投标价估算的准确性，取决于对拟建工程的工程成本估算的准确性及利润控制的合理性。

2．投标价格的编制依据

(1) 现行《建设工程工程量清单计价规范》(GB 50500—2013)。

(2) 国家或省级、行业建设主管部门颁发的计价办法。

(3) 企业定额，国家或省级、行业建设主管部门颁发的计价办法。

(4) 招标文件、招标工程量清单及其补充通知、答疑纪要。

(5) 建设工程设计文件及相关资料。

(6) 施工现场情况、工程特点及投标时拟定的施工组织设计或施工方案。

(7) 与建设项目相关的标准、规范等技术资料。

(8) 市场价格信息或工程造价管理机构发布的工程造价信息。

(9) 其他的相关资料。

3．投标价编制的基本原则

(1) 投标价应由投标人或受其委托具有相应资质的工程造价咨询人员编制。

(2) 投标人应依据行业部门的相关规定自主确定投标报价。

(3) 执行工程量清单招标的，投标人必须按招标工程量清单填报价格。项目编码、项目名称、项目特征、计量单位、工程量必须与招标工程量清单一致。

(4) 投标人的投标报价不得低于工程成本。

(5) 投标人的投标报价高于招标控制价的应视为废标。

4．投标价的一般要求

投标人编制投标价格时，与编制施工图预算相似，但不同之处如下。

(1) 当预算工程量与清单工程量的计算量有差异时，工程量应按清单量执行，但综合单价中应将预算工程量对应的工程成本包括在其中(称之为组价)。

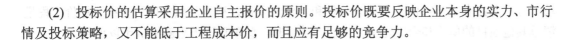

(2) 投标价的估算采用企业自主报价的原则。投标价既要反映企业本身的实力、市行情及投标策略，又不能低于工程成本价，而且应有足够的竞争力。

7.2.2　投标价的编制

投标人编制投标价格，可以采用工料单价法或综合单价法。编制方选用取决于招标文件规定的合同形式。当拟建工程采用总价合同形式时，投标人应按规定对整个工程涉及的工作内容做出总报价。当拟建工程采用单价合同形式时，投标人关键是正确估算出各分部分项工程项目的综合单价。

1. 工程量清单投标价的编制

1)　分部分项工程和措施项目

(1) 分部分项工程和措施项目中的综合单价。

① 确定依据。投标人投标报价时应依据招投标工程量清单项目的特征描述确定清单项目的综合单价。在招投标过程中，当出现招标工程量清单特征描述与设计图纸不符时，投标中人应以招标工程量清单的项目特征描述为准，确定投标报价的综合单价。若在施工中施工图纸或设计变更导致项目特征与招标工程量清单项目特征描述不一致时，发承包双方应按实际施工的项目特征依据合同约定重新确定综合单价。

② 材料、工程设备暂估价。招标工程量清单中提供了暂估单价的材料、工程设备，按暂估的单价进入综合单价。

③ 风险费用。招标文件中要求投标人承担的风险内容和范围，投标人应将其考虑到综合单价中。在施工过程中，当出现的风险内容及其范围(幅度)在招标文件规定的范围内时，合同价款不作调整。

(2) 措施项目中的总价项目的规定。由于各投标人拥有的施工装备、技术水平和采用的施工方法有所差异，招标人提出的措施项目清单是根据一般情况确定的，投标人投标时应根据自身编制的投标施工组织设计(或施工方案)确定措施项目，投标人根据投标施工组织设计(或施工方案)调整和确定的措施项目应通过评标委员会的评审。措施项目中的安全文明施工费应按照国家或省级、行业建设主管部门的规定计算，不作为竞争性费用。

2)　其他项目费

(1) 暂列金额应按照招标工程量清单中列出的金额填写，不得变动。

(2) 暂估价不得变动和更改。暂估价中的材料、工程设备必须按照暂估单价计入综合单价；专业工程暂估价必须按照招标工程量清单中列出的金额填写。

(3) 计日工应按照招标工程量清单列出的项目和估算的数量，自主确定综合单价并计算计日工金额。

(4) 总承包服务费应根据招标工程量列出的专业工程暂估价内容和供应材料、设备情况，按照招标人提出的协调、配合与服务要求和施工现场管理需要自主确定。

3)　规费和税金

必须按国家或省级、行业建设主管部门的规定计算，不得作为竞争性费用。

2. 投标价编制注意要点

(1) 招标工程量清单与计价表中列明的所有需要填写单价和合价的项目，投标人均应填写且只允许有一个报价。未填写单价和合价的项目，视为此项费用包含在已标价工程量清单其他项目的单价和合价之中。当竣工结算时，此项目不得重新组价予以调整。

(2) 投标总价应当与分部分项工程费、措施项目费、其他项目费和规费、税金的合计一致，即投标人在进行工程量清单招标报价时，不能进行投标总价的优惠(或降价、让利)，投标人对投标报价的任何优惠(或降价、让利)均应反映在相应清单项目的综合单价中。

7.2.3 投标报价的策略

投标人在投标报价时，不仅要充分考虑各种因素对投标报价的影响，而且可以恰当地运用投标报价的策略。投标报价时的策略有很多，如不平衡报价法、多方案报价法、先亏后盈法、增加建议方案法、突然降价法等。不同的投标报价策略，都有一定的适用范围，恰当地使用报价策略，会使投标人增加中标机会、减少工程风险、增加工程利润。但是各种报价策略也可能给投标人带来风险和损失。例如，过分的不平衡报价，其报价可能被认定为废标；采用低报价、高索赔的策略时，也可能因无法得到高额索赔而受损失。因此，一定要谨慎选择和采用投标报价策略。

1. 不平衡报价法

不平衡报价法是拟建工程采用单价合同形式时经常采用的投标报价策略。它是指一个工程项目的投标报价，在总价基本确定后，通过调整内部各个项目的报价，达到既不提高总价，又不影响中标的可能性，而且能在结算时得到最理想的经济效益的一种报价方法。

2. 多方案报价法

多方案报价法是承包人发现招标文件、工程说明书或合同条款不够明确，或条款不太公正，技术规范要求过于苛刻时，为争取达到修改工程说明书或合同的目的而采用的一种报价方法。当工程说明书或合同条款有不够明确之处时，承包人往往可能会承担较大的风险，为了减少风险就须提高单价，增加不可预见费，但这样做又会因报价过高而增加投标失败的可能性。运用多方案报价法，是要在充分估计投标风险的基础上，按多个投标方案进行报价，即在投标文件中报两个价，即按原工程说明书和合同条件报一个价，然后再提出如果工程说明书或合同条件可作某些改变时，可以按另一个较低的报价(需加以注释)。这样可使报价降低，吸引招标人。当然采用这种策略的前提是招标文件允许提交备选投标报价。

3. 先亏后盈法

当承包商想占领某新的市场或想在某一地区打开局面，可能会采用这种不惜代价、降低投标价格的手段，目的是以低价甚至亏本进行投标，只求中标。但采用这种方法的承包人，必须要有十分雄厚的实力、较好的资信条件，这样才能不断地扩大企业的市场份额。

7.3 投标文件的评审

招标人应按照国家和部门的相关规定，对投标人提交的投标文件进行认真评审，以保证合理性地选择中标人。

7.3.1　评标的基本要求

1. 评标基本原则

(1) 评标活动遵循公平、公正、科学、择优的原则。

(2) 评标活动依法进行，任何单位和个人不得非法干预或者影响评标过程和结果。

(3) 招标人应当采取必要措施，保证评标活动在严格保密的情况下进行。

(4) 评标活动及其当事人应当依法接受相关部门的监督管理。

2. 评标委员会组成与相关规定

(1) 评标委员会由招标人负责组建。评标委员会成员名单一般应于开标前确定，评标委员会成员名单在中标结果确定前应当保密。

(2) 评标委员会由招标人或其委托的招标代理机构熟悉相关业务的代表，以及有关技术、经济等方面的专家组成，成员人数为五人以上单数，其中技术、经济等方面的专家不得少于成员总数的 2/3。

(3) 一般项目，评标委员会的专家成员应当从评标专家库内相关专业的专家名单中以随机抽取方式确定；技术特别复杂、专业性要求特别高或者国家有特殊要求的招标项目，采取随机抽取方式确定的专家难以胜任的，可以由招标人直接确定。

(4) 评标委员会成员应当依照规定的评标标准和方法，客观、公正地对投标文件提出评审意见。

3. 评标的准备工作

评标前，招标人或者其委托的招标代理机构应当向评标委员会提供评标所需的重要信息和数据。评标委员会成员应当编制供评标使用的相应表格，认真研究招标文件，熟悉招标的目标，招标项目的范围和性质，招标文件中规定的主要技术要求、标准和商务条款及招标文件规定的评标标准、评标方法和在评标过程中需考虑的相关因素等。

7.3.2　投标文件的评审

根据国家的现行法律法规，投标文件的评审分为初步评审和详细评审两个阶段。

1. 初步评审

初步评审包括标书形式评审、投标人资格评审、投标内容响应性评审和施工组织与项目管理机构评审等内容，并根据招标文件确定投标文件偏差性质，做出相应的处理。

1) 投标重大偏差

(1) 投标文件未经投标单位盖章和单位负责人签字。

(2) 投标联合体没有提交共同投标协议。

(3) 投标人不符合国家或者招标文件规定的资格条件。

(4) 同一投标人提交两个以上不同的投标文件或者投标报价，但招标文件要求提交备选投标的除外。

(5) 投标报价低于成本或者高于招标文件设定的最高投标限价。

(6) 投标文件没有对招标文件的实质性要求和条件做出响应。

(7) 投标人有串通投标、弄虚作假、行贿等违法行为。

投标文件有上述情形之一的即为投标文件出现重大偏差，视为未能对招标文件作出实质性响应，按废标处理。

2) 投标细微偏差

细微偏差是指投标文件在实质上响应招标文件要求，但在个别地方存在漏项或者提供了不完整的技术信息和数据等情况，并且补正这些遗漏或者不完整不会对其他投标人造成不公平的结果。细微偏差不影响投标文件的有效性。

评标委员会应当书面要求存在细微偏差的投标人在评标结束前予以补正。拒不补正的，在详细评审时可以对细微偏差做不利于该投标人的量化，量化标准应当在招标文件中规定。

3) 投标文件的澄清与说明

评标委员会可以书面方式要求投标人对投标文件中含义不明确、对同类问题表述不一致或者有明显文字和计算错误的内容做必要的澄清、说明或者补正。澄清、说明或者补正应以书面方式进行，并不得超出投标文件的范围或者改变投标文件的实质性内容，具体做法如下。

(1) 金额与文字文本错误。投标文件中的大写金额和小写金额不一致的，以大写金额为准；总价金额与单价金额不一致的，以单价金额为准，但单价金额小数点有明显错误的除外；对不同文字文本投标文件的解释发生异议的，以母语(我国为中文)文本为准。

(2) 标价明显低于其他报价。评标委员会发现投标人的报价明显低于其他投标报价或者在设有标底时明显低于标底，使得其投标报价可能低于其个别成本的，应当要求该投标人作出书面说明并提供相关证明材料。投标人不能合理说明或者不能提供相关证明材料的，由评标委员会认定该投标人以低于成本报价竞标，其投标应作废标处理。

(3) 其他。投标人资格条件不符合国家有关规定和招标文件要求的，或者拒不按照要求对投标文件进行澄清、说明或者补正的，评标委员会可以否决其投标。

2. 标价的详细评审

详细评审是评标委员会对初步评审合格的投标文件，根据招标文件确定的评标标准和方法，对其技术部分和商务部分进一步评审、比较。

详细评标方法主要包括经评审的最低投标价法和综合评估法。

1) 经评审的最低投标价法

采用经评审的最低投标价法，评标委员会应当根据招标文件中规定的评标价格调整加法，对所有能够满足招标文件的实质性要求的投标文件的投标报价以及投标文件的商务部分作必要的价格调整，并按照经评审的投标价由低到高的顺序推选中标候选人。

由于中标人的投标应符合招标文件规定的技术要求和标准，故采用经评审的最低投标价法的，评标委员会无须对投标文件的技术部分进行价格折算。

(1) 适用范围。经评审的最低投标价法一般适用于具有通用技术、性能标准或者招标人对其技术、性能没有特殊要求的招标项目。

(2) 评审方法。①首先对标价进行调整。调整的因素影响通常以一个折算价表示，对招标人有利的因素调整后折算价为负值，对招标人不利的因素调整后折算价为正值。调整方法按照招标文件中规定的量化因素与量化标准执行。量化因素一般包括工期提前、投标人的公信度、投标人同时投多个标段，且已有一个标段中标以及其他条件下的优惠，各量化因素的标准(通常是百分比或分值)由招标文件规定。②将评审后的投标报价(评标价)由低到高对投标人排序，推荐中标候选人。③经评审的最低投标价法完成详细评审后，评标委员会将拟定一份“标价比较表”，连同书面评标报告一起提交给招标人。该表应标明投标人的投标报价、对商务偏差的价格调整和说明、经评审的最终投标价。

(3) 计算方法。不同项目、不同省份的经评审的最低投标价法的调整量化因素与量化标准略有不同，计算公式也有一定差异，如某省采用经评审的最低投标价法的评标价为

$$评标价 = 算数修正后的投标总价 \pm 折算价格 - 规费 - 安全文明施工费 \tag{7.3.1}$$

2) 综合评估法

综合评估法是指评标委员会对满足招标文件的实质性要求的投标文件，按照规定的评分标准进行打分，并按得分由高到低的顺序推荐中标候选人的方法。

(1) 适用范围。不宜采用经评审的最低投标价法的招标项目，一般应当采取综合评估法进行评审。

(2) 评审方法。①衡量投标文件是否最大限度地满足招标文件中规定的各项评价标准，可以采取折算为货币的方法、打分的方法或者其他方法。需量化的因素及其权重应当在招标文件中明确规定。②评标委员会对各个评审因素进行量化时，应当将量化指标建立在同一基础或者同一标准上，使各投标文件具有可比性。③若综合评分相等，以投标报价低的优先，若投标报价相同时，由招标人自行确定。④根据综合评估法完成评标后，评标委员会将拟定一份“综合评估比较表”，连同书面评标报告提交招标人。该表标明投标人的投标报价、所作的任何修正、对商务偏差的调整、对技术偏差的调整、对各评审因素的评估以及对每一投标的最终评审结果。

(3) 计算方法。对技术部分和商务部分进行量化后，计算投标的综合评估分。

① 偏差率计算。在评标过程中，应对各个投标文件按下式计算投标报价偏差率：

$$偏差率 = \frac{投标人报价 - 评标基准价}{评标基准价} \times 100\% \tag{7.3.2}$$

评价基准价在投标人须知前附表中明确，也可适当考虑投标人的投标报价确定。

② 详细评审过程。评标委员会按分值构成与评分标准规定的量化因素和分值进行打分，并计算出各标书综合评估得分。

设：按规定的评审因素和标准对施工组织设计计算出的得分为 A，对项目管理机构计算出的得分为 B，对投标报价计算出的得分为 C，对其他部分计算出的得分为 D，则：

$$投标人得分 = A + B + C + D \tag{7.3.3}$$

评分分值计算保留小数点后两位，小数点后第三位“四舍五入”。由评委对各投标人的标书进行评分后，总得分最高的投标人为中标候选人。

本 章 小 结

建筑项目招投标是工程造价人员的一项重要的工作。工程招标是招标人选择工程承包商、确定工程合同价格的过程。招标人在组织工程招标的过程中，最重要的工作是编制招标文件和确定合同价格。

我国建设工程项目投标报价有定额计价模式和工程量清单计价模式两种投标报价方法。投标企业要根据具体的工程项目、自身的竞争力以及当时当地的建设市场环境对某一项工程的投标进行决策，选取适当的投标策略和报价技巧。

习　题

1. 下列关于招标代理的叙述中，错误的是(　　)。
   A. 招标人有权自行选择招标代理机构，委托其办理招标事宜
   B. 招标人具有编制招标文件和组织评标能力的，可以自行办理招标事宜
   C. 任何单位和个人不得以任何方式为招标人指定招标代理机构
   D. 建设行政主管部门可以为招标人指定招标代理机构
2. 根据《中华人民共和国招标投标法》(简称《招标投标法》)的有关规定，两个以上法人或者其他组织组成一个联合体，以一个投标人的身份共同投标是(　　)。
   A. 联合投标　B. 共同投标　C. 合作投标　D. 协作投标
3. 下列选项中(　　)不是关于投标的禁止性规定。
   A. 投标人之间串通投标　B. 投标人与招标人之间串通投标
   C. 招标者向投标者泄露标底　D. 投标人以高于成本的报价竞标
4. 在关于投标的禁止性规定中，投标者之间进行内部竞价，内定中标人，然后再参与投标属于(　　)。
   A. 投标人之间串通投标　B. 投标人与招标人之间串通投标
   C. 投标人以行贿的手段谋取中标　D. 投标人以非法手段骗取中标
5. 根据《招标投标法》的有关规定，下列不符合开标程序的是(　　)。
   A. 开标应当在招标文件确定的提交投标文件截止时间的同一时间公开进行
   B. 开标地点应当为招标文件中预先确定的地点
   C. 开标由招标人主持，邀请所有投标人参加
   D. 开标由建设行政主管部门主持，邀请所有投标人参加
6. 根据《招标投标法》的有关规定，评标委员会由招标人的代表和有关技术、经济等方面的专家组成，成员人数为(　　)以上(单数)，其中技术、经济等方面的专家不得少于成员总数的三分之二。
   A. 3人　B. 5人　C. 7人　D. 9人
7. 根据《招标投标法》的有关规定，(　　)应当采取必要的措施，保证评标在严格保密的情况下进行。
   A. 招标人　B. 评标委员会
   C. 工程所在地建设行政主管部门　D. 工程所在地县级以上人民政府
8. 可调价合同使建设单位承担的风险是(　　)。
   A. 气候条件恶劣　B. 地质条件恶劣　C. 通货膨胀　D. 政策调整
9. 在采用成本加酬金合同价时，为了有效地控制工程造价，下列形式中最好采用(　　)。
   A. 成本加固定金额酬金　B. 成本加固定百分比酬金
   C. 成本加最低酬金　D. 最高限额成本加固定最大酬金

第 8 章

合同价款的确定与工程结算

本章以中华人民共和国住房与城乡建设部发布的《建设工程工程量清单计价规范》(GB 50500—2013)、财政部与住房和城乡建设部印发的《建设工程价款结算暂行办法》(财建〔2004〕369 号)为主要依据，介绍了建设工程合同价款的确定与调整、工程结算的相关规定与计算方法。

8.1　合同价款的确定

8.1.1　合同价款的类型

建筑工程合同一般分为总价合同、单价合同和成本加酬金合同三大类，由于成本加金合同主要适用于时间特别紧迫来不及进行详细的计划和商谈的工程以及工程施工技术特别复杂的建设工程，因此本节着重介绍工程中应用最普通的前两类合同及对应的合同价款。

1．总价合同价款

总价合同是指支付给承包方的工程款项在承包合同中是一个规定的金额。其价款的高低是以设计图纸和工程说明书为依据，由承包方与发包方经过协商确定的。

总价合同中的合同价一般固定不变，因此，总价合同对承包方具有一定风险。该合同类型一般适用于建设规模不大、技术难度较低、工期较短、施工图纸已审查批准的工程项目。

在实际工程中，为合理分摊风险，有时也采用“可调总价合同”形式，即在报价及签约时，按招标文件的要求和当时的物价计算合同总价，但在合同条款中增加调价条款。合同执行过程中如果出现通货膨胀，导致所用的工料成本大幅度增加，合同价款就可以按约定的调价条款作相应调整。

2．单价合同价款

单价合同是指承包方按发包方提供的工程量清单内的分部分项工程内容填报单价，并据此签订承包合同，而实际总价则是根据实际完成的工程量与合同单价通过计算确定的，合同履行过程中无特殊情况，一般不得变更单价。

单价合同在执行过程中，工程量清单中的分部分项工程量允许有上下的浮动变化，分部分项工程的合同单价不变，结算支付时以实际完成工量为依据，因此，实际工程的价款可能大于原合同价款，也可能小于原合同价款。

同样，为了合理分摊风险，根据合同约定的条款，如在工程实施过程中工程成本发生了大幅度变化时，单价也可作适当调整，即可调价单价合同，具体操作方法见后续章节。

8.1.2 合同价款的确定方法

合同价款依据招标方式的不同，确定方法也略有差异。现行计价规范规定如下。

(1) 实行招标的工程合同价款应在中标通知书发出之日起 30 天内，由发、承包双方依据招标文件和中标人的投标文件在书面合同中约定。

(2) 不实行招标的工程合同价款，应在发、承包双方认可的工程价款的基础上，由发、承包双方在合同中约定。

8.2 合同价款的调整

引起合同价款变化的影响因素很多，大致分为工程变更类、物价变化类、法规变化类、工程索赔类及其他类。当合同价款发生变化时，应进行合理的调整，以确保合同价款的合理性。

8.2.1 工程变更的价格调整

由于施工条件变化和发包人要求变化等原因，往往会发生合同约定的工程材料性质和品种、建筑物结构形式、施工工艺和方法等的变动，导致工程变更的发生。

1. 已标价工程量清单项目或其工程数量的变更

因工程变更引起已标价工程量清单项目或其工程数量发生变化时，调整方法如下。

(1) 已标价工程量清单中有适用于变更工程项目的，应采用该项目的单价；当工程变更导致该清单项目的工程数量发生变化，且工程量偏差超过 15%时，单价的调整方法将在“工程量偏差”部分介绍。

(2) 已标价工程量清单中没有适用但有类似于变更工程项目的，可在合理范围内参照类似项目的单价。

(3) 已标价工程量清单中没有适用也没有类似于变更工程项目的，应由承包人根据变更工程资料、计量规则和计价办法、工程造价管理机构发布的信息价格和承包人报价浮动率提出变更工程项目的单价，并报发包人确认后调整。对招标工程，承包人报价浮动率按下式计算：

$$\text{承包人报价浮动率}(L)=(1-\text{中标价}\div\text{招标控制价})\times 100\% \tag{8.2.1}$$

根据报价浮动率计算变更工程项目综合单价的公式为

$$\text{变更工程项目综合单价}=(\text{人工费}+\text{材料费}+\text{施工机具使用费}+\text{管理费}+\text{利润})\times(1-L) \tag{8.2.2}$$

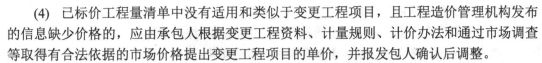

(4) 已标价工程量清单中没有适用和类似于变更工程项目，且工程造价管理机构发布的信息缺少价格的，应由承包人根据变更工程资料、计量规则、计价办法和通过市场调查等取得有合法依据的市场价格提出变更工程项目的单价，并报发包人确认后调整。

【例 8.1】某工程招标控制价为 9 845 629 元，中标人的投标报价为 9 328 810 元，施工过程中，发现工程量清单已标价项目中清单项无 A 项目单价。工程造价管理机构发布的 A 项目的主材单价为 20 元/m^2，该项目所在地该项目的人工费为 3.78 元，其他材料费为 0.8 元，管理费和利润为 1.15 元，试估算该项目的变更综合单价。

解：承包人报价浮动率=(1 − 9 328 810÷9 845 629)×100% = 5.25%

估算的变更综合单价 = (3.78 + 20 + 0.8 + 1.15)×(1 − 5.25%) = 24.38(元)

2. 措施项目的变更

工程变更引起施工方案改变并使措施项目发生变化时，承包人提出调整措施项目费的，应将拟实施的方案提交发包人确认，并详细说明与原方案措施项目相比的变化情况。拟实施的方案经发承包双方确认后执行，按照下列规定调整措施项目费。

(1) 安全文明施工费应按照实际发生变化的措施项目计算。

(2) 采用单价计算的措施项目费，应按照实际发生变化的措施项目计价，方法同已标价工程量清单项目的变更的相关规定确定单价。

(3) 按总价(或系数)计算的措施项目费，按照实际发生变化的措施项目调整，但应考虑承包人报价浮动因素，即调整部分的金额为实际发生的金额乘以承包人报价浮动率。

如果承包人未将拟实施的方案提交给发包人确认，则应视为工程变更不引起措施项目费的调整或承包人放弃调整措施项目费的权利。

3. 发包人提出的变更

当发包人提出的工程变更因非承包人原因删减了合同中的某项原定工作或工程，致使承包人发生的费用或(和)得到的收益不能被包括在其他已支付或应支付的项目中，也未包含在任何替代的工作或工程中时，承包人有权提出并应得到合理的费用及利润补偿。

8.2.2 工程量偏差的价格调整

施工过程中，由于不同原因可能导致实际工程量与工程量清单工程量出现偏差。当工程量增加太多时，按原综合单价计价，对发包人不公平；而当工程量减少太多时，按原综合单价计价，对承包人不公平，因此要视不同情况对投标的综合单价进行调整。

1. 分部分项工程量价款的调整

1) 价款调减

当实际工程量增加偏差超过 15%时，增加部分的工程量的综合单价应予以调低，调整方法为

当 $Q_1>1.15Q_0$ 时，

$$S = 1.15Q_0 \times P_0 + (Q_1 - 1.15Q_0) \times P_1 \tag{8.2.3}$$

式中，S——调整后的某一分部分项工程费结算价；

Q_0——招标工程量清单中列出的工程量；

Q_1——最终完成的工程量；

P_0——承包人在工程量清单中填报的综合单价(投标综合单价)；

P_1——按照最终完成工程量重新调整后的综合单价。

2) 价款调增

当实际工程量减少偏差超过15%时，工程量的综合单价应予以调高，调整方法为当$Q_1<0.85Q_0$时，

$$S=Q_1\times P_1 \tag{8.2.4}$$

P_1确定的方法一是发、承包双方协商确定；二是将投标综合单价与招标控制价综合单价进行比较分析后确定。

采用第二种方法时，除清单工程量与实际工程量变化偏差应超过15%外，还应满足偏差项目的投标综合单价与招标控制价的综合单价偏差也超过15%才能进行调价。工程量偏差项目综合单价的调整根据投标综合单价的高低又可分两种情况。

(1) 投标综合单价(P_0)＜招标控制价综合单价(P_2)，

① 当$P_2\times(1-L)\times(1-15\%)\leqslant P_0<P_2$时， (8.2.5)

合同单价不调整。

② 当$P_0<P_2\times(1-L)\times(1-15\%)$时，

$$P_1=P_2(1-L)\times(1-15\%) \tag{8.2.6}$$

式中，L——承包人报价浮动率，按式(8.2.1)计算。

(2) 投标综合单价(P_0)＞招标控制价综合单价(P_2)，

① 当$P_2<P_0\leqslant P_2\times(1+15\%)$时，

合同单价不调整。

② 当$P_0>P_2\times(1+15\%)$时，

$$P_1=P_2\times(1+15\%) \tag{8.2.7}$$

【例8.2】某工程项目混凝土构件的招标工程量清单数量为1 520m³，施工中由于设计变更，工程量数量调增为1 824m³，该项目招标控制价的综合单价为350元，投标报价的综合单价为406元，求混凝土构件的结算价格。

解：工程量变化偏差=(1 824－1 520)÷1 520＝20%＞15%满足$Q_1>1.15Q_0$

投标综合单价与招标控制价综合单价的偏差＝(406－350)÷350＝16%＞15%

符合调价条件。因P_0＝406元，P_2＝350元，$P_0>P_2$

$P_2\times(1+15\%)=350\times1.15=402.50$(元)，$P_0>P_2\times(1+15\%)$

按式(8.2.8)，P_1＝402.50元，按式(8.2.3)，混凝土构件的结算价格为

$$S=1.15Q_0\times P_0+(Q_1-1.15Q_0)\times P_1$$

$$=1.15\times1\,520\times406+(1\,824-1.15\times1\,520)\times402.50=740\,278(\text{元})$$

【例8.3】某工程项目挖沟槽土方量的招标工程量清单数量为152m³，施工中由于设计变更调减为121m³。已知该工程投标报价下浮率为6%，该项目招标控制价为121元/m³，投标报价为100元/m³，求挖沟槽土方的结算价格。

解：工程量变化偏差＝(121－152)÷152＝－20%，满足$Q_1<0.85Q_0$

投标综合单价与招标控制价综合单价的偏差＝(100－121)÷121＝-17.36%

偏差幅度＞15%，符合调价条件。因P_0＝100元，P_2＝121元，$P_0<P_2$

$$P_2 \times (1 - L) \times (1 - 15\%) = 121 \times (1 - 6\%) \times (1 - 15\%) = 96.68(\text{元})$$

依式(8.2.5)，合同单价不调整，即 $P_1 = P_0$。挖沟槽土方量的结算价格为

$$S = Q_1 \times P_1 = 121 \times 100 = 12\ 100(\text{元})$$

2．措施项目价款的调整

当工程量变化导致分部分项工程量价款的调整，且该变化引起相关措施项目发生相应变化时，按系数或单一总价方式计价的，工程量增加的措施项目费调增，工程量减少的措施项目费调减。

8.2.3 物价变化的价格调整

合同履行期间，因人工、材料、工程设备、机械台班价格波动影响合同价款时，应根据合同约定，对合同价款进行调整。

1．价格指数调值法(调值公式法)

因人工、材料、工程设备、机械台班价格波动影响合同价款时，应根据投标函附录中承包人提供的主要材料和工程设备一览表中的变值权重、基本价格指数、现行价格指数等约定数据，按以下公式计算差额并调整合同价格：

$$\Delta P = P_0\left[A + \left(B_1 \times \frac{F_{t1}}{F_{01}} + B_2 \times \frac{F_{t2}}{F_{02}} + B_3 \times \frac{F_{t3}}{F_{03}} + \cdots + B_n \times \frac{F_{tn}}{F_{0n}}\right) - 1\right] \tag{8.2.8}$$

式中，ΔP——需调整的价格差额；

P_0——约定的付款证书中承包人应得到的已完成工程量的金额，此项金额应不包括价格调整，不计质量保证金扣留和支付、预付款的支付和扣回，约定的变更及其他金额已按现行价格计价的，也不计在内；

A——定值权重(即不调部分的权重)；

B_1，B_2，B_3，…，B_n——各可调因子的变值权重(即可调部分的权重)，为各可调因子在投标函投标总报价中所占的比例；

F_{t1}，F_{t2}，F_{t3}，…，F_{tn}——各可调因子的现行价格指数，是指约定的付款证书相关周期最后一天的前 42 天的各可调因子的价格指数；

F_{01}，F_{02}，F_{03}，…，F_{0n}——各可调因子的基本价格指数，是指基准日期的各可调因子的价格指数。

以上价格调整公式中的各可调因子、定值和变值权重，以及基本价格指数及其来源在投标函附录价格指数和权重表中约定。价格指数应先采用有关部门提供的价格指数，缺乏上述价格指数时，可采用有关部门提供的价格代替。

2．造价信息差额调整法

施工期内，因人工、材料和工程设备、施工机械台班价格波动影响合同价格时，人工、机械使用费按照国家或省、自治区、直辖市建设行政管理部门、行业建设管理部门或其授权的工程造价管理机构发布的人工成本信息、机械台班单价或机械使用费系数进行调整，需要进行价格调整的材料，其单价和采购数应由发包人复核，发包人确认需调整的材料单价及数量，作为调整合同价款差额的依据。

(1) 人工单价已发生变化且未在调值公式对应表格列项的，发承包双方应按省级或行业建设主管部门或其授权的工程造价管理机构发布的人工成本文件调整合同价款。

(2) 采用材料、工程设备价格变化，按照发包人提供的“承包人提供主要材料和工程设备一览表”，由发承包双方约定的风险范围按下列规定调整合同价款。

① 承包人投标报价中材料单价低于基准单价：施工期间材料单价涨幅以基准单价为基础，超过合同约定的风险幅度值，或材料单价跌幅以投标报价为基础，超过合同约定的风险幅度值时，其超过部分按实际调整。

② 承包人投标报价中材料单价高于基准单价：施工期间材料单价跌幅以基准单价为基础，超过合同约定的风险幅度值，或材料单价涨幅以投标报价为基础，超过合同约定的风险幅度值时，其超过部分按实际调整。

③ 承包人投标报价中材料单价等于基准单价：施工期间材料单价涨、跌幅以基准单价为基础，超过合同约定的风险幅度值时，其超过部分按实际调整。

④ 承包人应在采购材料前将采购数量和新的材料单价报送发包人核对，用于本合同工程时，发包人应确认采购材料的数量和单价。发包人在收到承包人报送的确认资料后 3 个工作日不予答复的视为已经认可，并作为调整合同价款的依据。如果承包人未报经发包人核对即自行采购材料，再报发包人确认调整合同价款的，如发包人不同意，则不做调整。

(3) 施工机械台班单价或施工机械使用费发生变化超过省级或行业建设主管部门或其授权的工程造价管理机构规定的范围时，按其规定调整合同价款。

8.2.4 其他因素的价格调整

1. 法律法规变化

招标工程以投标截止日前 28 天，非招标工程以合同签订前 28 天为基准日，其后因国家的法律、法规、规章和政策发生变化引起工程造价增减变化的，发、承包双方应按照省或行业建设主管部门或其授权的工程造价管理机构据此发布的规定调整合同价款。

因承包人原因导致工期延误的，按不利于承包人的原则调整合同价款。

2. 项目特征不符

项目特征是区分清单项目的依据，也是确定综合单价的前提及履行合同义务的基础。因此，如果工程量清单项目特征的描述不清甚至漏项、错误，将导致合同价款的变化。

现行计价规范规定，若在合同履行期间出现设计图纸(含设计变更)与招标工程量清单任一项目的特征描述不符，且该变化引起该项目工程造价增减变化的，应按照实际施工的项目特征，结合计价规范的规定重新确定相应工程量清单项目的综合单价，并调整合同价款。

3. 工程量清单缺项

由于设计变更、施工条件改变或工程量清单编制错误导致的工程量清单缺项，按以下规定进行合同价款的调整。

(1) 由于招标工程量清单中缺项，新增分部分项工程清单项目的，应按已标价工程量清单项目的变更规定调整合同价款。

(2) 新增分部分项工程清单项目后，引起措施项目发生变化的，应按措施项目的变更规定，在承包人提交的实施方案被发包人批准后调整合同价款。

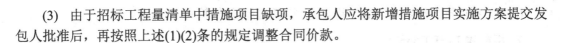

(3) 由于招标工程量清单中措施项目缺项，承包人应将新增措施项目实施方案提交发包人批准后，再按照上述(1)(2)条的规定调整合同价款。

4. 计日工

现行计价规范规定，采用计日工计价的任何一项变更工作，在该项变更的实施过程中，承包人应按合同约定提交规定的报表和有关凭证送发包人复核。

任一计日工项目持续进行时，承包人应在该项工作实施结束后的规定时间内，向发包人提交有计日工记录汇总的现场签证报告。发包人在收到承包人提交现场签证报告后在规定时间内书面通知承包人，作为计日工计价和支付的依据。发包人逾期未确认也未提出修改意见的，应视为承包人提交的现场签证报告已被发包人认可。

任一计日工项目实施结束后，承包人应按照确认的计日工现场签证报告核实该类项目的工程数量，并应根据核实的工程数量和承包人已标价工程量清单中的计日工单价计算，提出应付价款；已标价工程量清单中没有该类计日工单价的，由发承包双方按工程变更的规定商定计日工单价计算。

每个支付期末，承包人应按进度款支付的相关规定，向发包人提交本期间所有计日工记录的签证汇总表，并应说明本期间自己认为有权得到的计日工金额，调整合同价款，列入进度款支付。

5. 暂估价

发包人在招标工程量清单中给定暂估价的材料、工程设备属于依法必须招标的，应由发承包双方以招标的方式选择供应商，确定价格，并应以此为依据取代暂估价，调整合同价。

发包人在招标工程量清单中给定暂估价的材料、工程设备不属于依法必须招标的，应由承包人按照合同约定采购，经发包人确认单价后取代暂估价，调整合同价款。

给定暂估价的材料或工程设备的单价确定后，在综合单价中只应取代原暂估单价，不应再在综合单价中涉及企业管理费或利润等其他费用的变动。

6. 不可抗力

不可抗力一般是指不能预见、不可避免并不能克服的客观情况。

(1) 因不可抗力事件导致的人员伤亡、财产损失及其费用增加，发承包双方应按下列原则分别承担并调整合同价款和工期。

① 合同工程本身的损害、因工程损害导致第三方人员伤亡和财产损失以及运至施工场地用于施工的材料和待安装的设备的损害，应由发包人承担。

② 发包人、承包人人员伤亡应由其所在单位负责，并应承担相应费用。

③ 承包人的施工机械设备损坏及停工损失，由承包人承担。

④ 停工期间，承包人应发包人要求留在施工场地的必要的管理人员及保卫人员的费用由发包人承担。

⑤ 工程所需清理、修复费用，由发包人承担。

(2) 不可抗力解除后复工的，若不能按期竣工，应合理地延长工期。发包人要求赶工的，赶工费用由发包人承担。

(3) 因不可抗力解除合同的，将在合同解除的价款结算与支付部分介绍。

7. 提前竣工(赶工补偿)

提前竣工是指实际工期小于工期定幅给出的工期。一般规定，压缩的工期天数不得超过定额工期的 20%，超过者，应在招标文件中明示增加赶工费用。发包人要求合同工程提前竣工的，应征得承包人同意后与承包人商定采取加快工程进度的措施，并应修订合同工程进度计划。发包人应承担承包人由此增加的提前竣工(赶工补偿)费用。

发承包双方应在合同中约定提前竣工每日历天应补偿额度，此项费用应作为增加合同价款列入竣工结算文件中，应与结算款一并支付。赶工费用主要包括以下几方面。

(1) 人工费的增加，如新增加投入人工的报酬、不经济使用人工的补贴等。

(2) 材料费的增加，如可能造成不经济使用材料而损耗过大、材料提前交货可能增加的费用、材料运输费的增加等。

(3) 机械费的增加，如可能增加机械设备投入、不经济的使用机械等。

8. 误期赔偿

承包人未按照合同约定施工，导致实际进度迟于计划进度的，承包人应加快进度，保证按照合同工期完成。

发承包双方应在合同中约定误期赔偿费，并应明确每日历天应赔偿额度。误期赔偿费应列入竣工结算文件中，并应在结算款中扣除。

在工程竣工之前，合同工程内的某单项(位)工程已通过了竣工验收，且该单项(位)工程接收证书中表明的竣工日期并未延误，只是合同工程的其他部分产生了工期延误时，误期赔偿费应按照已颁发工程接收证书的单项(位)工程造价占合同价款的比例度予以扣减。

9. 工程索赔

根据索赔的目的，工程索赔可分为工期索赔和费用索赔。

根据索赔的对象，工程索赔可分为索赔和反索赔，通常把承包商向业主为了取得经济补偿或工期延长的要求，称为索赔，把业主向承包商提出的因承包商违约而导致业主经济损失的补偿要求，称为反索赔。

索赔要成功，应有正当的索赔理由、有效的索赔证据及在合同约定的时间内提出。

索赔费用的组成同工程款的计价内容相似。

当承包人按规定程序提出索赔并接受发包人的索赔处理结果的，索赔款项应作为增加合同价款，在当期进度款中进行支付，承包人不接受索赔处理结果的，应按合同约定的争议解决方式办理，发、承包双方在按合同约定办理了竣工结算后，应被认为承包人已无权再提出竣工结算前所发生的任何索赔。承包人在提交的最终结清申请中，只限于提出竣工结算后的索赔，提出索赔的期限应自发、承包双方最终结清时终止。

当发包人按规定程序提出索赔并得到承包人同意的回应时，承包人应付给发包人的索赔金额可从拟支付给承包人的合同价款中扣除，或由承包人以其他方式支付给发包人。

10. 现场签证

由于施工生产的特殊性，在施工过程中往往会出现一些与合同工程或合同约定不一致或未约定的事项，这时就需要发承包双方用书面形式记录下来，形成现场签证。

现场签证的工作如已有相应的计日工单价，现场签证中应列明完成该类项目所需的人工、材料、工程设备和施工机械台班的数量。

如现场签证的工作没有相应的计日工单价，应在现场签证报告中列明完成该签证工作所需的人工、材料、设备和施工机械台班的数量及单价。

合同工程发生现场签证事项，未经发包人签证确认，承包人便擅自施工的，除非征得发包人书面同意，否则发生的费用应由承包人承担。

现场签证工作完成后的 7 天内，承包人应按照现场签证内容计算价款，报送发包人确认后，作为增加合同价款，与进度款同期支付。

在施工过程中，当发现合同工程内容因场地条件、地质水文、发包人要求等不一致时，承包人应提供所需的相关资料，并提交发包人签证认可，作为合同价款调整的依据。

11. 暂列金额

已签约合同价款中的暂列金额应由发包人掌握使用。暂列金额虽然列入合同价款，但并不属于承包人所有，也不必然发生。只有按照合同约定实际发生后，才能成为承包人的应得金额，纳入工程合同结算价款中。

8.3　建设工程结算

8.3.1　工程价款的主要结算方式

我国目前工程价款的结算方式主要分为以下两类。

(1) 按月结算与支付，即实行按月支付进度款、竣工后结算的办法，合同工期在两个年度以上的工程，在年终进行工程盘点，办理年度结算。

(2) 分段结算与支付，即当年开工、当年不能竣工的工程按照工程具体进度，划分成不同阶段，支付工程进度款。

当采用分段结算方式时，应在合同中约定具体的工程分段划分，付款周期应与计量周期一致。

8.3.2　工程计量

正确的计量是发包人与承包人结算的前提和依据，不论采用何种计价方式，其工程量必须按现行国家计量规范规定的工程量计算规则计算。

1. 工程计量的原则

(1) 只有质量达到合同标准的已完工程量才能予以计量。

(2) 应按合同文件约定的方法、范围、内容和单位计量。

(3) 因承包人原因造成的超出合同工程范围或返工的工程量不予计量。

2. 工程计量方法

1) 单价合同的计量方法

发承包双方对合同工程进行工程结算的工程量应按照经发、承包双方认可的实际完工工程量确定，而非招标工程量清单所列的工程量。施工中进行工程计量，当发现招标工程量清单中出现缺项、工程量偏差，或因工程变更引起工程量增减时，应按承包人在履行合同义务中完成的工程量计算。

2) 总价合同的计量方法

采用工程量清单方式招标形成的总价合同，其工程计量方法同单价合同的计量，采用经审定核准的施工图纸及其预算方式发包形成的总价合同，除按照工程变更规定的工程量增减外，总价合同各项目的工程量应为承包人用于结算的最终工程量。

总价合同约定的项目计量应以合同工程经审定批准的施工图纸为依据，发、承包双方应在合同中约定工程计量的形象目标或时间节点进行计量。

计量程序规定详见现行工程计价规范。

8.3.3 预付款与合同价款的期中支付

1. 工程预付款

工程预付款是建设工程施工合同订立后由发包人按照合同约定，在正式开工前预先支付给承包人的工程款。它是施工准备和所需要材料、结构件等流动资金的主要来源，发包人应按照合同约定支付工程预付款，支付的工程预付款，按照合同约定在工程进度款中抵扣。当合同对工程预付款的支付没有约定时，按现行计价规范的规定办理。

1) 工程预付款的支付额度

预付款的总金额、分期拨付次数，每次付款金额、付款时间等应根据工程规模、工期长短等具体情况在合同中约定。包工包料工程的预付款的支付比例不得低于签约合同价(扣除暂列金额)的 10%，不宜高于签约合同价(扣除暂列金额)的 30%。

2) 工程预付款的支付时间

承包人应在签订合同或向发包人提供与预付款等额的预付款保函后向发包人提交预付款支付申请。

发包人应在收到支付申请的 7 天内进行核实，向承包人发出预付款支付证书，并在签发支付证书后的 7 天内向承包人支付预付款。

发包人没有按合同约定按时支付预付款的，承包人可催告发包人支付；发包人在预付款期满后的 7 天内仍未支付的，承包人可在付款期满后的第 8 天起暂停施工。发包人应承担此增加的费用和延误的工期，并应向承包人支付合理利润。

3) 工程预付款的扣回

预付款应从每一个支付期应支付给承包人的工程进度款中扣回，直到扣回的金额达到合同约定的预付款金额为止。通常由发包人从支付的工程进度款中按约定的比例逐渐扣回，并约定承包人完成签约合同价款的比例在 20%～30%时，开始从进度款中按一定比例扣还。

承包人的预付款保函的担保金额根据预付款扣回的数额相应递减，但在预付款全部扣回之前一直保持有效。发包人应在预付款扣完后的 14 天内将预付款保函退还给承包人。

2．安全文明施工费

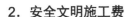

1) 安全文明施工费的支付时间与额度

发包人应在工程开工后的 28 天内支付不低于当年施工进度计划的安全文明施工费总额的 60%，其余部分应按照提前安排的原则进行分解，并应与进度款同期支付。

发包人没有按时支付安全文明施工费的，承包人可催告发包人支付，发包人在付款期满后的 7 天内仍未支付的，若发生安全事故，发包人应承担相应责任。

2) 安全文明施工费的监管

承包人对安全文明施工费应专款专用，在财务账目中应单独列项备查，不得挪作他用，否则发包人有权要求其限期改正；逾期未改正的，造成的损失和延误的工期应由承包人承担。

3．进度款

1) 进度款的支付原则

发、承包双方应按照合同约定的时间、程序和方法，根据工程计量结果，办理期中价款结算，支付进度款。

2) 进度款的支付周期

进度款支付周期应与合同约定的工程计量周期一致，可以按月结算与支付，也可以分段结算与支付。

3) 进度款的支付比例

进度款的支付比例按照合同约定，按期中结算价款总额计，不低于 60%，不高于 90%。

4) 进度款支付金额的确定

(1) 已标价工程量清单中的单价项目，承包人应按工程计量确认的工程量与综合单价计算：综合单价发生调整的，以发、承包双方确认调整的综合单价计算进度款。

(2) 已标价工程量清单中的总价项目和经审定批准的施工图纸及其预算方式发包形成的总价合同，承包人应按合同中约定的进度款支付分解，分别列入进度款支付申请中的安全文明施工费和本周期应支付的总价项目的金额。

已标价工程量清单中的总价项目进度款支付分解方法从以下方法中任意选择。

① 将各个总价项目的总金额按合同约定的计量周期平均支付。

② 按照各个总价项目的总金额占签约合同价的百分比，以及各个计量支付周期内所完的单价项目的总金额，以百分比方式均摊支付。

③ 按照各个总价项目组成的性质(如时间、与单价项目的关联性等)分解到形象进度计划或计量周期中，与单价项目一起支付。

(3) 经审定批准的施工图纸及其预算方式发包形成的总价合同，除由于工程变更形成的工程量增减予以调整外，工程量不予调整，因此，总价合同的进度款支付应按照计量周期进行支付分解，以便进度款有序支付。

(4) 发包人提供的材料金额，应按照发包人签约提供的单价和数量从进度款支付中扣除，列入本周期应扣减的金额中。

(5) 承包人现场签证和得到发包人确认的索赔金额应列入本周期应增加的金额中。

5) 进度款支付程序

承包人应在每个计量周期到期后的 7 天内向发包人提交已完工程进度款支付申请，支付申请应包括下列内容。

(1) 累计已完成的合同价款。

(2) 累计已实际支付的合同价款。

(3) 本周期合计完成的合同价款。

① 本周期已完成单价项目的金额。

② 本周期应支付的总价项目的金额。

③ 本周期已完成的计日工价款。

④ 本周期应支付的安全文明施工费。

⑤ 本周期应增加的金额。

(4) 本周期合计应扣减的金额。

① 本周期应扣回的预付款。

② 本周期应扣减的金额(不包括质量保证金)。

发包人应在收到承包人进度款支付申请后的 14 天内，根据计量结果和合同约定对申请内容予以核实，确认后向承包人出具进度款支付证书。若发承包双方对部分清单项目的计量结果出现争议，发包人应对无争议部分的工程计量结果向承包人出具进度款支付证书。

发包人应在签发进度款支付证书后的 14 天内，按照支付证书列明的金额向承包人支付进度款。若发包人逾期未签发进度款支付证书，则视为承包人提交的进度款支付申请已被发包人认可，承包人可向发包人发出催告付款的通知。发包人应在收到通知后的 14 天内，按照承包人支付申请的金额向承包人支付进度款。

发包人未按照上述规定支付进度款的，承包人可催告发包人支付，并有权获得延迟支付的利息；发包人在付款期满后的 7 天内仍未支付的，承包人可在付款期满后的第 8 天起暂停施工。发包人应承担由此增加的费用和延误的工期，向承包人支付合理利润，并承担违约责任。

发包人发现已签发的任何支付证书有错、漏或重复的数额，有权予以修正，承包人也有权提出修正申请经发、承包双方复核同意修正的，应在本次到期的进度款中支付或扣除。

8.3.4 竣工结算与支付

工程竣工结算是指工程项目完工并经竣工验收合格后，发、承包双方按照合同约定，对所完成的工程项目进行的价款计算、调整和确认。

1. 竣工结算的一般规定

工程完工后，发、承包双方必须按规定的竣工结算程序，在合同约定的时间内办理工程竣工结算，工程竣工结算应由承包人或受其委托具有相应资质的工程造价咨询人编制，并应由发包人或受其委托具有相应资质的工程造价咨询人核对。

当发、承包双方或一方对工程造价咨询人出具的竣工结算文件有异议时，可向工程造价管理机构投诉，申请对其进行执业质量鉴定。工程造价管理机构对投诉的竣工结算文件，应当组织专家对投诉的竣工结算文件进行质量鉴定，并作出鉴定意见。

工程竣工结算完毕，发包人应将竣工结算文件报工程所在地或有该工程管辖权的行业管理部门的工程造价管理机构备案，竣工结算文件应作为工程竣工验收备案、交付使用的必备文件。

2. 竣工结算编制与复核

竣工结算应按现行计价规范规定的依据进行编制与复核。

1) 竣工结算量、单价的编制与复核

(1) 分部分项工程和措施项目中的单价项目应依据发、承包双方确认的工程量与已标价工程量清单的综合单价计算；发生调整的，应以发、承包双方确认调整的综合单价计算。

(2) 措施项目中的总价项目应依据已标价工程量清单的项目和金额计算；发生调整的，应以发、承包双方确认调整的金额计算，其中安全文明施工费必须按国家或省级、行业建设主管部门的规定计算，不得作为竞争性费用。施工过程中，国家或省级、行业建设主管部门对安全文明施工费进行调整的，措施项目费中的安全文明施工费也应作相应调整。

(3) 其他项目的计价如下。

① 计日工的费用应按发包人实际签证确认的数量和相应项目的综合单价计算。

② 暂估价应按本章第 2 节的规定计算。

③ 总承包服务费应依据已标价工程量清单的金额计算；发生调整的，应以发、承包双方确认调整的金额计算。

④ 索赔费用应依据发、承包双方确认的索赔事项和金额计算。

⑤ 现场签证费用应依据发、承包双方签证资料确认的金额计算。

⑥ 暂列金额减去合同价款调整(包括索赔、现场签证)金额计算，如有余额归发包人。

(4) 规费和税金必须按国家或省级、行业建设主管部门的规定计算，不得作为竞争性费用。规费中的工程排污费应按工程所在地环境保护部门规定的标准缴纳后按实列入。

2) 竣工结算价款的计算

竣工结算与合同工程实施过程中的工程计量及其价款结算、进度款支付、合同价款调整等具有内在联系，除有争议的外，均应直接进入竣工结算，其计算公式为

$$工程竣工结算价款=工程进度款+工程竣工结算余款 \tag{8.3.1}$$

3. 竣工结算款支付

竣工结算款支付申请的内容包括竣工结算合同价款总额、累计已实际支付的合同价款，应预留的质量保证金和实际应支付的竣工结算款金额。

竣工结算支付程序如下。

(1) 发包人应在收到承包人提交竣工结算款支付申请后 7 天内予以核实，向承包人签发竣工结算支付证书。

(2) 发包人签发竣工结算支付证书后的 14 天内，应按照竣工结算支付证书列明的金额向承包人支付结算款。

(3) 发包人在收到承包人提交的竣工结算款支付申请后 7 天内予以核实，不向承包人签发竣工结算支付证书的，应视为承包人的竣工结算款支付申请已被发包人认可；发包人应在收到承包人提交的竣工结算款支付申请 7 天后的 14 天内，按照承包人提交的竣工结算款支付申请列明的金额向承包人支付结算款。

(4) 发包人未按规定支付竣工结算款的，承包人可催告发包人支付，并有权获得延迟支付的利息。发包人在竣工结算支付证书签发后或在收到承包人提交的竣工结算款支付申请 7 天后的 56 天内仍未支付的，除法律另有规定外，承包人可与发包人协商将该工程折价，

也可直接向人民法院申请将该工程依法拍卖，承包人就该工程折价或拍卖的价款优先受偿。

4．质量保证金

质量保证金用于承包人按照合同约定履行属于自身责任的工程缺陷修复义务，为发包人有效监督承包人完成缺陷修复提供资金保证。

发包人应按照合同约定的质量保证金比例从结算款中预留质量保证金，质量保证金一般按工程价款结算总额5%左右的比例预留。但我国现行计价规范规定，进度款支付比例最高不超过90%，实质上已将质量保证金预留了，这既可以减少财务结算工作量，又使得竣工结算时对质量保证金数额的扣留变得非常方便。

承包人未按照合同约定履行属于自身责任的工程缺陷修复义务的，发包人有权从质量保证金中扣除用于缺陷修复的各项支出。经查验，工程缺陷属于发包人原因造成的，应由发包人承担查验和缺陷修复的费用。

在合同约定的缺陷责任期终止后，发包人应按照相关规定，将剩余的质量保证金返还给承包人。

5．最终结清

缺陷责任期终止后，承包人应按照合同约定向发包人提交最终结清支付申请。发包人对最终结清支付申请有异议的，有权要求承包人进行修正和提供补充资料，承包人修正后，应再次向发包人提交修正后的最终结清支付申请。

发包人应在收到最终结清支付申请后的14天内予以核实，并应向承包人签发最终结清支付证书，并在之后的14天内，按照最终结清支付证书列明的金额向承包人支付最终结清款。发包人未在规定的时间内核实，又未提出具体意见的，应视为承包人提交的最终结清支付申请已被发包人认可，发包人未按期最终结算支付的，承包人可以催告发包人支付，并有权获得延迟支付的利息。

最终结清时，承包人被预留的质量保证金不足以抵减发包人工程缺陷修复费用的，承包人应承担不足部分的责任。承包人对发包人支付的最终结算款有异议的，应按照合同约定的争议解决方式处理。

8.3.5 合同解除的价款结算与支付

合同解除是合同非常态的终止，基于建设工程施工合同的特性，为了防止社会资源浪费，法律不赋予发、承包人享有任意单方解除权。建设工程合同的解除类别不同，合同解除的价款结算与支付也不同。

1．发承包双方协商一致同意解除合同的

发、承包双方协商一致解除合同的，应按照达成的协议办理结算和支付合同价款。

2．由于不可抗力致使合同无法履行而解除合同的

由于不可抗力致使合同无法履行而解除合同的，发包人应向承包人支付合同解除之日前已完成工程但尚未支付的合同价款，此外，还应支付下列金额。

(1) 发包人要求承包人压缩的工期天数超过规定天数所增加的赶工费用。

(2) 已实施或部分实施的施工项目应付价款。

(3) 承包人为合同工程合理订购且已交付的材料和工程设备货款。

(4) 承包人撤离现场所需的合理费用，包括员工遣送费和临时工程拆除、施工设备运离现场的费用。

(5) 承包人为完成合同工程而预期开支的任何合理费用，且该项费用未包括在其他各项支付之内。

发承包双方办理结算合同价款时，应扣除合同解除之日前发包人应向承包人收回的价款，当发包人应扣除的金额超过了应支付的金额，承包人应在合同解除后的 56 天内将其差额退还给发包人。

3. 因承包人违约解除合同的

由于承包人违约解除合同，价款结算与支付的原则如下。

(1) 发包人应暂停向承包人支付任何价款。

(2) 发包人应在合同解除后 28 天内核实合同解除时承包人已完成的全部工程合同价款以及按施工进度计划已运至现场的材料和工程设备货款，按合同约定核算承包人应支付的违约金以及造成损失的索赔金额，并将结果通知承包人。

(3) 发承包双方应在 28 天内予以确认或提出意见，并办理结算合同价款。如果发包人应扣除的金额超过了应支付的金额，承包人应在合同解除后的 56 天内将其差额退还给发包人。

(4) 发承包双方不能就解除合同后的结算达成一致的，按照合同约定的争议解决方式处理。

4. 因发包人违约解除合同的

由于发包人违约解除合同，价款结算与支付的原则如下。

(1) 发包人除应按照“由于不可抗力致使合同无法履行解除合同”的规定向承包人支付各项价款外，还应按合同约定核算发包人应支付的违约金以及给承包人造成损失或损害的索赔金额费用。该笔费用由承包人提出，发包人核实后与承包人协商确定后的 7 天内向承包人签发支付证书。

(2) 发承包双方协商不能达成一致的，按照合同约定的争议解决方式处理。

8.3.6　合同价款争议的解决

由于建设工程具有施工周期长、不确定因素多等特点，在施工合同履行过程中往往会出现争议。争议的解决途径一般为协商和解、请第三方调解及仲裁或诉讼三类。详见相关书籍与规范规定，此处不再赘述。

本 章 小 结

建筑工程合同一般分为总价合同、单价合同和成本加金合同三大类。

引起合同价款变化的影响因素一般分为工程变更类、物价变化类、法规变化类、工程索赔类及其他类。

我国工程价款的主要结算方式包括按月结算与支付和分段结算与支付两种方式，当采用分段结算方式时，应在合同中约定具体的工程分段划分，付款周期也应与计量周期一致。

习　题

1. 某工程项目采用工程量清单方式招标，并签订总价合同，在施工过程中进行某分项工程计量时发现承包人实际完成的工程量超过了工程量清单中的工程量，则进行该分项工程计量时应(　　)。

A. 按照合同图纸标示的工程量计算

B. 按承包人实际完成的工程量计算

C. 按承包人在履行合同义务中完成的工程量计算

D. 按承包人提交的已完工程量计算

2. 实行招标的工程合同价款应在中标通知书发出之日起(　　)日内，由承、发包双方依据招标文件和中标人的投标文件在书面合同中约定。

A. 7　　B. 14　　C. 28　　D. 30

3. 在施工期间发生合同价款调增事项，承包人应在该事项发生后的(　　)天内，向发包人提交合同价款调增报告及相关资料，否则视为承包人对该事项不存在调整价款要求。

A. 7　　B. 14　　C. 21　　D. 28

4. 某工程施工期间，因承包人原因导致工期延误，且在延误期内国家相关政策发生变化，由此引起的合同价款调整，应该(　　)。

A. 调增的和调减的均予以调整

B. 调增的和调减的均不予调整

C. 调增的不予调整，调减的予以调整

D. 调增的予以调整，调减的不予调整

5. 在合同履行期间，如果出现设计图纸(含设计变更)与招标工程量清单任一项目的特征描述不符，且由此导致工程造价增减变化的，应按(　　)的规定重新确定相应工程量清单项目的综合单价，调整合同价款。

A. 实际施工的项目特征　　B. 设计图纸的项目特征

C. 招标工程量清单　　D. 暂估价

6. 合同工程实施期间，如果出现招标工程量清单中措施项目缺项，承包人应将新增措施项目实施方案提交发包人批准后，按照(　　)的规定调整合同价款。

A. 变更价款　　B. 计价规范　　C. 合同约定　　D. 措施项目清单

第 9 章

工程建设全过程造价管理

造价工程师的工作范围可覆盖工程建设全过程。工程建设全过程造价管理可分为决策、设计、发承包、施工和竣工等阶段，造价工程师应掌握工程建设全过程造价管理的内容和方法。

9.1 建设项目决策阶段工程造价确定与管理

9.1.1 概述

1. 建设项目决策

建设项目决策是指选择和决定投资方案的过程，是对拟建项目的必要性和可行性进行技术经济论证，并对不同建设方案进行技术经济比较选择及做出判断和决定的过程，即建设项目决策就是对拟建项目的多个建设方案进行比选，从中选优的全过程。

1) 建设项目分类

按建设性质不同分：新建、扩建、改建、扩建及恢复项目。

按建设目的不同分：生产型项目、非生产性项目。

按投资来源不同分：政府投资项目、企业投资项目、政府和社会资本合作项目(PPP项目)。

2) 项目建设程序

建设项目建设程序(见图 9-1)是指建设项目从前期的决策到设计、施工、竣工验收投产的全过程中，各项工作必须遵循的先后次序和科学规律。这既是对建设项目投资建设的规定，也是实践经验的总结。项目建设是一个庞大的系统工程，涉及面广，需要各个环节、各个部门协调配合，才能顺利完成。

3) 建设项目决策程序

在“市场和效益、科学和民主决策、风险责任”原则的指导下，建设项目决策程序一般如图 9-2 所示。

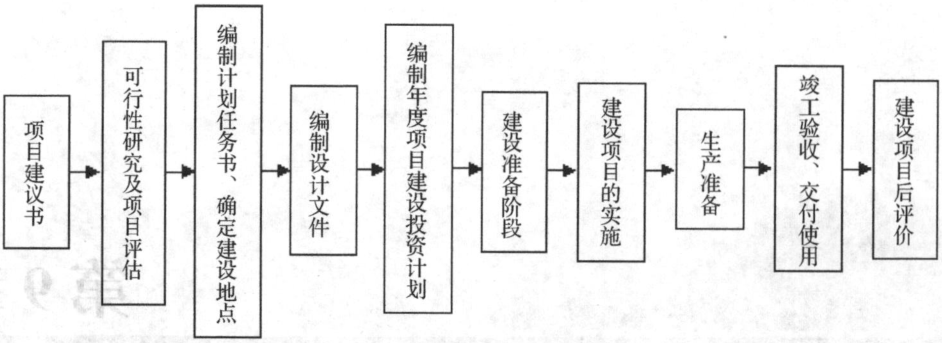

图 9-1　建设项目建设程序

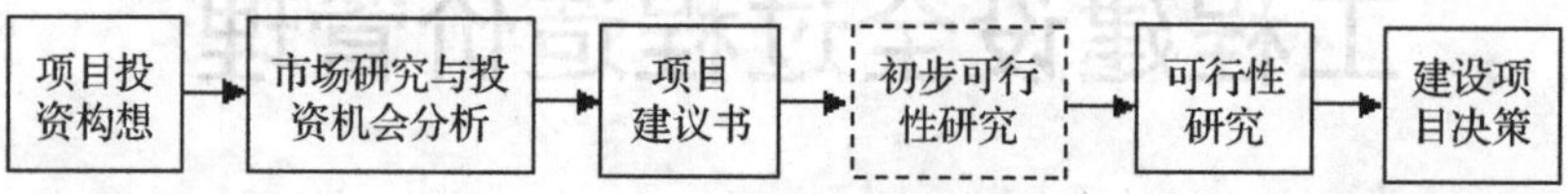

图 9-2　建设项目决策程序

① 要根据国民经济和社会发展长远规划，结合行业和地区发展规划的要求，提出项目建议书。

② 要在勘察、试验、调查研究及详细技术经济论证的基础上编制可行性研究报告。

③ 要根据咨询评估情况，对建设项目进行决策。

④ 每一程序均应在上一程序得到检验后方可进行，否则不得进行决策。

4) 建设项目决策与工程造价的关系

① 建设项目决策的正确性是工程造价合理性的前提。

② 建设项目决策的内容是决定工程造价的基础。

③ 建设项目决策的深度影响投资估算的精确度。

④ 工程造价的数额影响建设项目决策的结果。

2．建设项目决策阶段影响工程造价的主要因素

在建设项目决策阶段，工程造价管理的内容之一是编制投资估算，具体见表 9-1。

表 9-1　决策阶段工程造价管理的内容

决策阶段	造价体系及形式	计价依据	工作内容与编制人
项目建议书	投资匡算(决策依据)	估价指标、概算指标或类似指标	投资匡算编制(建设单位或工程造价咨询企业)
可行性研究	投资估算(决策依据)	估价指标、概算指标、概算定额	投资估算编制(建设单位或工程造价咨询企业)

为了编制好投资估算，需要熟悉在该阶段影响工程造价的主要因素，一般包括以下几方面。

1) 建设规模

建设规模也称项目生产规模，是指建设项目在其设定的正常生产营运年份可能达到的

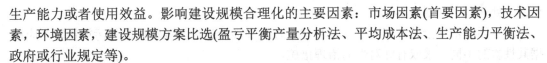

生产能力或者使用效益。影响建设规模合理化的主要因素：市场因素(首要因素)，技术因素，环境因素，建设规模方案比选(盈亏平衡产量分析法、平均成本法、生产能力平衡法、政府或行业规定等)。

2)　建设地区及建设地点(厂址)

建设地区选择是指在几个不同地区之间对拟建项目适宜配置的区域范围的选择。建设地点选择则是对项目具体坐落位置的选择。

(1)　建设地区的选择遵循“靠近原料、燃料提供地和产品消费地”和“工业项目适当聚集”两个原则。

(2)　建设地点的选择应注意：6 个要求、建设地点选择时的费用分析、建设地点方案的技术经济论证。

3)　技术方案

技术方案是指产品生产所采用的工艺流程和生产方法。

技术方案的原则：“先进适用、安全可靠、经济合理”。

4)　设备方案

在确定生产工艺流程和生产技术后，应根据工厂生产规模和工艺过程的要求，选择设备的型号和数量。设备的选择与技术密切相关，两者必须匹配。

(1)　主要设备方案应与确定的建设规模、产品方案和技术方案相适应，并满足项目投产后生产或使用的要求。

(2)　主要设备之间、主要设备与辅助设备之间的生产或使用性能要相互匹配。

(3)　设备质量应安全可靠、性能成熟，保证生产和产品质量稳定。

(4)　在保证设备性能的前提下，力求经济合理。

(5)　选择的设备应符合政府部门或专门机构发布的技术标准要求。

5)　工程方案

工程方案构成项目的实体。工程方案选择是在已选定项目建设规模、技术方案和设备方案的基础上，研究论证主要建筑物、构筑物的建造方案，包括对建筑标准的确定。

工程方案的确定，需要满足生产使用功能要求，适应已选定的厂址(或线路走向)，符合工程标准规范要求，经济合理。

6)　环境保护措施

(1)　环境保护的基本要求建设项目应注意保护厂址及其周围地区的水土资源、海洋资源、矿产资源、森林植被、文物古迹、风景名胜等自然环境和社会环境。其环境保护措施应坚持以下原则。

①　符合国家环境保护相关法律、法规以及环境功能规划的整体要求。

②　坚持污染物排放总量控制和达标排放的要求。

③　坚持“三同时”原则，即环境治理措施应与项目的主体工程同时设计、同时施工、同时投产使用。

④　力求环境效益与经济效益相统一，工程建设与环境保护必须同步规划、同步实施、同步发展，全面规划，合理布局，统一安排好工程建设和环境保护工作，力求环境保护治理方案技术可行和经济合理。

⑤　注重资源综合利用和再利用，对项目在环境治理过程中产生的“三废”等，应提

出回水处理和再利用方案。

(2) 环境治理措施方案对于在项目建设过程中涉及的污染源和排放的污染物等，应根据其性质的不同，采取有针对性的治理措施。

① 对于废气污染治理，可采用冷凝、活性炭吸附法、催化燃烧法、催化氧化法、酸碱中和法、等离子法等方法。

② 对于废水污染治理，可采用物理法(如重力分离、离心分离、过滤、蒸发结晶、高磁分离)、化学法(如中和、化学凝聚、氧化还原)、物理化学法(如离子交换、电渗析、反渗透、吸附萃取)、生物法(如自然氧池、生物过滤)等方法。

③ 对于固体废弃物污染治理，有毒废弃物可采用防渗漏池堆存；放射性废弃物可采用封闭固化；无毒废弃物可采用露天堆存；生活垃圾可采用卫生填埋、堆肥、生物降解或者焚烧方式处理；利用无毒害固体废弃物加工制作建筑材料或者作为建材添加物，进行综合利用。

④ 对于粉尘污染治理，可采用过滤除尘、湿式除尘、电除尘等方法。

⑤ 对于噪声污染治理，可采取吸声、隔声、减振、隔振等措施。

此外，对于建设和生产运营引起的环境破坏，如粉尘、噪声、岩体滑坡、植被破坏、地面塌陷、土层劣化等，也应提出相应的治理方案。

(3) 环境治理方案比选。环境治理方案比选是指对环境治理的各局部方案和总体方案进行技术经济比较，做出合理评价，并提出推荐方案。环境治理方案比选的主要内容是“四对比”，即技术水平对比、治理效果对比、管理及检测方式对比和环境效益对比。

9.1.2 建设项目可行性研究

建设项目决策过程中主要工作内容之一是编制可行性研究报告，而该报告中的投资估算的精度更是达到了±10%左右。在这一阶段，往往要进行详尽的经济评价、决定建设项目可行性，并以此作为选择最佳投资方案和控制初步设计及概算的依据。因此，其重要性对于建设项目和工程造价管理人员不言而喻。

1. 建设项目可行性研究的概念、阶段及作用

1) 可行性研究的概念

可行性研究是指在建设项目决策阶段，通过对与建设项目有关的市场、资源、技术、经济及社会环境等方面进行全面的分析、论证和评价，最终确定该建设项目是否可行的一项必要的工作程序，即可行性研究是判别建设项目是否可行的一种科学方法。

一般由咨询或设计单位编写可行性研究报告，论证必要性、可行性、合理性(核心)，回答“该建设项目是否应该投资？怎样投资？投资取得的预期效果如何？”等问题。

2) 可行性研究的阶段

可行性研究各阶段关系如图 9-3 所示。

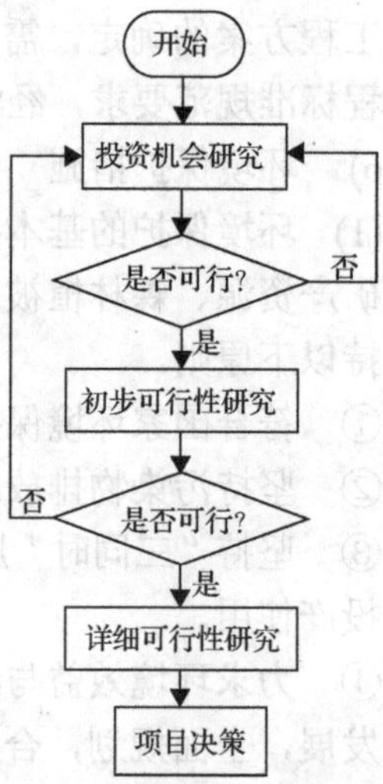

图 9-3 可行性研究各阶段关系

(1) 前期准备，投资机会研究。

(2) 初步可行性研究，大型复杂项目必不可少，对建设项目在市场、技术、环境、选址、效益及资金等方面的可行性进行初步分析，同时提出主要的实施方案或纲要，起着承上启下的作用。

(3) 详细可行性研究，对前期的工作进行细化，对项目的全部组成部分和可能遇到的各种问题进行全面系统的分析论证，是关键环节。

3) 可行性研究的作用

决策阶段的纲领性文件，是进行其他各项投资准备工作的主要依据，其作用主要体现在以下几方面。

(1) 建设项目投资决策和编制可行性研究报告的依据。

(2) 作为筹集资金，向银行等金融组织、风险投资机构申请贷款的依据。

(3) 同有关部门进行商务谈判和签订协议的依据。

(4) 工程设计、施工准备等基本建设前期工作的依据。

(5) 环保部门审查项目对环境影响的依据。

2．建设项目可行性研究报告的程序及内容

1) 建设项目可行性研究报告的编制程序(见图 9-4)

图 9-4　建设项目可行性研究报告的编制程序

(1) 组建工作小组主要是确定编写工作人员，成立可行性研究小组，如委托其他单位编写，应签订委托协议，确定委托内容。

(2) 数据调研主要是根据分工，工作小组各成员进行数据调查、整理、估算、分析，以及有关指标的计算等。

(3) 形成可行性研究报告初稿主要是在取得信息资料后，对其进行整理和筛选，并组织有关人员进行分析论证，着手编写报告。

(4) 论证和修改主要是工作小组成员讨论并提出修改意见，可邀请相关决策人员、专家等参加，最终定稿。如是委托编写，最终定稿要交付编制单位。

2) 建设项目可行性研究的内容

不同国家及地区对可行性研究的内容有不同的规定，根据我国《投资项目可行性研究指南》的规定，可行性研究报告内容如表 9-2 所示。

表 9-2　可行性研究报告的内容

序　号	目　录	详细内容
1	总论	项目概况、编制依据、项目建设条件、问题与建议
2	市场预测(如需要)	市场现状、产品供需预测、价格预测、竞争力与营销策略、市场风险分析
3	资源条件评价	资源可利用量、品质情况、赋存条件及开发价值
4	建设规模与产品方案	建设规模与产品方案的比选
5	厂址选择	厂址现状及建设条件描述、厂址方案比选

续表

序号	目录	详细内容
6	技术设备工程方案	技术方案选择、主要设备方案选择、工程方案选择
7	原材料、燃料供应	主要原材料、燃料供应方案选择
8	总图运输与公用辅助工程	总图布置方案、厂内外运输方案、公用工程与辅助工程方案节能措施
9	节能措施	节能措施、能耗指标分析
10	节水措施	节水措施、水耗指标分析
11	环境影响评价	环境条件调查、影响环境因素分析、环境保护措施
12	劳动安全卫生与消防	危险因素和危害程度分析、安全防范措施、卫生保健措施、消防设施
13	组织机构与人力资源配置	组织机构设置及其适应性分析、人力资源配置、员工培训
14	项目实施进度	建设工期、实施进度安排
15	投资估算	投资估算范围与依据、建设投资估算、流动资金估算、总投资额及分年投资计划
16	融资方案	融资组织形式选择、资本金筹措、债务资金筹措、融资方案分析
17	财务评价	财务评价基础数据与参数选取、收入与成本费用估计、编制财务评价报表、盈利和偿债能力分析、不确定性和感性分析、财务评价结论
18	国民经济评价	影子价格与参数选取、效益费用范围与数值调整、编制国民经济评价报表、计算国民经济评价指标、国民经济评价结论
19	社会评价	项目对社会影响的分析、项目与所在地互适性分析、社会风险分析、社会评价结论
20	风险分析	项目主要风险、风险程度分析、防范与降低风险对策
21	研究结论与建议	推荐方案总体描述(含优缺点)、主要对比方案描述、结论与建议

9.1.3 投资估算的编制

编制投资估算是工程造价管理人员在建设项目决策阶段的主要工作内容，涉及项目规划、项目建议书、初步可行性研究、可行性研究等阶段，是项目决策的重要依据之一。投资估算的准确性不仅影响可行性研究工作的质量和经济评价结果，还直接关系到下一阶段设计概算和施工图预算的编制。因此，应全面准确地对建设项目进行投资估算。

1. 投资估算的概念

投资估算是指在建设项目决策过程中，对建设项目投资数额(包括工程造价和流动资金)进行的估计。

在一般的工程实践中，投资估算是指在建设项目决策阶段，以方案设计或可行性研究文件为依据，按照规定的程序、方法和依据，对拟建项目所需总投资及其构成进行的预测和估计；是在研究确定建设项目的建设规模、建设地区及建设地点(厂址)、技术方案、设备方案、工程方案、环境保护措施等的基础上，估算建设项目从筹建、施工直至建成投产所需建设资金总额并测算建设期各年资金使用计划的过程。

投资估算书是编制投资估算的成果，简称投资估算。投资估算书是项目建议书或可行性研究报告的重要组成部分，是项目决策的重要依据之一。

2．投资估算的阶段及作用

1)　投资估算的阶段

在我国建设项目决策过程中的项目规划(项目投资构想和市场研究与投资机会分析)、项目建议书、初步可行性研究及可行性研究阶段，都分别对应着精度不同(与建设项目工程造价相比)的投资估算，如表 9-3 所示。

表 9-3　投资估算不同阶段及精度

阶段	项目规划	项目建议书	初步可行性研究	详细可行性研究
精度	≥±30%	±30%左右	±20%左右	±10%左右

2)　投资估算的作用

(1)　项目建议书阶段的投资估算，是项目主管部门审批项目建议书的依据之一，也是确定建设规模的参考依据。

(2)　项目可行性研究阶段的投资估算，是项目投资决策的重要依据，也是研究、分析、计算项目投资经济效果的重要条件。

(3)　投资估算是设计阶段造价控制的依据，是限额设计的依据，即建设项目投资的最高限额，不得随意突破，是控制和指导设计的尺度。

(4)　投资估算可作为项目资金筹措及制订建设贷款计划的依据，建设单位可根据批准的建设项目投资估算额，进行资金筹措和向银行申请贷款。

(5)　投资估算是核算建设项目固定资产投资需要额和编制固定资产投资计划的重要依据。

(6)　投资估算是建设项目设计招标、优选设计单位和设计方案的重要依据。

3．投资估算的内容

根据《建设项目投资估算编审规程》(CECA/GC 1—2015)的规定，投资估算文件一般由封面、签署页、编制说明、投资估算分析、总投资估算表、单项工程估算表、主要技术经济指标等内容组成，具体内容如表 9-4 所示。

表 9-4　投资估算文件包含的详细内容

序　号	目　录	详细内容
1	编制说明	工程概况；编制范围；编制方法；编制依据；主要技术经济指标；有关参数、率值的选定；特殊问题的说明(如拟采用的“四新”)对投资限额和投资分解说明；对方案比选的估算和经济指标说明；资金筹措方式
2	投资估算分析	工程投资比例分析；建筑工程费、设备购置费、安装工程费、工程建设其他费用、预备费占建设项目总投资比例分析；引进设备费用占全部设备费用的比例分析等；影响投资的主要因素分析与类似工程项目的比较，对投资总额进行分析
3	总投资估算	汇总单项工程估算、工程建设其他费用、计算预备费和建设期利息等
4	单项工程估算	按建设项目划分的各个单项工程分别计算组成工程费用的建筑工程费、设备购置费及安装工程费
5	主要技术经济指标	根据项目特点，计算并分析整个建设项目、各单项工程和主要单位工程的主要技术经济指标

在我国，投资估算主要由符合资质的工程造价咨询企业或自身能独立完成编制的投资人本身负责编制。

4．投资估算的编制

1) 投资估算的编制依据

根据《建设项目投资估算编审规程》(CECA/GC 1—2015)的规定，投资估算的编制依据是指在编制投资估算时所遵循的计量规则、市场价格、费用标准及工程计价有关参数、率值等基础资料，主要有以下几方面内容。

(1) 国家、行业和地方政府的有关法律、法规或规定，政府有关部门、金融机构等发布的价格指数、利率、汇率、税率等有关参数。

(2) 行业部门、项目所在地工程造价管理机构或行业协会等编制的投资估算指标、概算指标(定额)、工程建设其他费用定额(规定)、综合单价、价格指数和有关造价文件等。

(3) 类似项目的各种技术经济指标和参数。

(4) 建设项目所在地同期的人工、材料、机械市场价格，建筑、工艺及附属设备的市场价格和有关费用。

(5) 与建设项目相关的工程地质资料、设计文件、图纸或有关设计专业提供的主要工程量和主要设备清单等。

(6) 委托单位提供的其他技术经济资料。

2) 投资估算的编制方法

根据投资估算的费用构成的分类，投资估算主要包括静态投资、动态投资和流动资金三部分，影响投资估算精度的因素主要包括价格变化、现场施工条件、项目特征的变化等。

(1) 静态投资部分。

① 单位生产能力估算法。它是指根据已建成的、性质类似的建设项目的单位生产能力投资乘以建设规模，即得到拟建项目的静态投资额的方法。其计算方法如下式：

$$C_2 = \frac{C_1}{Q_1} Q_2 f \tag{9.1.1}$$

式中，C_1——已建类似项目的静态投资额；

C_2——拟建项目的静态投资额；

Q_1——已建类似项目的生产能力；

Q_2——拟建项目的生产能力；

f——不同时期、不同地点的定额、单价、费用变更等的综合调整系数。

这种方法将项目的建设投资与其生产能力的关系视为简单的线性关系，估算简便迅速，但其误差较大，约为±30%。而事实上单位生产能力的投资会随生产规模的增加而减少，因此，这种方法一般只适用于与已建项目在规模和时间上类似的拟建项目，一般两者间的生产能力比值为0.2～2，且应考虑地区性、配套性及时间性。

另外，由于在实际工作中不容易找到与拟建项目完全类似的项目，通常是把建设项目进行分解，分别套用类似子项目的单位生产能力投资指标计算，然后求和得建设项目总投资，或根据拟建项目的规模和建设条件，将投资进行适当调整后估算建设项目的投资额。

【例 9.1】某地 2016 年拟建一座污水处理能力为 15 万立方米/日的污水处理厂。据调查，该地区 2012 年建设污水处理能力 10 万立方米/日的污水处理厂的投资为 16 000 万元。拟建污水处理厂的工程条件与 2012 年已建项目类似。调整系数为 1.5。试估算该项目的建设投资。

解：拟建项目的建设投资 $C_2=\left(\dfrac{C_1}{Q_1}\right)(C_1/Q_1)\times Q_2\times f=(16\,000\div10)\times15\times1.5=36\,000$(万元)

② 生产能力指数法(指数估算法)。它是指根据已建成的类似项目生产能力和投资额来粗略估算同类但生产能力不同的拟建项目静态投资额的方法，是对单位生产能力估算法的改进。其计算方法见下式。

$$C_2=C_1\left(\frac{Q_2}{Q_1}\right)^x f \tag{9.1.2}$$

式中，x——生产能力指数，正常情况下，$0\leqslant x\leqslant 1$。

其他符号含义同单位生产能力估算法公式。

在不同生产率水平和不同性质的项目中，x 的取值是不同的。若已建类似项目规模和拟建项目规模的比值在 0.5～2 之间时，x 的取值近似为 1；若已建类似项目规模与拟建项目规模的比值为 2～50，且拟建项目生产规模的扩大仅靠增大设备规模来达到时，则 x 的取值为 0.6～0.7；若是靠增加相同规格设备的数量达到时，x 的取值在 0.8～0.9 之间。

这种方法工程造价与规模呈非线性关系，且单位造价随规模的增大而减小，不需要详细的工程设计资料，只需知道工艺流程及规模，其误差可控制在±20%以内，主要应用于设计深度不足、拟建建设项目与类似建设项目的规模不同、设计定型并系列化、行业内相关指数和系数等基础资料完备的情况下。

另外，生产能力指数法的关键是确定生产能力指数，一般应结合行业特点，并应有可靠的例证。生产能力指数法与单位生产能力估算法相比精确度略高，一般拟建项目与已建类似项目生产能力比值不宜大于 50，在 10 倍内效果较好，否则误差就会增大。

【例 9.2】某化工园区 2016 年拟建一年产 30 万吨化工产品的项目。据调查，该地区 2014 年建设的年产 20 万吨相同产品的已建项目的投资额为 8 000 万元。生产能力指数为 0.6，假设 2014 年至 2016 年工程造价平均每年递增 10%。试估算该项目的建设投资。

解：拟建项目的建设投资 $=8\,000\times(30\div20)^{0.6}\times(1+10\%)^2=12\,346.109\,2$(万元)

③ 系数估算法(因子估算法)。我国常用的系数估算法有设备系数法、主体专业系数法、朗格系数法、比例估算法、混合法、指标估算法等，世界银行项目投资估算常用朗格系数法。

a. 设备系数法。它是指以拟建项目的设备购置费为基数，根据已建成的同类项目的建筑安装费和其他工程费等与设备价值的百分比，求出拟建项目建筑安装工程费和其他工程费，进而求出项目的静态投资的方法。其计算方法见下式。

$$C=E\left(1+f_1P_1+f_2P_2+f_3P_3+\cdots\right)+I \tag{9.1.3}$$

式中，C——拟建项目的静态投资；

E——拟建项目根据当时当地价格计算的设备购置费；

P_1、P_2、P_3、…——已建项目中建筑安装工程费及其他工程费等与设备购置费的比例；

f_1、f_2、f_3、…——由于时间地点因素引起的定额、价格、费用标准等变化的综合调整系数；

I——拟建项目其他费用。

【例 9.3】某拟建项目设备购置费为 1 000 万元，其他费用约 2 000 万元。据调查，同一地区同类拟建项目的建筑工程费占设备购置费的 30%，安装工程费占设备购置费的 15%，调整系数 f_1、f_2 均为 1.2，试估算该项目的建设投资。

解： 拟建项目的建设投资=1 000 × [1+(30%+15%) × 1.2]+2 000=3 540(万元)

b. 主体专业系数法。它是指以拟建项目中投资比重较大，并与生产能力直接相关的工艺设备投资为基数，根据已建同类项目的有关统计资料，计算出拟建项目各专业工程与工艺设备投资的百分比，据以求出拟建项目各专业投资，然后求和得拟建项目的静态投资的方法。其计算方法见下式。

$$C = E(1 + f_1P_1' + f_2P_2' + f_3P_3' + \cdots) + I \tag{9.1.4}$$

式中，P_1'、P_2'、P_3'——已建项目中各专业工程费用与工艺设备投资的比重。

其他符号含义同式(9.1.3)。

c. 朗格系数法。它是指以设备购置费为基数，乘以适当系数来推算建设项目的静态投资的方法。该方法的基本原理是将项目建设中的总成本费用中的直接成本和间接成本分别计算，再合为项目的静态投资。其计算方法见下式。

$$C = E\left(1 + \sum K_i\right)K_c \tag{9.1.5}$$

式中，K_i——管线、仪表、建筑物等项费用的估算系数；

K_c——管理费、合同费、应急费等间接费项目费用的总估算系数。

其他符号含义同式(9.1.3)。

d. 比例估算法。它是指根据已知的同类建设项目主要生产工艺设备占整个建设项目的投资比例，先逐项估算出拟建项目主要生产工艺设备投资，再按比例估算拟建项目的静态投资的方法。其计算方法见下式。

$$I = \frac{1}{K}\sum_{i=1}^{n} Q_i P_i \tag{9.1.6}$$

式中，I——拟建项目的静态投资；

K——建设项目主要设备投资占已建项目投资的比例；

n——设备种类数；

Q_i——第 i 种设备的数量；

P_i——第 i 种设备的单价(到厂价格)。

e. 混合法。它是指根据主体专业设计的阶段和深度，投资估算编制者所掌握的国家及地区、行业或部门相关投资估算基础资料和数据，以及其他统计和积累的、可靠的相关造价基础资料，对一个拟建建设项目采用生产能力指数法与比例估算法或系数估算法与比例估算法混合估算其相关投资额的方法。

f. 指标估算法。它是指依据投资估算指标，对各单位工程费用或单项工程费用进行估算，进而估算建设项目总投资的方法。它主要包括对建筑工程费、设备及工器具购置费、安装工程费、工程建设其他费用和基本预备费等的估算。

建筑工程费的估算有 3 种方法。

第一种：单位建筑工程投资估算法(单位长度、单位面积、单位容积和单位功能价格法)，其公式为

建筑工程费 = 单位长度建筑工程费指标×建筑工程长度 (9.1.7)

建筑工程费 = 单位面积建筑工程费指标×建筑工程面积 (9.1.8)

建筑工程费 = 单位容积建筑工程费指标×建筑工程容积 (9.1.9)

建筑工程费 = 单位功能建筑工程费指标×建筑工程功能总量 (9.1.10)

第二种：单位实物工程量投资估算法，其公式为

建筑工程费 = 单位实物工程量建筑工程费指标×实物工程总量 (9.1.11)

第三种：概算指标投资估算法，其公式为

$$建筑工程费 = \sum 分部分项实物工程量 \times 概算指标 \tag{9.1.12}$$

设备及工器具购置费的估算中，设备购置费一般根据项目主要设备表及价格、费用资料编制，工器具购置费一般按设备购置费的一定比例计取。对于价值高的设备应按单台(套)估算购置费，价值较小的设备可按类估算，国内设备和进口设备应分别估算。

安装工程费的估算一般以设备费为基础，并区分不同类型进行。

第一种类型：对工艺设备安装费的估算，其公式为

安装工程费 = 设备原价×设备安装费率 (9.1.13)

安装工程费 = 设备吨重×单位质量(t)安装费指标 (9.1.14)

第二种类型：对工艺金属结构、工艺管道的估算，其公式为

安装工程费 = 质量(体积、面积)总量×单位质量(m^3、m^2)安装费指标 (9.1.15)

第三种类型：对配电、自控仪表安装工程的估算(先计算材料费，再根据占比反算)，其公式为

材料费 = 设备原价×材料费占设备费百分比 (9.1.16)

材料安装费 = 材料费×材料安装费率 (9.1.17)

工程建设其他费用的估算一般应结合拟建项目的具体情况，有合同或协议明确的费用按合同或协议计算；无合同或协议明确的费用，根据国家和各行业部门、建设项目所在地地方政府的有关工程建设其他费用定额(规定)和计算办法估算。

基本预备费的估算一般以建设项目的工程费用(工程费用一般是指建筑安装工程费用和设备及工器具购置费)和工程建设其他费用之和为基础，乘以基本预备费率进行计算。其计算方法为

基本预备费 = (工程费用+工程建设其他费用)×基本预备费费率 (9.1.18)

基本预备费费率的大小，应根据建设项目的设计阶段和具体的设计深度，以及在估算中所采用的各项估算指标与设计内容的贴近度、项目所属行业主管部门的具体规定确定。

在应用指标估算法时，应根据不同地区、建设年代、条件等进行调整。因为地区、年代不同，人工、材料与设备的价格均有差异。调整方法可以以人工、主要材料消耗量或“工程量”为计算依据，也可以按不同的建设项目的“万元工料消耗定额”确定不同的系数。在有关部门颁布定额或人工、材料价差系数(物价指数)时，可以据其进行调整。

使用估算指标法进行投资估算绝不能生搬硬套，必须对工艺流程、定额、价格及费用标准进行分析，经过实事求是的调整与换算后，才能提高其精确度。

(2) 动态投资部分。动态投资部分包括价差预备费和建设期利息，具体的介绍见第 2 章。

(3) 流动资金部分，具体的介绍见第2章。

9.2 建设项目设计阶段工程造价确定与管理

9.2.1 概述

1. 建设项目设计阶段工程造价管理的内容

1) 设计的概念

设计是指在建设项目立项以后，按照设计任务书的要求，对建设项目的各项内容进行设计并以一定载体(图纸、文件等)表现出建设项目决策阶段主旨的过程。一般以设计成果作为备料、施工组织工作和各工种在制作、建造工作中互相配合协作的共同依据，便于整个建设项目在预定的投资限额范围内，按照周密考虑的预定方案顺利进行，充分满足各方所期望的要求。

2) 设计阶段的划分

国家规定，一般工业与民用建设项目采用两阶段设计，即初步设计和施工图设计；技术复杂而又缺乏设计经验的项目采用三阶段设计，即初步设计、扩大初步设计(技术设计)和施工图设计；对于技术要求简单的民用建筑工程，经有关主管部门同意，并且合同中有不做初步设计的约定，可在方案设计审批后直接进入施工图设计。

设计程序：在为建设项目确定了设计阶段之后，即按照设计准备(方案设计)、编制各阶段的设计文件、配合施工、参加验收和进行总结等的程序开始设计工作，如图9-5所示。

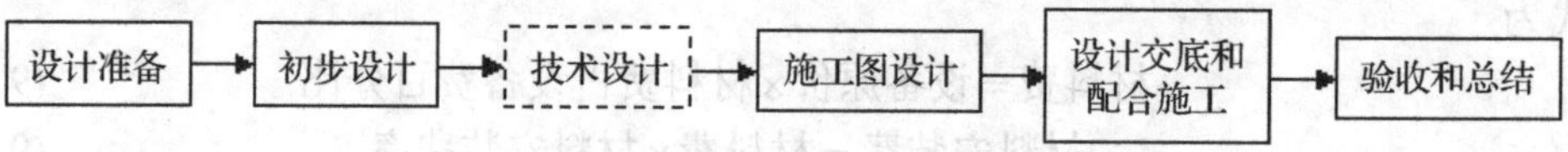

图9-5 建筑项目设计程序

3) 设计阶段的内容及深度

(1) 方案设计文件，应满足编制初步设计文件的需要和方案审批或报批的需要，主要内容如下。

① 设计说明书，包括各专业设计说明以及投资估算等内容；对于涉及建筑节能、环保、绿色建筑、人防等设计的专业，其设计说明应有建筑节能设计专门内容。

② 总平面图以及相关建筑设计图纸。

③ 设计委托或设计合同中规定的透视图、鸟瞰图、模型等。

(2) 初步设计文件，应满足编制施工图设计文件的需要和初步设计审批的需要，主要内容如下。

① 设计说明书，包括设计总说明、各专业设计说明，对于涉及建筑节能、环保、绿色建筑、人防、装配式建筑等，其设计说明应有相应的专项内容。

② 有关专业的设计图纸。

③ 主要设备或材料表。

④ 工程概算书。

⑤ 有关专业计算书(不属于必须交付的设计文件)。

(3) 施工图设计文件，应满足设备材料采购、非标准设备制作和施工的需要。对于将项目分别发包给几个设计单位或实施设计分包的情况，设计文件相互关联处的深度应满足各承包或分包单位设计的需要，主要内容如下。

① 合同要求所涉及的所有专业的设计图纸(含图纸目录、说明和必要的设备、材料表)以及图纸总封面，对于涉及建筑节能设计的专业，其设计说明应有建筑节能设计的专项内容；涉及装配式建筑设计的专业，其设计说明及图纸应有装配式建筑专项设计内容。

② 合同要求的工程预算书(对于方案设计后直接进入施工图设计的项目，若合同未要求编制工程预算书，施工图设计文件应包括工程概算书)。

③ 各专业计算书(不属于必须交付的设计文件，但应编制并归档保存)。

4) 设计阶段工程造价管理的内容

设计阶段是分析处理建设项目技术和经济的关键环节，也是有效控制工程造价的重要阶段，其对工程造价的影响程度如图9-6所示。

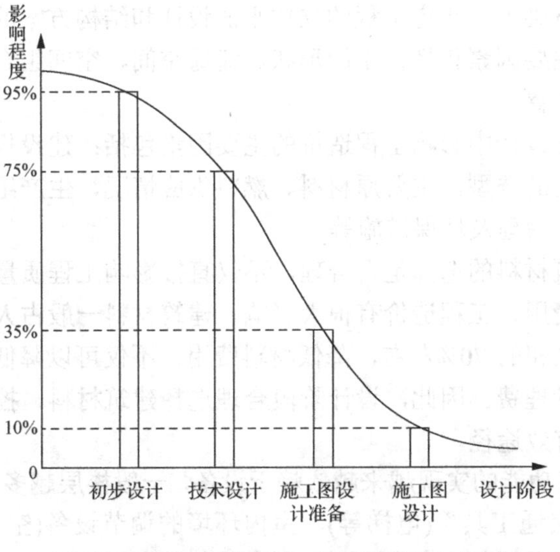

图9-6 各个设计阶段对工程造价的影响程度

在建设项目设计阶段，工程造价管理人员需要密切配合设计人员，协助其处理好项目技术先进性与经济合理性之间的关系。在初步设计阶段，要按照可行性研究报告及投资估算进行多方案的技术经济比较，确定初步设计方案；在施工图设计阶段，要按照审批的初步设计内容、范围和概算造价进行技术经济评价与分析，确定施工图设计方案。

除此之外，要通过推行限额设计和标准化设计等，在采用多方案技术经济分析的基础上，优化设计方案，科学编制设计概算和施工图预算及相关内容(见表9-5)，有效控制工程造价。

表9-5 设计阶段工程造价管理的内容

设计阶段	造价体系及形式	计价依据	工作内容与编制人
初步设计	设计概算(投资控制额)	概算定额、预算定额、造价部门发布的有关价格信息	设计概算编制(设计单位或工程造价咨询企业)
施工图设计	施工图预算(平均价格)	预算定额、造价部门发布的有关价格信息	施工图预算编制(设计单位或工程造价咨询单位)

2．建设项目设计阶段影响工程造价的主要因素

国内外相关资料研究表明，设计阶段的费用仅占工程总费用的 1%～2%，但在建设项目决策正确的前提下，该阶段对工程造价的影响程度高达 75%以上。按不同类别划分建设项目，在设计阶段需要考虑的影响工程造价的因素也有所不同，此处介绍工业建设项目和民用建设项目影响工程造价的因素及其他影响因素。

(1) 总平面设计，总平面设计主要是指总图运输设计和总平面配置，主要包括：厂址方案、占地面积、土地利用情况，总图运输、主要建筑物和构筑物及公用设施的配置，外部运输、水、电、气及其他外部协作条件等。

总平面设计中影响工程造价的主要因素包括：占地面积、功能分区、现场条件、运输方式。

(2) 建筑设计，在进行建筑设计时，设计人员应首先考虑建设单位所要求的建筑标准，根据建筑物、构筑物的使用性质、功能及其经济实力等因素确定；其次应在考虑施工条件和施工过程合理组织的基础上，决定工程的立体平面设计和结构方案的工艺要求。建筑设计阶段影响工程造价的主要因素包括：平面形状、流通空间、空间组合、建筑物的体积与面积、建筑结构、柱网布置。

(3) 工艺设计，工艺设计中影响工程造价的主要因素包括：建设规模，标准和产品方案，工艺流程和主要设备的选型，主要原材料、燃料供应情况，生产组织及生产过程中的劳动定员情况，“三废”治理及环保措施等。

(4) 材料选用，建筑材料的选择是否合理，不仅直接影响工程质量、使用寿命、耐火抗震性能，而且对施工费用、工程造价有很大影响。建筑材料一般占人工费、材料费、施工机具使用费及措施费之和的 70%左右，降低材料费用，不仅可以降低这四项费用，而且也可以降低规费和企业管理费。因此，设计阶段合理选择建筑材料，控制材料单价或工程量，是控制工程造价的有效途径。

(5) 设备选用，建筑功能的实现越来越依赖于设备，一般楼层越多，设备系统越庞大，如建筑物内部空间的“交通工具”(电梯等)、室内环境的调节设备(空调、通风、采暖等)等，各个系统的分布占用空间都在考虑之列，既有面积、高度的限制，又有位置的优选和规范的要求。因此，设备配置是否得当，直接影响建筑产品整个寿命周期的成本。

设备选用的重点因设计形式的不同而不同，应选择能满足生产工艺和生产能力要求的最适用的设备和机械，还应充分考虑自然环境对能源节约的有利条件。

(6) 住宅建筑是民用建筑中最大量、最主要的建筑形式。住宅小区建设规划中的主要因素包括占地面积、建筑群体的布置形式。

(7) 民用住宅建筑设计中的主要因素包括：建筑物平面形状和周长系数，住宅的层高和净高，住宅的层数(以砖混为例)，住宅单元组成、户型和住户面积，住宅建筑结构的选择。

(8) 项目利益相关者，包括：业主、承包商、建设单位、施工单位、监管机构、咨询企业、运营单位等。

(9) 设计单位和设计人员的知识水平。

(10) 风险因素，依据“风险识别、风险评估、风险响应、风险控制”的流程为项目的后续阶段选择规避、转移、减轻或接受风险。

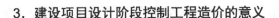

3. 建设项目设计阶段控制工程造价的意义

(1) 通过设计阶段工程造价分析可以使造价构成更合理。

(2) 可以了解工程各组成部分的投资比例，对于投资比例较大的部分应作为投资控制的重点，这样就可以提高投资控制的效率。

(3) 在设计阶段进行工程造价控制，可以使控制工作更加主动。

(4) 在设计阶段进行工程造价控制，可以使控制工作更能技术与经济相结合。

9.2.2 限额设计

限额设计是工程造价控制系统中的一个重要环节，是设计阶段进行技术经济分析、实施工程造价控制的一项重要措施。

1. 限额设计的概念、要求及意义

1) 限额设计的概念

限额设计是工程造价控制系统中的一个重要环节，是设计阶段进行技术经济分析，实施工程造价控制的一项重要措施。

限额设计是指按照批准的可行性研究报告及其中的投资估算控制初步设计，按照批准的初步设计概算控制技术设计和施工图设计，按照施工图预算造价对施工图设计的各专业设计进行限额分配设计的过程。限额设计的控制对象是影响建设项目设计的静态投资或基础价项目。

限额设计中，要使各专业设计在分配的投资限额内进行设计，并保证各专业满足使用功能的要求，严格控制不合理变更，保证总的投资额不被突破。同时建设项目技术标准不能降低，建设规模也不能削减，即限额设计需要在投资总额度不变的情况下，实现使用功能和建设规模的最大化。

2) 限额设计要求

(1) 根据批准的可行性报告及其投资估算的数额来确定限额设计的目标。

(2) 采用优化设计，保证限额目标的实现。

(3) 严格按照建设程序办事。

(4) 重视设计的多方案优选。

(5) 认真控制每一个设计环节及每项专业设计。

(6) 建立设计单位的经济责任制度。

3) 限额设计意义

(1) 限额设计是按上一阶段批准的投资或造价控制下一阶段的设计，而且在设计中以控制工程量为主要手段，抓住了控制工程造价的核心，从而克服了“三超”问题。

(2) 限额设计有利于处理好技术与经济的对立统一关系，从而提高设计质量。

(3) 限额设计能扭转设计概预算本身的失控现象。

2. 限额设计的内容及全过程

1) 限额设计的内容

根据限额设计的概念可知，限额设计的内容主要体现在可行性研究中的投资估算、初

步设计和施工图设计三个阶段中。同时，在 BIM 技术尚未全面普及，仍存在大量设计变更的现状下，还应考虑设计变更的限额设计内容。

(1) 投资估算阶段，投资估算阶段是限额设计的关键。对政府投资项目而言，决策阶段的可行性研究报告是政府部门核准投资总额的主要依据，而批准的投资总额则是进行限额设计的重要依据。因此，应在多方案技术经济分析和评价后确定最终方案，提高投资估算的准确度，合理确定设计限额目标。

(2) 初步设计阶段，初步设计阶段需要依据最终确定的可行性研究报告及其投资估算，对影响投资的因素按照专业进行分解，并将规定的投资限额下达到各专业设计人员。设计人员应用价值工程的基本原理，通过多方案技术经济比选，创造出价值较高、技术经济性较为合理的初步设计方案，并将设计概算控制在批准的投资估算内。

(3) 施工图设计阶段，施工图是设计单位的最终成果文件之一，应按照批准的初步设计方案进行限额设计，施工图预算需控制在批准的设计概算范围内。

(4) 设计变更，在初步设计阶段，由于设计外部条件的制约及主观认识的局限性，往往会造成施工图设计阶段甚至施工过程中的局部修改和变更，这会导致工程造价发生变化。

设计变更应尽量提前，如图 9-7 所示：变更发生得越早，损失越小，反之就越大。如在设计阶段变更，则只是修改图纸，其他费用尚未发生，损失有限；如果在采购阶段变更，不仅要修改图纸，而且设备、材料还需要重新采购；如在施工阶段变更，除上述费用外，已经施工的工程还需要拆除，势必造成重大损失。

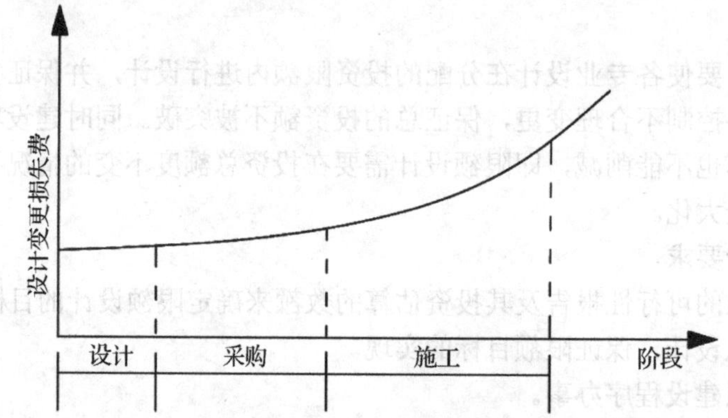

图 9-7　设计变更损失费变化

因此，必须加强设计变更管理，尽可能把设计变更控制在设计阶段初期，对于非发生不可的设计变更，应尽量事前预计，以减少变更对工程造成的损失。尤其对于影响造价权重较大的变更，应采取先计算造价，再进行变更的办法解决，使工程造价得以事前有效控制。

限额设计控制工程造价可以从以下两个方面着手。

(1) 纵向控制：按照限额设计过程从前往后依次进行控制。

(2) 横向控制：对设计单位及内部各专业设计人员进行设计考核，进而保证设计质量的一种控制方法。

2) 限额设计的全过程

限额设计的程序是建设工程造价目标的动态反馈和管理过程，可分为目标制定、目标分解、目标推进和成果评价四个阶段。各阶段实施的主要过程如下。

(1) 用投资估算的限额控制各单项或单位工程的设计限额。

(2) 根据各单项或单位工程的分配限额进行初步设计。

(3) 用初步设计的设计概算(或修正概算)判定设计方案的造价是否符合限额要求，如果发现超过限额，就修正初步设计。

(4) 当初步设计符合限额要求后，就进行初步设计决策并确定各单位工程的施工图设计限额。

(5) 根据各单位工程的施工图预算并判定是否在概算或限额控制内，若不满足就修正限额或修正各专业施工图设计。

(6) 当施工图预算造价满足限额要求时，施工图设计的经济论证就通过，限额设计的目标就得以实现，就可以进行正式的施工图设计及归档。

3. 限额设计的不足及完善

1) 限额设计的不足

当考虑建设工程全寿命期成本时，按照限额要求设计出的方案可能不一定具有最佳的经济性，此时亦可以考虑突破原有限额，重新选择设计方案。

限额设计的本质特征是投资控制的主动性，如果在设计完成后才发现概算或预算超过了限额，再进行变更设计使之满足原限额要求，则会使投资控制处于被动地位，同时，也会降低设计的合理性。

限额设计的另一特征是强调了设计限额的重要性，从而有可能降低项目的功能水平，使以后运营维护成本增加，或者在投资限额内没有达到最佳功能水平，这样就限制了设计人员的创造性，一些新颖别致的设计难以实现。

2) 限额设计的完善

限额设计中关键是要正确处理好投资限额与项目功能水平之间的对立统一的辩证关系。

(1) 正确理解限额设计的含义。

(2) 合理确定和正确理解设计限额。

(3) 合理分解及使用投资限额。

9.2.3　设计方案的优化与选择

设计方案的优化与选择是设计过程的重要环节，是指通过技术比较、经济分析和效益评价，正确处理技术先进与经济合理之间的关系，力求达到技术先进与经济合理的和谐统一。

设计方案的优化与选择是同一事物的两个方面，既相互依存又相互转化。一方面，要在众多优化了的设计方案中选出最佳的设计方案；另一方面，设计方案选择后还需结合项目实际进一步地优化。如果方案不优化即进行选择，则选不出最优的方案，即使选出方案还需进行优化后重新选择；如果选择之后不进一步优化设计方案，则在项目的后续实施阶段中会面临更大的问题，还需更耗时耗力地优化。因此，必须将优化与选择结合起来，才能以最小的投入获得最大的产出。

1．设计方案优化与选择的流程

一般情况下，建设项目设计方案优化与选择的流程如图 9-8 所示。

(1) 按照使用功能、技术标准、投资限额的要求，结合建设项目所在地实际情况，探讨和提出可能的设计方案。

(2) 从所有可能的设计方案中初步筛选出各方面都较为满意的方案作为比选方案。

(3) 根据设计方案的评价目的，明确评价的任务和范围。

(4) 确定能反映方案特征并能满足评价目的的指标体系。

(5) 根据设计方案计算各项指标及对比参数。

(6) 根据方案评价的目的，将方案的分析评价指标分为基本指标和主要指标，通过评价指标的分析计算，排出方案的优劣次序，并提出推荐方案。

(7) 综合分析，进行方案选择或提出技术优化建议。

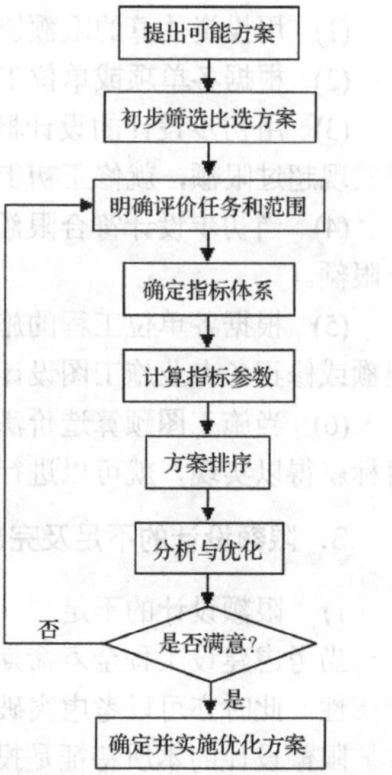

图 9-8　设计方案优化与选择的流程

(8) 对技术优化建议进行组合搭配，确定优化方案。

(9) 实施优化方案并总结备案。

(5)(7)(8)是设计方案优化与选择的流程中最基本和最重要的内容。

2．设计方案优化与选择的要求及方法

1)　优化与选择的要求

对设计方案进行优化与选择，首先要有内容严谨、标准明确的指标体系，其次该指标体系应能充分反映建设项目满足社会需求的程度，以及为取得使用价值所需投入的社会必要劳动和社会必要消耗量，对于建立的指标体系，可按指标的重要程度设置主要指标和辅助指标，并选择主要指标进行分析比较，这样才能反映该过程的准确性和科学性。

一般地，指标体系应包含以下几方面内容。

(1) 使用价值指标，即建设项目满足需要程度(功能)的指标。

(2) 反映创造使用价值所消耗的社会劳动消耗量的指标。

(3) 其他指标。

2)　优化与选择的定量方法

常用的优化与选择的定量方法主要有单指标法、多指标法、多因素评分法及价值工程法等。

(1) 单指标法。单指标法是指以单一指标为基础对建设项目设计方案进行选择与优化的方法。单指标法较常用的有综合费用法和全寿命周期费用法。

① 综合费用法。综合费用包括方案投产后的年度使用费、方案的建设投资以及由于工期提前或延误而产生的收益或亏损等。该方法的基本出发点在于将建设投资和使用费结

合起来考虑，同时考虑建设周期对投资效益的影响，以综合费用最小为最佳方案。

综合费用法是一种静态指标评价方法，没有考虑资金的时间价值，只适用于建设周期较短的工程。此外，由于综合费用法只考虑费用，未能反映功能、质量、安全、环保等方面的差异，因而只有在方案的功能、建设标准等条件相同或基本相同时才能采用。

② 全寿命周期费用法。全寿命周期费用包括建设项目总投资和后期运营的使用成本两部分，即该建设项目在其确定的寿命周期内或在预定时间内花费的各项费用之和。

全寿命周期费用评价法考虑了资金的时间价值，是一种动态指标评价方法。由于不同设计方案的寿命期不同，因此，应用全寿命周期费用评价法计算费用时，不用净现值法，而用年度等值法，以年度费用最小者为最优方案。

(2) 多指标法。多指标法就是采用多个指标，将各个对比方案的相应指标值逐一进行分析比较，按照各种指标数值的高低对其作出评价。它主要包括：工程造价指标、工期指标、主要材料消耗指标、劳动消耗指标。

还需要考虑建设项目全寿命周期成本，并考虑质量成本、安全成本及环保成本等诸多因素。

(3) 多因素评分法。多因素评分法是指多指标法与单指标法相结合的一种方法。对需要进行分析评价的设计方案设定若干个评价指标，按其重要程度分配权重，然后按照评价标准给各指标打分，将各项指标所得分数与其权重采用综合方法整合，得出各设计方案的评价总分，以获总分最高者为最佳方案，计算方法见下式。多因素评分法综合了定量分析评价与定性分析评价的优点，可靠性高，应用较广泛。

$$W=\sum_{i=1}^{n} q_i W_i \tag{9.2.1}$$

式中，W——设计方案总得分；

q_i——第 i 个指标权重；

W_i——第 i 个指标的得分；

n——指标数。

【例 9.4】设计单位为某建设项目提供了甲、乙、丙 3 种设计方案，现组织专家评审，商议确定工程造价(设计概算)、功能性、技术性、环境影响 4 个大类评价指标，各指标的权重分别为：0.45、0.25、0.2、0.1，汇总后专家打分见表 9-6。试为建设单位选择出合理的设计方案。

表 9-6　专家打分表

指标 方案	工程造价	功能性	技术性	环境影响
甲	8	6	7	9
乙	6	7	7	8
丙	9	6	8	6

解：$W_{甲}=8\times0.45+6\times0.25+7\times0.2+9\times0.1=7.4$

$W_{乙}=6\times0.45+7\times0.25+7\times0.2+8\times0.1=6.65$

$W_{丙}=9\times0.45+6\times0.25+8\times0.2+6\times0.1=7.75$

因为 $W_{丙}>W_{甲}>W_{乙}$，所以丙方案为较合理的设计方案。

(4) 价值工程法。价值工程法是指通过各相关领域的协作，对所研究对象的功能与费用进行系统分析，不断创新，旨在提高研究对象价值的思想方法和管理技术。其目的是以研究对象的最低寿命周期成本可靠地实现使用者所需的功能，从而获取最佳的综合效益。

价值工程的目标是提高研究对象的价值，在设计阶段运用价值工程法可以使建筑产品的功能更合理，可以有效地控制工程造价，还可以节约社会资源，实现资源的合理配置，其计算方法为

$$V = \frac{F}{C} \tag{9.2.2}$$

式中，V——研究对象的价值；

F——研究对象的功能；

C——研究对象的成本，即寿命周期成本。

根据 $V=F/C$，提高价值的途径如下。

① 在提高功能水平的同时，降低成本，这是最有效且最理想的途径。

② 在保持成本不变的情况下，提高功能水平。

③ 在保持功能水平不变的情况下，降低成本。

④ 成本稍有增加，但功能水平大幅度提高。

⑤ 功能水平稍有下降，但成本大幅度下降。

价值工程的工作程序。价值工程可以分为四个阶段，即准备阶段、分析阶段、创新阶段、实施阶段，其工作程序如表 9-7 所示。

表 9-7 价值工程的工作程序

阶 段	步 骤	说 明
准备阶段	1. 对象选择	应明确目标、限制条件和分析范围
	2. 组成价值工程领导小组	一般由项目负责人、专业技术人员、熟悉价值工程的人员组成
	3. 制订工作计划	包括具体执行人、执行日期、工作目标等
分析阶段	4. 收集整理信息资料	此项工作应贯穿于价值工程的全过程
	5. 功能系统评价	明确功能特性要求，并绘制功能系统图
	6. 功能评价	确定功能目标成本、确定功能改进区域
创新阶段	7. 方案创新	提出各种不同的实现功能的方案
	8. 方案评价	从技术、经济和社会等方面综合评价各方案达到预定目标的可行性
	9. 提案编写	将选出的方案及有关资料编写成册
实施阶段	10. 审批	由主管部门组织进行
	11. 实施检查	确定实施计划、组织实施，并跟踪检查
	12. 成果鉴定	对实施后取得的技术经济效果进行成果鉴定

价值系数的分析如下。

① V=1，即研究对象的功能值等于成本。这表明研究对象的成本与实现功能所必需的最低成本大致相当，研究对象的价值为最佳，一般无须优化。

② V<1，即研究对象的功能值小于成本。这表明研究对象的成本偏高，而功能要求

不高。此时，一种可能是存在过剩的功能，另一种可能是功能虽无过剩，但实现功能的条件或方法不佳，以至于使实现功能的成本大于功能的实际需要，应以剔除过剩功能及降低现实成本为改进方向，使成本与功能的比例趋于合理。

③ $V>1$，即研究对象的功能值大于成本。这表明研究对象的功能比较重要，但分配的成本较少。此时，应进行具体分析，功能与成本的分配可能已较理想，或者有不必要的功能，或者应该提高成本。

【例 9.5】某开发商拟开发一幢商业住宅楼，有以下三种可行性设计方案。

方案 A：结构方案为大柱网框架轻墙体系，采用预应力大跨度叠合楼板，墙体材料采用多孔砖及移动式可拆装式分室隔墙，窗户采用单框双玻璃塑钢窗，面积利用系数为 93%，单方造价为 1 528.38 元/m²。

方案 B：结构方案同 A 墙体，采用内浇外砌、窗户采用单框双玻璃空腹钢窗，面积利用系数为 87%，单方造价为 1 120.00 元/m²。

方案 C：结构方案采用砖混结构体系，采用多孔预应力板，墙体材料采用标准黏土砖，窗户采用玻璃空腹钢窗，面积利用系数为 70.69%，单方造价为 1 088.60 元/m²。

方案功能得分及重要系数见表 9-8。

表 9-8 方案功能得分及重要系数

方案功能	方案功能得分			方案功能重要系数
	A	B	C	
结构体系 F_1	10	10	8	0.25
模板类型 F_2	10	10	9	0.05
墙体材料 F_3	8	9	7	0.25
面积系数 F_4	9	8	7	0.35
窗户类型 F_5	9	7	8	0.10

试应用价值工程法选择最优设计方案。

解：(1) 成本系数计算见表 9-9。

表 9-9 成本系数

方案名称	造价(元/m²)	成本系数(C)
A	1 528.38	0.409 0
B	1 120.00	0.299 7
C	1 088.60	0.291 3
合计	3 736.98	1

(2) 功能因素评分与功能系数计算见表 9-10。

各方案的价值系数分别为：$V_A=0.358\,4\div0.409\,0=0.876\,3$

$V_B=0.346\,5\div0.299\,7=1.156\,2$

$V_C=0.295\,0\div0.291\,3=1.012\,7$

因为 $V_B>V_C>V_A$，所以方案 B 为最优设计方案。

表 9-10　功能因素及功能系数

功能因素	重要系数	方案功能得分加权值		
		A	B	C
F_1	0.25	0.25×10=2.5	0.25×10=2.5	0.25×8=2.0
F_2	0.05	0.05×10=0.5	0.05×10=0.5	0.05×9=0.45
F_3	0.25	0.25×8=2.0	0.25×9=2.25	0.25×7=1.75
F_4	0.35	0.35×9=3.15	0.35×8=2.8	0.35×7=2.45
F_5	0.1	0.1×9=0.9	0.1×7=0.7	0.1×8=0.8
合计	1	9.05	8.75	7.45
功能系数		0.358 4	0.346 5	0.295 0

价值工程法在建设项目设计中的运用过程实际上是发现矛盾、分析矛盾和解决矛盾的过程。具体地说，就是分析功能与成本间的关系，以提高建设工程的价值系数。建设项目设计人员要以提高价值为目标，以功能分析为核心，以经济效益为出发点，从而真正实现对设计方案的优化与选择。

3)　优化与选择的定性方法

(1)　设计招标和设计方案竞选。

(2)　限额设计。

(3)　标准化设计。

(4)　德尔菲法(Delphi Method)。

9.2.4　设计概算的编制

编制设计概算是工程造价管理人员在项目设计阶段的主要工作内容之一，涉及初步设计、技术设计和施工图设计等阶段，是设计文件的重要组成部分。设计概算是确定和控制建设项目全部投资的文件，是建设项目实施全过程工程造价控制管理及考核建设项目经济合理性的依据。因此，应全面准确地对建设项目进行设计概算。

1. 设计概算的概念及作用

设计概算是指以初步设计文件为依据，按照规定的程序、方法和依据，对建设项目总投资及其构成进行的概略计算。

在一般的工程实践中，设计概算是指在投资估算的控制下由设计单位根据初步设计或扩大初步设计的图纸及说明，利用国家或地区颁发的概算指标、概算定额、综合指标预算定额、各项费用定额或取费标准(指标)、建设地区自然、技术经济条件和设备、设备材料预算价格等资料，按照设计要求，对建设项目从筹建至竣工交付使用所需全部费用进行的预计。

设计概算书是编制设计概算的成果，简称设计概算。设计概算书是初步设计文件的重要组成部分，其特点是编制工作相对简略，无须达到施工图预算的准确程度。采用“两阶段设计”的建设项目，初步设计阶段必须编制设计概算；采用“三阶段设计”的建设项目，扩大初步设计阶段必须编制修正概算。

设计概算的作用如下。

(1) 设计概算是确定和控制建设项目全部投资的文件，是编制固定资产投资计划的依据。

(2) 设计概算是控制施工图设计和施工图预算的依据。

(3) 设计概算是衡量设计方案技术经济合理性和选择最佳设计方案的依据。

(4) 设计概算是编制招标控制价(招标标底)和投标报价的依据。

(5) 设计概算是签订承、发包合同和贷款合同的依据。

(6) 设计概算是考核建设项目投资效果的依据。

2. 设计概算的内容

1) 设计概算文件的组成

设计概算文件一般应采用三级编制(三级编制是指包含总概算、综合概算和单位工程概算三级的编制)形式，当建设项目为一个单项工程时，可采用二级编制(二级编制是指包含总概算和单位工程概算二级的编制)形式。

三级编制形式的设计概算文件主要包括：封面、签署页及目录，编制说明，总概算表，工程建设其他费用表，综合概算表，单位工程概算表，概算综合单价分析表，附件(其他表)。

二级编制形式的设计概算文件主要包括：封面、签署页及目录，编制说明，总概算表，工程建设其他费用表，单位工程概算表，概算综合单价分析表，附件(其他表)。

2) 设计概算的费用构成

设计概算文件一般文件应采用三级编制形式，当建设项目为一个单项工程时，可采用二级编制形式。设计概算的费用构成如表 9-11 所示。

表 9-11 设计概算的费用构成

建设项目分解	设计概算体系	费用构成
单位工程	单位工程概算	人工费、材料费、施工机具使用费
		企业管理费
		利润
		规费和税
		设备及工器具购置费
单项工程	单项工程综合概算	建筑安装工程费
		设备及工器具购置费
建设项目	建设项目总概算	建筑安装工程费
		设备及工器具购置费
		工程建设其他费用
		预备费
		建设期利息
		生产或经营性项目铺底流动资金

注：表中若干个单位工程概算汇总后成为单项工程概算，若干个单项工程概算和工程建设其他费用、预备费、建设期利息、铺底流动资金等概算文件汇总后成为建设项目总概算。

3) 设计概算的编制内容

设计概算的编制内容包括静态投资和动态投资两个层次。将静态投资作为考核工程设计和施工图预算的依据；将动态投资作为项目筹措、供应和控制资金使用的限额。设计概算的主要编制内容包括单位工程概算、单项工程综合概算及建设项目总概算。

(1) 单位工程概算是指以初步设计文件为依据，按照规定的程序、方法和依据，计算单位工程费用的成果文件，是编制单项工程综合概算(或项目总概算)的依据，是单项工程综合概算的组成部分。单位工程概算按建设项目性质可分为建筑工程概算和设备及安装工程概算两大类，如图 9-9 所示。

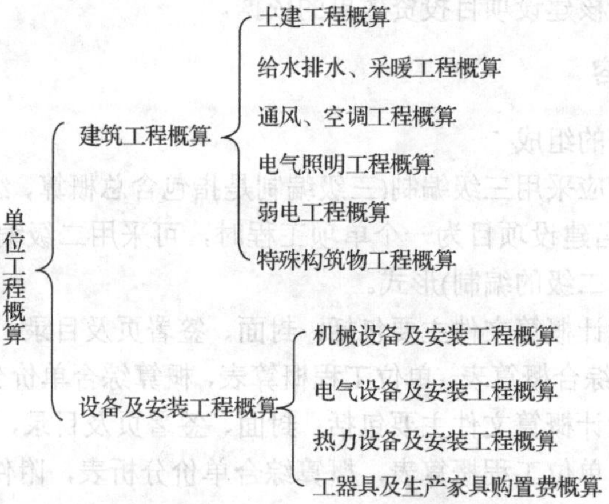

图 9-9 单位工程概算的组成

(2) 单项工程综合概算是指以初步设计文件为依据，在单位工程概算的基础上汇总单项工程工程费用的成果文件，由单项工程中的各单位工程概算汇总编制而成，是建设项目总概算的组成部分。单项工程综合概算的组成如图 9-10 所示。

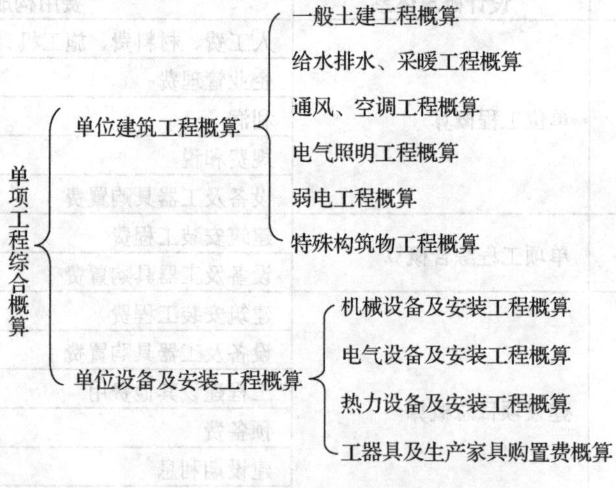

图 9-10 单项工程综合概算的组成

(3) 建设项目总概算是指以初步设计文件为依据，在单项工程综合概算的基础上计算建设项目概算总投资的成果文件。建设项目总概算的组成如图 9-11 所示。

单项工程概算和建设项目总概算仅是一种归纳、汇总性文件，因此，最基本的计算文件是单位工程概算书。若建设项目为一个独立单项工程，则建设项目总概算书与单项工程综合概算书可合并编制。

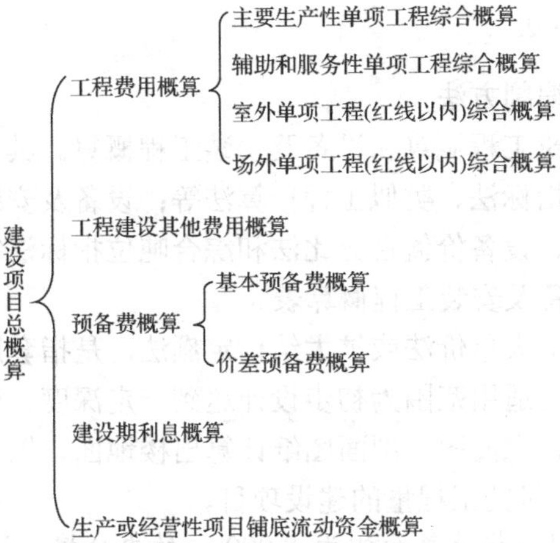

图 9-11　建设项目总概算的组成

3．设计概算的编制要求及依据

1)　设计概算的编制要求

(1)　设计概算应按编制时(期)项目所在地的价格水平编制，总投资应完整地反映编制时建设项目的实际投资。

(2)　设计概算应考虑建设项目施工条件等因素对投资的影响。

(3)　按项目合理工期预测建设期价格水平，以及资产租赁和贷款的时间价值等动态因素对投资的影响。

(4)　建设项目概算总投资还应包括投资方向调节税(暂停征收)和(铺底)流动资金。

2)　设计概算的编制依据

(1)　批准的可行性研究报告。

(2)　工程勘察与设计文件或设计工程量。

(3)　项目涉及的概算指标或定额，以及工程所在地编制同期的人工、材料、机械台班市场价格，相应工程造价管理机构发布的概算定额(或指标)。

(4)　国家、行业和地方政府有关法律、法规或规定，政府有关部门、金融机构等发布的价格指数、利率、汇率、税率，以及工程建设其他费用等。

(5)　资金筹措方式。

(6)　正常的施工组织设计或拟定的施工组织设计和施工方案。

(7)　项目涉及的设备材料供应方式及价格。

(8)　项目的管理(含监理)、施工条件。

(9)　项目所在地区有关的气候、水文、地质地貌等自然条件。

(10) 项目所在地区有关的经济、人文等社会条件。

(11) 项目的技术复杂程度，以及新技术、专利使用情况等。

(12) 有关文件、合同、协议等。

(13) 委托单位提供的其他技术经济资料。

(14) 其他相关资料。

4．设计概算的编制方法

1)　单位工程概算的编制方法

单位工程概算包括建筑工程概算和设备及安装工程概算。其中，建筑工程概算的编制方法有概算定额法、概算指标法、类似工程预算法等；设备及安装工程概算的编制方法有预算单价法、扩大单价法、设备价值百分比法和综合吨位指标法等，计算完成后，应分别填写建筑工程概算表和设备及安装工程概算表。

(1)　概算定额法又称扩大单价法或扩大结构定额法，是指套用概算定额编制建设项目概算的方法。概算定额法的适用范围为初步设计达到一定深度，建筑结构尺寸比较明确，能按照初步设计的平面图、立面图、剖面图纸计算出楼地面、墙身、门窗和屋面等扩大分项工程(或扩大结构构件)项目的工程量的建设项目。

【例 9.6】某公司拟建一栋建筑面积为 8 000m^2 的办公楼，试按给出的扩大单价(仅含人、材、机费用)和土建工程量，见表 9-12，编制该办公楼土建工程设计概算造价和单位平方米造价。各项费率如下：以定额人工费为基数的企业管理费费率为 20%，利润率为 15%，“五险一金”费率为 28%，按标准缴纳的工程排污费为 40 万元，增值税税率为 11%。(不同地区的费率和取费基础会有所不同)

表 9-12　扩大单价和土建工程量

序　号	分部分项工程名称	单　位	工程量	扩大单价(元)	其中：人工费(元)
1	基础工程	10m^3	180	3 000	350
2	混凝土及钢筋混凝土工程	10m^3	170	13 200	600
3	砌筑工程	10m^3	290	5 000	920
4	楼地面工程	100m^2	75	32 000	3 600
5	防水卷材屋面	100m^2	45	14 000	1 500
6	门窗工程	100m^2	40	55 100	9 800
7	脚手架	100m^2	180	1 100	220
8	模板	100m^2	200	10 000	240

解：该办公楼土建工程概算造价见表 9-13。

表 9-13　某办公楼土建工程概算造价计算表

序号	分部分项工程名称	单　位	工程量	单价(元)	合计(元)	其中：人工费(元)
1	基础工程	10m^3	180	3 000	540 000	63 000
2	混凝土及钢筋混凝土工程	10m^3	170	13 200	2 244 000	102 000
3	砌筑工程	10m^3	290	5 000	1 450 000	266 800
4	楼地面工程	100m^2	75	32 000	2 400 000	270 000
5	防水卷材屋面	100m^2	45	14 000	6 300 000	67 500
6	门窗工程	100m^2	40	55 100	2 204 000	392 000
7	脚手架	100m^2	180	1 100	198 000	39 600
8	模板	100m^2	200	10 000	2 000 000	48000

续表

序　号	分部分项工程名称	单　位	工程量	单价(元)	合计(元)	其中：人工费(元)
A	人、材、机费用合计	1+2+3+4+5+6+7+8			11 666 000	
B	其中：人工费合计	1+2+3+4+5+6+7+8			1 248 900	
C	企业管理费	B×20%			249 780	
D	利润	B×15%			187 335	
E	规费	B×28%+400 000			749 692	
F	增值税销项税额	(A+C+D+E)×11%			1 413 808.77	
G	概算造价	A+C+D+E+F			14 266 615.77	

(2) 概算指标法是指用拟建建设项目的建筑面积(或体积)乘以技术条件相同或基本相同的概算指标得出人工费、材料费和施工机具使用费，然后按规定计算出企业管理费、利润、规费和税金等，得出单位工程概算的方法。

概算指标法的适用范围为：①由于设计无图纸而只有概念性设计，或初步设计深度不够，不能准确地计算出工程量，但设计采用的技术比较成熟；②设计方案急需工程造价概算而又有类似工程概算指标可以利用；③图纸设计间隔很久后再来实施，概算造价不适用于当前情况而又急需确定造价的情形下，可按当前概算指标来修正原有概算造价；④通用设计图设计可组织编制通用图设计概算指标来确定造价。

套用概算指标编制概算：

① 直接套用。在使用概算指标法时，如果拟建工程在建设地点、结构特征、地质及自然条件、建筑面积等方面与概算指标相同或相近时，就可以直接套用概算指标编制概算。

【例 9.7】某单位拟建一幢混合结构五层住宅楼，其一般土建工程初步设计的要求和结构特征，与该省建筑工程概算指标中的某一指标的建筑、结构特征相符合，因此选用该项指标编制概算，其概算指标一般土建工程每平方米工程造价为 960 元。根据初步设计图纸计算建筑面积为 5 000m^2，试计算拟建项目一般土建工程工程造价。

解：拟建项目一般土建工程工程造价=960 × 5 000=480(万元)

② 间接套用。在实际工作中，经常会遇到拟建对象的结构特征与概算指标中规定的结构特征有局部不同的情况，因此，必须对概算指标进行调整后方可套用。

a. 调整概算指标中的每 m^2(m^3)造价。这种调整方法是将原概算指标中的单位造价进行调整，扣除每 m^2(m^3)原概算指标中与拟建工程结构不同部分的造价，增加每 m^2(m^3)拟建工程与概算指标结构不同部分的造价，使其成为与拟建工程结构相同的工料单价。其计算方法见下式：

$$\text{结构变化修正概算指标(元/m}^2\text{、元/m}^3) = J + Q_1P_1 - Q_2P_2 \qquad (9.2.3)$$

式中，J——原概算指标；

Q_1——概算指标中换入结构的工程量；

Q_2——概算指标中换出结构的工程量；

P_1——换入结构的工料单价；

P_2——换出结构的工料单价。

则拟建工程造价为：人、材、机费=修正后的概算指标×拟建工程建筑面积(体积)，求出人、材、机费用后，再按照规定的取费方法计算其他费用，最终得到单位工程概算造价。

b. 调整概算指标中的工、料、机数量。这种方法是将原概算指标中每 100m^2(1 000m^3)建筑面积(体积)中的工、料、机数量进行调整，扣除原概算指标中与拟建工程结构不同部分的工、料、机消耗量，增加拟建工程与概算指标结构不同部分的工、料、机消耗量，使其成为与拟建工程结构相同的每 100m^2(1 000m^3)建筑面积(体积)工、料、机数量。其计算方法见下式：

$$\text{结构变化修正概算指标的工、料、机数量} = L + M_1N_1 - M_2N_2 \tag{9.2.4}$$

式中，L——原概算指标的工、料、机数量；

M_1——换入结构构件工程量；

N_1——换入结构构件相应定额工、料、机消耗量；

M_2——换出结构构件工程量；

N_2——换出结构构件相应定额工、料、机消耗量。

以上两种方法，前者是直接修正概算指标单价，后者是修正概算指标工、料、机的数量。修正之后，方可按上述方法分别套用。

【例 9.8】某校拟建一建筑面积为 4 000m^2 的公寓楼，按概算指标和地区材料预算价格等计算出一般土建工程单位造价 920 元/m^2(其中人、材、机费用为 700 元/m^2)，采暖工程 68 元/m^2，给排水工程 50 元/m^2，照明工程 130 元/m^2。拟建公寓楼设计资料与概算指标相比较，其结构构件有部分变更。

设计资料表明，外墙为 1.5 砖外墙，而概算指标中外墙为 1 砖墙。根据当地土建工程预算价格，外墙带形毛石基础的预算单价为 413.26 元/m^3，1 砖外墙的预算单价为 651.22 元/m^3，1.5 砖外墙的预算单价为 664.26 元/m^3；概算指标中每 100m^2 中含外墙带形毛石基础为 3.2m^3，1 砖外墙为 15.63m^3。新建工程设计资料表明，每 100m^2 中含外墙带形毛石基础为 4.4m^3，1.5 砖外墙为 24.7m^3。请计算调整后的概算指标和拟建公寓的概算造价。

解：(1) 调整后的概算指标计算见表 9-14。

表 9-14 调整后的概算指标

序 号	结构名称	数量(m^3)	单价(元/m^3)	单位面积价格(元/m^2)
	土建工程人、材、机费用			700.00
	换出部分			
1	外墙带形毛石基地	0.032	413.26	13.22
2	1 砖外墙	0.1563	651.22	101.79
	换出部分合计			115.01
	换入部分			
3	外墙带形毛石基础	0.044	413.26	18.18
4	1.5 砖外墙	0.247	664.26	164.07
	换入部分合计			182.25
因结构变化调整的概算指标：700.00−115.01+182.25=767.24(元/m^2)				

(2) 拟建公寓的概算造价=(920−700+767.24+68+50+130)×4 000=494.096(万元)

(3) 类似工程预算法是指利用技术条件与设计对象类似的已完建设项目或在建建设项目的工程造价资料来编制拟建项目设计概算的方法。类似工程预算法的适用范围为当拟建项目初步设计与已完建设项目或在建建设项目的设计相类似而又没有可用的概算指标的项目。

类似工程预算法对条件有所要求，也就是可比性，即拟建工程项目在建筑面积、结构构造特征要与已建工程基本一致，如层数相同、面积相似、结构相似、工程地点相似等，采用此方法时必须对建筑结构差异和价差进行调整。

① 建筑结构差异的调整。结构差异调整方法与概算指标法的调整方法相同。

② 价差调整。类似工程造价的价差调整可以采用以下两种方法。

a. 当类似工程造价资料有具体的人工、材料、机械台班的用量时，可按类似工程预算造价资料中的主要材料、工日、机械台班数量乘以拟建工程所在地的主要材料预算价格、人工单价、机械台班单价，计算出人工、材料、施工机具使用费，再计算措施费、规费、企业管理费、利润和税金，即可得出所需的造价指标。

b. 类似工程造价资料只有人工、材料、施工机具使用费和企业管理费等费用或费率时，调整方法见下式：

$$D = A \times K \tag{9.2.5}$$

$$K = aK_1 + bK_2 + cK_3 + dK_4 + \cdots \tag{9.2.6}$$

式中，D——拟建工程成本单价；

A——类似工程成本单价；

K——成本单价综合调整系数；

a、b、c、d——类似工程概算的人工费、材料费、施工机具使用费、企业管理费等占预算成本的比重，如 $a\%$ = 类似工程人工费÷类似工程概算成本×100%，b、c、d 类同；

K_1、K_2、K_3、K_4——拟建项目地区与类似工程概算造价在人工费、材料费、施工机具使用费、企业管理费等之间的差异系数，如 K_1=拟建工程概算的人工费(或工资标准)÷类似工程概算人工费(或地区工资标准)，K_2、K_3、K_4 类同。

以上综合调价系数是以类似项目中各成本构成项目占总成本的百分比为权重，按照加权的方式计算的成本单价的调价系数。根据类似工程概算提供的资料，也可以按照同样的计算思路计算出人、材、机费用综合调整系数，通过系数调整类似工程的工料单价，再计算其他剩余费用构成内容，也可得出所需的造价指标。

【例 9.9】 某地拟建一建筑面积为 4 400m^2 的办公楼，拟建办公楼的差异系数分别为：人工费 K_1=1.03、材料费 K_2=1.06、施工机具使用费 K_3=0.92、企业管理费 K_4=1.02、其他费用 K_5=0.9。现有类似工程的建筑面积为 4 150m^2，概算造价 460 万元，各种费用占概算造价的比重为：人工费 8%、材料费 60%、施工机具使用费 5%、企业管理费 2%、其他费用 25%。试用类似工程预算法编制概算。

解： 综合调整系数 K=8% × 1.03+60% × 1.06+5% × 0.92+2% × 1.02+25% × 0.9=1.009 8

价差修正后的类似工程概算造价=460 × 1.009 8=464.508(万元)

价差修正后的类似工程概算造价=464.508 × 10 000÷4 150=1 119.29(元/m^2)

拟建办公楼概算造价=1 119.29 × 4 400=4 924 876(元)=492.487 6(万元)

按上述(1)(2)(3)计算后需填写的建筑工程概算表见表 9-15。

表 9-15　建筑工程概算表

单位工程概算编号：　　　　　　工程名称(单位工程)　　　　　　共　页　第　页

序号	定额编号	项目名称	单位	数量	单价(元)				合价(元)			
					定额基价	人工费	材料费	机具费	金额	人工费	材料费	机具费
一		土石方工程										
1	××	××										
2	××	××										
…												
		小计										
		工程综合取费										
		单位工程概算费用合计										

编制人：　　　　　　　　　　　　　审核人：

(4) 预算单价法，当初步设计较深，有详细的设备清单时，可直接按安装工程预算定额单价编制安装工程概算，概算编制程序与安装工程施工图预算程序基本相同，具体的编制步骤与建筑工程概算类似。该法的优点是计算比较具体，精确性较高。

(5) 扩大单价法，当初步设计深度不够，设备清单不完备，只有主体设备或仅有成套设备重量时，可采用主体设备、成套设备的综合扩大安装单价来编制概算，具体的编制步骤与建筑工程概算类似。

(6) 设备价值百分比法，又称安装设备百分比法，当初步设计深度不够，只有设备出厂价而无详细规格、重量时，安装费可按占设备费的百分比计算。其百分比值(即安装费率)由相关管理部门制定或由设计单位根据已完类似项目确定。该法常用于价格波动不大的定型产品和通用设备产品，计算方法见下式：

$$设备安装费=设备原价\times安装费率 \tag{9.2.7}$$

(7) 综合吨位指标法，当初步设计提供的设备清单有规格和设备重量时，可采用综合吨位指标编制概算，其综合吨位指标由相关主管部门或由设计单位根据已完类似项目的资料确定。该法常用于设备价格波动较大的非标准设备和引进设备的安装工程概算，计算方法见下式：

$$设备安装费=设备吨重\times每吨设备安装费指标 \tag{9.2.8}$$

按上述(4)(5)(6)(7)计算后需填写的设备及安装工程概算表见表 9-16。

表 9-16　设备及安装工程概算表

单位工程概算编号：　　　　　　　　　　工程名称(单位工程)　　　　　　　　　　共　页　第　页

序号	定额编号	项目名称	单位	数量	单价(元)					合价(元)				
					设备费	主材费	定额基价	其中：		设备费	主材费	定额费	其中：	
								人工费	机具费				人工费	机具费
一		设备安装												
1	××	××												
2	××	××												
…														
		小计												
		工程综合取费												
		单位工程概算费用合计												

编制人：　　　　　　　　　　　　　　　　　　审核人：

2) 单项工程综合概算的编制方法

单项工程综合概算的编制方法主要是填写综合概算表，然后形成单项工程综合概算文件。单项工程综合概算文件一般包括编制说明(不编制总概算时列入)、综合概算表(含其所附的单位工程概算表和建筑材料表)两大部分。当建设项目只有一个单项工程时，此时综合概算文件(实为总概算)除包括上述两大部分外，还应包括工程建设其他费用、建设期利息、预备费的概算。

(1) 编制说明。编制说明应列在综合概算表的前面，其内容包括以下几方面。

① 工程概况，简述建设项目性质、特点、生产规模、建设周期、建设地点、主要工程量、工艺设备等情况。引进项目要说明引进内容以及与国内配套工程等主要情况。

② 编制依据，包括国家和有关部门的规定、设计文件、现行概算定额或概算指标、设备材料的预算价格和费用指标等。

③ 编制方法，说明设计概算是采用概算定额法，还是采用概算指标法或其他方法。

④ 主要设备、材料的数量。

⑤ 主要技术经济指标，主要包括项目概算总投资(有引进的给出所需外汇额度)及主要分项投资、主要技术经济指标(主要单位投资指标)等。

⑥ 工程费用计算表，主要包括建筑工程费用计算表、工艺安装工程费用计算表、配套工程费用计算表、其他涉及工程的工程费用计算表。

⑦ 引进设备材料有关费率取定及依据，主要是关于国外运输费、国外运输保险费、关税、增值税、国内运杂费、其他有关税费等。

⑧ 引进设备材料从属费用计算表。

⑨ 其他必要的说明。

(2) 综合概算表。综合概算表是指根据单项工程所辖范围内的各单位工程概算等基础资料，按照规定编制的表格文件，见表 9-17。

表 9-17　综合概算表

建设工程名称：　　　　　　　　　　　　　　　　　　　　综合概算价值　　元
项目名称：　　　　　　　　　　　　　　　　　　　按 20××年的材料价格和定额

顺序号	工程项目和费用名称	建筑工程	设备购置	安装工程	工、器具及生产家具购置	其他	总价	技术经济指标			占投资额的百分比
								单位	数量	单位造价(元)	
1	2	3	4	5	6	7	8	9	10	11	12

编制单位：　　　　　　　　　　　　　　　　　　　　　　　项目负责人：
20××年×月×日编制

【例 9.10】根据某地区钢厂炼钢车间工程项目综合概算编制相应表格。

解：钢厂炼钢车间综合概算表如表 9-18 所示。

表 9-18　钢厂炼钢车间综合概算表

建设工程名称：某地区钢厂　　　　　　　　　　　　　综合概算价值 15351130 元
项目名称：炼钢车间工程项目　　　　　　　　　　　按 20××年的材料价格和定额

序号	工程或费用名称	概算价值/元					技术经济指标		
		建筑工程费	安装工程费	设备和工器具及生产家具购置费	其他费用	合计	单位	数量	单位价值(元/m^2)
1	2	3	4	5	6	7	8	9	10
一	建筑工程	8398631				8398631			
(1)	一般土建	5643972				5643972			
(2)	工业炉筑炉	2623802				2623802	m^2	5089	1650.35
(3)	工艺管道	61762				61762			
(4)	照明	69145				69145			
二	设备及安装工程		3011690	3883053		6894743			
(1)	机械设备及安装		2509174	3843731		6352905	m^2	5089	1354.83
(2)	电力设备及安装		500341	34690		535031			
(3)	自控系统设备及安装		2175	4632		6807			
三	工器具及生产家具购置费			57756		57756	m^2	5089	11.35
	合　计	8398631	3011690	3940809		15351130			3016.53
	占综合概算造价比例	54.7%	19.6%	25.7%		100%			

编制单位：　　　　　　　　　　　　　　　　　　　　　　　项目负责人：
20××年×月×日编制

3) 建设项目总概算的编制方法

建设项目总概算的编制方法主要是填写总概算表，然后形成设计总概算文件。设计总

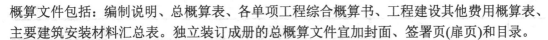

概算文件包括：编制说明、总概算表、各单项工程综合概算书、工程建设其他费用概算表、主要建筑安装材料汇总表。独立装订成册的总概算文件宜加封面、签署页(扉页)和目录。

(1) 封面、签署页及目录。封面、签署页格式如表9-19所示。

表9-19　封面、签署页

建设项目设计概算文件

建设单位 ______________________________

建设项目名称 ______________________________

设计单位(或工程造价咨询企业) ______________________________

编制单位 ______________________________

编制人(资格证号) ______________________________

审查人(资格证号) ______________________________

项目负责人 ______________________________

总工程师 ______________________________

单位负责人 ______________________________

(2) 编制说明。编制说明应包括下列内容。

① 工程概况。简述建设项目性质、特点、生产规模、建设周期、建设地点等主要情况。

② 资金来源及投资方式。

③ 编制依据及编制原则。

④ 编制方法。说明设计概算是采用概算定额法，还是采用概算指标法等。

⑤ 投资分析。主要分析各项目投资的比重、各专业投资的比重等经济指标。

⑥ 其他需要说明的问题。

(3) 总概算表。总概算表如表9-20所示。

表9-20　总概算表

建设单位：　　　　　　　　　　　　工程名称：

总概算价值　　元　　　　　　　　　其中回收金额：

(打√处填入相应数额)

序号	工程或费用名称	概算价值(元)						技术经济指标(元)		
		建筑工程费	安装工程费	设备购置费	工器具及生产用具购置费	其他费用	合计	单位	数量	指标
1	2	3	4	5	6	7	8	9	10	11
	第一部分 工程费用									
1	一、主要生产和辅助生产项目									
2	×××厂房	√	√	√	√		√	m^2	√	√
	×××厂房	√	√	√	√		√	m^2	√	√
3	…									

续表

序号	工程或费用名称	概算价值(元)						技术经济指标(元)		
		建筑工程费	安装工程费	设备购置费	工器具及生产用具购置费	其他费用	合计	单位	数量	指标
1	2	3	4	5	6	7	8	9	10	11
4	机修车间	√	√	√	√		√	m^2	√	√
5	电修车间	√	√	√	√		√	m^2	√	√
6	工具车间	√	√	√	√		√	m^2	√	√
7	木工车间	√	√	√	√		√	m^2	√	√
8	模型车间	√	√	√	√		√	m^2	√	√
	仓库	√					√	m^2	√	√
	…									
	小计	√	√	√	√		√	m^2	√	√
9	二、公用设备项目									
10	变电所	√	√	√			√	kV·A	√	√
11	锅炉房	√	√	√			√	t	√	√
12	压缩空气站	√	√	√			√	m^3/h	√	√
13	室外管道	√	√	√			√	m	√	√
14	输电线路		√				√	km	√	√
15	水泵室	√	√	√		√	√	m^2	√	√
16	铁路专用线	√				√	√	km	√	√
17	公路	√					√	m^2	√	√
18	车库	√					√	m^2	√	√
19	运输设备			√			√	台	√	√
	人防工程	√	√	√			√	m^2	√	√
	…									
	小计	√	√	√			√			
20	三、生活福利、文化教育及服务项目									
21	职工住宅	√				√	√	m^2	√	√
22	俱乐部	√					√	m^2	√	√
23	医院	√		√	√	√	√	m^2	√	√
24	食堂及办公门卫	√	√		√	√	√	m^2	√	√
25	学校托儿所	√					√	m^2	√	√
	浴室厕所	√					√	m^2	√	√
	…									
	小计	√	√	√	√		√	m^2	√	√
	第一部分工程费用合计	√	√	√	√		√			
26	第二部分其他工程和费用项目									

续表

序号	工程或费用名称	概算价值(元)						技术经济指标(元)		
		建筑工程费	安装工程费	设备购置费	工器具及生产用具购置费	其他费用	合计	单位	数量	指标
1	2	3	4	5	6	7	8	9	10	11
27	土地征用费					√	√			
28	建设单位管理费					√	√			
29	研究试验费					√	√			
30	生产工人培训费					√	√			
31	办公和生活用具购置费					√	√			
32	联合试车费					√	√			
33	勘察设计费						√			
34	施工机构转移费					√				
35	…									
	第二部分 其他工程和费用项目合计	√	√	√	√	√	√			
	第一、二部分工程和费用	√	√	√	√	√	√			
	预备费	√	√	√	√		√			
	总概算价值(其中回收金额)									
	投资比例									

(4) 工程建设其他费用概算表。工程建设其他费用概算按国家或地区部委所规定的项目和标准确定，并按统一表格编制。

(5) 单项工程综合概算表和建筑安装单位工程概算表。

(6) 工程量计算表及工、料数量汇总表。

(7) 分年度投资汇总表与分年度资金流量汇总表。

(8) 材料汇总表与工日数量表。

9.3 建设项目招标投标阶段工程造价确定与管理

9.3.1 概述

1. 建设项目招标投标的概念和意义

1) 建设项目招标投标的概念

建设项目招标：招标人(即发包单位)在发包建设项目之前，通过公共媒介告示或直接邀请潜在的投标人(即拟承包的投标单位)，由投标人根据招标文件的要求提出项目实施方案及报价进行投标，经开标、评标、决标等环节，从众多投标人中择优选定承包人的一种经济活动。

建设项目投标：具有合法资格和能力的投标人根据招标文件的要求，提出工程项目实施方案和报价，在规定的期限内提交标书，并参加开标，努力争取中标并与招标人签订承包合同的一种经济活动。

2) 建设项目招标投标的意义

(1) 推行招投标制使市场定价的价格机制基本形成，使工程价格更趋合理。

(2) 推行招投标制能够不断地降低社会平均劳动消耗水平，使工程价格得到合理降低。

(3) 推行招投标制便于供求双方更好地相互选择，使工程价格更趋合理，进而更好地控制工程造价。

(4) 推行招投标制有利于规范价格行为，使公开、公平、公正的原则得以贯彻执行。

(5) 推行招投标制能够适当地减少交易费用，节省人力、物力、财力，进而使工程造价有所降低。

2. 建设项目招标的范围及方式

1) 建设项目招标的范围

(1) 大型基础设施、公用事业等关系社会公共利益、公共安全的项目。

(2) 全部或者部分使用国有资金投资或国家融资的项目。

(3) 使用国际组织或者外国政府贷款、援助资金的项目。

2) 特殊情况下可不进行招标的项目

(1) 需要采用不可替代的专利或者专有技术。

(2) 采购人依法能够自行建设、生产或者提供。

(3) 已通过招标方式选定的特许经营项目投资人依法能够进行建设、生产或者提供。

(4) 需要向原中标人采购工程、货物或者服务，否则将影响施工或者功能配套要求。

(5) 国家规定的其他特殊情况。

3) 建设项目招标的方式

《中华人民共和国招标投标法》(简称《招标投标法》)规定，建设工程项目的招标方式分为公开招标和邀请招标两种。

(1) 公开招标。公开招标又称无限竞争性招标，招标人在公共媒体上发布招标公告，提出招标项目和要求，符合条件的一切法人或者组织都可以参加投标竞争，都有同等竞争的机会。按规定应该进行招标的建设工程项目，一般应采用公开招标方式。

公开招标的优点是招标人有较大的选择范围，可在众多投标人中选择报价合理、工期较短、技术可靠、资信良好的中标人。其缺点是公开招标的资格审查和评标的工作量比较大，耗时长、费用高，且有可能因资格预审把关不严格致使鱼目混珠的情况发生。如果采用公开招标方式，招标人就不得以不合理的条件限制或排斥潜在的投标人。例如，不得限制本地区以外或本系统以外的法人或组织参加投标等。

(2) 邀请招标。邀请招标又称有限竞争性招标，招标人事先经过考察和筛选，将投标邀请书发给某些暂定的法人或者组织，邀请其参加投标。

邀请招标的优点是经过筛选的投标单位在施工经验、技术力量、经济和信誉上都比较可靠，因而一般能保证施工质量和进度要求，此外，参加投标的承包商数量少，招标时间相对缩短，招标费用也较少。其缺点是由于参加的投标单位较少，竞争性较差，使得招标单位对投标单位的选择余地较少，如果招标单位在选择邀请单位前所掌握的信息资料不足，则将会失去选择最适合承担该项目的承包商的机会。

《招标投标法实施条例》规定，国有资产占控股或者主导地位的依法必须进行招标的项目，应当公开招标，但有下列情形之一的，可以邀请招标：

① 技术复杂，有特殊要求或者受自然环境限制，只有少量潜在投标人可供选择。

② 采用公开招标方式的费用占项目合同金额的比例过大。

(3) 公开招标与邀请招标在招标程序上的区别如下。

① 招标信息的发布方式不同。公开招标是利用招标公告发布招标信息，而邀请招标则是采用向三家以上具有实施能力的投标人发出投标邀请书，请他们参与投标竞争。

② 对投标人资格预审的时间不同。进行公开招标时，由于投标响应者较多，为了保证投标人具有相应的实施能力，以及缩短评估时间，突出投标的竞争性，通常设置资格预审程序。而邀请招标由于竞争范围小，且招标人对邀请对象的能力有所了解，不需要再进行资格预审，但评标阶段还要对各投标人的资格和能力进行审查和比较。

③ 邀请的对象不同。公开招标是向不特定的法人或者其他组织邀请招标，而邀请招标邀请的是特定的法人或其他组织。

3．建设项目招投标阶段工程造价管理的内容

1) 发包人选择合理的招标方式

邀请招标适用于国家投资的特殊项目和非国有经济投资的项目。公开招标适用于国家投资或国家投资占多数的项目，是能够体现公开、公平、公正原则的最佳招标方式。选择合理的招标方式是合理确定工程合同价款的基础，对工程造价的控制与管理有重要影响。

2) 发包人选择合理的发包模式

常见的承包模式包括总分包模式、平行承包模式、联合体承包模式和合作承包模式。不同的承包模式适用的工程项目类型不同，对工程造价的控制作用也不同。

3) 发包人编制招标文件，确定招标工程标底

建设工程项目的发包数量、合同类型和招标方式一经批准确定后，即应编制为招标服务的有关文件。工程计量方法和报价方法的不同，会产生不同的合同价格，因而在招标前，应选择有利于降低工程造价和便于合同管理的工程计量方法和报价方法。编制标底是建设工程项目招标前的另一项重要工作，标底的编制应当实事求是，综合考虑和体现发包人和承包人的利益。

4) 承包人编制投标文件，合理确定投标报价

拟投标招标工程的承包人在通过资格审查后，根据获取的招标文件，编制投标文件，并对其作出实质性的响应。在核实工程量的基础上根据企业定额进行工程报价，然后在广泛了解潜在竞争者及工程情况和企业情况的基础上，运用投标技巧和正确的策略来确定最后报价。

5) 规范开标、评标和定标

合理、规范、有效地开标、评标和定标，有效监督招标过程，防止不良招投标行为的

产生，有助于保证工程造价的合理性，是招投标阶段工程造价控制的另一个重要内容。发包人应当按照相关规定确定中标单位，并对相关的进度、质量和价款等内容进行质询和谈判，明确相关事项，以确保承包人和发包人等各方的利益不受损害。

6) 通过评标定标，选择中标单位，签订承包合同

评标委员会依据评标规则，对投标人评分并排名，向业主推荐中标人，并以中标人的报价作为承包价。合同的形式应在招标文件中确定，并在投标函中做出响应。不同的合同格式适用于不同类型的工程，正确选用合适的合同类型是保证合同顺利执行的基础。

9.3.2 招标程序与招标控制价的编制

1. 招标程序

建设工程公开招标、邀请招标程序如图 9-12 和图 9-13 所示。

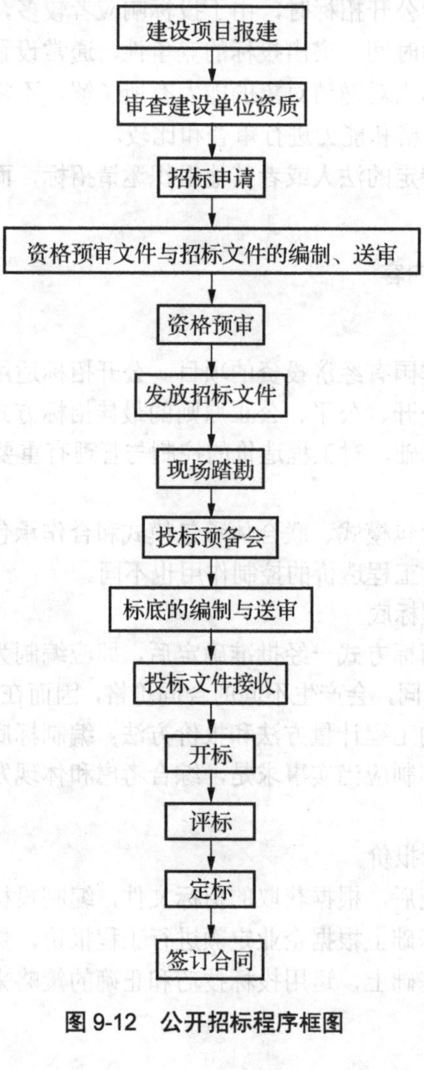

图 9-12 公开招标程序框图

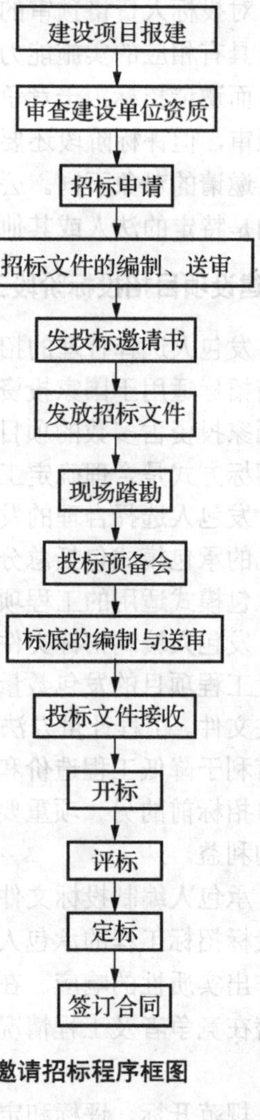

图 9-13 邀请招标程序框图

2．招标控制价编制的规定及方法

1)　招标控制价的概念

招标人根据国家或省级、行业建设主管部门颁发的有关计价依据和办法，按设计施工图纸计算的，对招标工程限定的最高工程造价，也可称其为拦标价、预算控制价或最高报价等。

2)　招标控制价的编制依据

(1)　《建设工程工程量清单计价规范》(GB 50500—2013)与专业工程计量规范。

(2)　国家或省级、行业建设主管部门颁发的计价定额和计价办法。

(3)　建设工程设计文件及相关资料。

(4)　拟定的招标文件及招标工程量清单。

(5)　与建设项目相关的标准、规范、技术资料。

(6)　施工现场情况、工程特点及常规施工方案。

(7)　工程造价管理机构发布的工程造价信息，工程造价信息没有发布的，参照市场价。

(8)　其他相关资料。

3)　招标控制价的编制方法

(1)　以定额计价法编制招标控制价。

(2)　以工程量清单计价法编制招标控制价。

4)　招标控制价的编制内容

招标控制价的编制内容主要包括分部分项工程费、措施项目费、其他项目费、规费和税金，各部分都有其不同的计价要求。

(1)　分部分项工程费的编制要求。

①　分部分项工程费应根据招标文件中的分部分项工程量清单及相关要求，按照《建设工程工程量清单计价规范》(GB 50500—2013)的相关规定确定综合单价。

②　工程量依据招标文件中提供的分部分项工程量清单确定。

③　招标文件提供了暂估单价的材料，应按暂估的单价计入综合单价。

④　为使招标控制价与投标报价所包含的内容一致，综合单价中应包括招标文件中要求投标人所承担的风险内容及其范围(幅度)产生的风险费用。

(2)　措施项目费的编制要求。

①　措施项目费中的安全文明施工费应当按照国家或省级、行业建设主管部门的规定标准计价，该部分不得作为竞争性费用。

②　措施项目应按照招标文件中提供的措施项目清单确定，措施项目采用分部分项工程综合单价形式进行计价的工程量，应按措施项目清单中的工程量，并按与分部分项工程工程量清单单价相同的方式确定综合单价；以“项”为单位的计价方式计价的，依据有关规定按综合价格计算，包括除规费、税金以外的全部费用。

(3)　其他项目费的编制要求。

①　暂列金额。暂列金额可根据工程的复杂程度、设计深度、工程环境条件(包括地质、水文、气候条件等)进行估算，一般可以分部分项工程费的 5%～10%为参考。

②　暂估价。暂估价中的材料单价应按照工程造价管理机构发布的工程造价信息中的

材料单价计算，工程造价信息未发布的材料单价，其单价参考市场价格估算；暂估价中的专业工程暂估价应分不同专业，按有关计价规定估算。

③ 计日工。计日工在编制招标控制价时，对计日工中的人工单价和施工机械台班单价应按省级、行业建设主管部门或其授权的工程造价管理机构发布的单价计算；材料应按工程造价管理机构发布的工程造价信息中的材料单价计算，工程造价信息未发布材料单价的材料，其价格应按市场调查确定的单价计算。

④ 总承包服务费。总承包服务费应按省级或行业建设主管部门的规定计算，在计算时可参考以下标准：招标人仅要求对分包的专业工程进行总承包管理和协调时，按分包的专业工程估算造价的1.5%计算；招标人要求对分包的专业工程进行总承包管理和协调，并同时要求提供配合服务时，根据招标文件中列出的配合服务内容和提出的要求，按分包的专业工程估算造价的3%～5%计算；招标人自行供应材料的，按招标人供应材料价值的1%计算。

(4) 规费和税金的编制要求。

规费和税金必须按照国家或省级、行业建设主管部门的规定计算。

5) 招标控制价的应用

招标控制价最基本的应用形式，是招标控制价与各投标单位投标价格的对比。对比分为：工程项目总价对比、单项工程总价对比、单位工程总价对比、分部分项工程综合单价对比、措施项目列项与计价对比、其他项目列项与计价对比。

【例 9.11】某地方政府投资一建设项目，法人单位委托招标代理机构采用公开招标方式代理招标，并委托有资质的工程造价咨询企业编制了招标控制价。招投标过程中发生了以下事件。

事件一，招标代理机构设定招标文件出售的起止时间为 2 个工作日，并要求投标保证金 100 万元。

事件二，开标后，招标代理机构组建了评标委员会，由技术专家 2 人、经济专家 3 人、招标人代表 1 人、该项目主管部门主要负责人 2 人组成。

事件三，招标人向中标人发出中标通知书后，向其提出降价要求，双方经多次谈判，签订了书面合同，合同价比中标价降低 3%；招标人在与中标人签订合同后的 5 个工作日内，退还了未中标的其他投标人的投标保证金。

请问：(1) 事件一中招标代理机构的行为有什么不妥之处，说明理由。

(2) 事件二中招标代理机构的行为有什么不妥之处，说明理由。

(3) 事件三中招标人的行为有什么不妥之处，说明理由。

解：1. 事件一中存在的不妥之处及其理由。

(1) “招标文件出售的起止时间为 2 个工作日”不妥，因为招标文件自出售之日起至停止出售之日不得少于 5 天。

(2) “要求投标保证金为 100 万元”不妥，因为投标保证金不得超过投标总价的 2%，但最高不得超过 80 万元人民币。

2. 事件二中存在的不妥之处及其理由。

(1) “开标后组建评标委员会”不妥，因为评标委员会应于开标前组建。

(2) “招标代理机构组建了评标委员会”不妥，因为评标委员会应由招标人负责组建。

(3) “该项目主管部门主要负责人 2 人”不妥，因为项目主管部门的人员不得担任评委。

3. 事件三中存在的不妥之处及其理由。

(1) “向其提出降价要求”不妥，因为确定中标人后，不得就报价、工期等实质性内容进行变更。

(2) “双方经多次谈判，签订了书面合同，合同价比中标价降低 3%”不妥，因为中标通知书发出后的 30 日内，招标人与中标人依据招标文件和中标人的投标文件签订合同，不得再行订立背离合同实质内容的其他协议。

9.3.3 投标策略与投标报价的编制

1. 投标文件的内容

投标人应当按照招标文件的要求编制投标文件。投标文件应当就招标文件提出的实质性要求和条件作出响应。招标项目属于建设施工项目的，投标文件的内容应当包括拟派出的项目负责人与主要技术人员的简历、业绩和拟用于完成招标项目的机械设备等。

投标报价不得低于工程成本，不得高于最高投标限价。投标报价应当依据工程量清单、工程计价有关规定、企业定额和市场价格信息等编制。

2. 投标策略与报价技巧

1) 投标策略

投标策略是投标人经营决策的组成部分，指导投标全过程。影响投标报价策略的因素十分复杂，加之投标报价策略与投标人的经济效益紧密相关，所以必须做到及时、迅速、果断。

(1) 生存型策略。投标报价以克服生存危机为目标而争取中标，可以不考虑各种影响因素。由于当今社会、经济环境的变化和投标人自身经营管理不善，都可能造成投标人的生存危机。投标人处在以下几种情况下，应采取生存型报价策略。

① 企业经营状况不景气，投标项目减少。

② 政府调整基建投资方向，使某些投标人擅长的工程项目减少，这种危机常常是危害到营业范围单一的专业工程投标人。

③ 如果投标人经营管理不善，会存在投标邀请越来越少的危机。这时投标人应以生存为重，采取不盈利甚至赔本也要参与投标的态度，只要能暂时维持生存渡过难关，就有东山再起的希望。

(2) 竞争型策略。投标报价以竞争为手段，以开拓市场、低盈利为目标，在精确计算成本的基础上，充分估计各竞争对手的报价目标，以有竞争力的报价达到中标的目的。投标人处在以下几种情况下，应采取竞争型报价策略。

① 经营状况不景气，近期接收到的投标邀请较少。

② 竞争对手有威胁性，试图打入新的地区，开拓新的工程施工类型。

③ 投标项目风险小，施工工艺简单、工程量大、社会效益好的项目。

④ 附近有本企业其他正在施工的项目。

这种策略是大多数企业采用的，也叫保本低利策略。

(3) 盈利型策略。这种策略是投标报价充分发挥自身优势，以实现最佳盈利为目标，对效益较小的项目热情不高，对盈利大的项目充满自信。下面几种情况可以采用盈利型报价策略：如投标人在该地区已经打开局面、施工能力饱和、信誉度高、竞争对手少、具有技术优势并对招标人有较强的名牌效应、投标人目标主要是扩大影响，或者施工条件差、难度高、资金支付条件不好、工期质量等要求苛刻，为联合伙伴陪标的项目等。

2) 报价技巧

报价技巧是指投标中具体采用的对策和方法，常用的报价技巧有不平衡报价法、多方案报价法、无利润竞标法和突然降价法等。此外，对于计日工、暂定金额、可供选择的项目等也有相应的报价技巧。

(1) 不平衡报价法。不平衡报价法是指在不影响工程总报价的前提下，通过调整内部各个项目的报价，以达到既不提高总报价、不影响中标，又能在结算时得到更理想的经济效益的报价方法。不平衡报价法适用于以下几种情况。

① 能够早日结算的项目(如前期措施费、基础工程、土石方工程等)可以适当提高报价，以利于资金周转提高资金时间价值。后工程项目(如设备安装、装饰工程等)的报价可以适当地降低。

② 经过工程量核算，预计今后工程量会增加的项目，适当地提高单价，这样在最终结算时可多盈利；而对于将来工程量有可能减少的项目，适当地降低单价，这样在工程结算时不会有太大损失。

③ 设计图纸不明确、估计修改后工程量要增加的，可以提高单价；而工程内容说明不清楚的，则可降低一些单价，在工程实施阶段通过索赔再寻求提高单价的机会。

④ 对暂定项目要做具体分析。因这一类项目要在开工后由建设单位研究决定是否实施，以及由哪一家承包单位实施。如果工程不分标，不会另由一家承包单位施工，则其中肯定要施工的单价可报高一些，不一定要施工的则应报低一些。如果工程分标，该暂定项目也可能由其他承包单位施工时，则不宜报高价，以免抬高总报价。

⑤ 单价与包干混合制合同中，招标人要求有些项目采用包干报价时，宜报高价。一则这类项目多半有风险，二则这类项目在完成后可全部按报价结算。对于其余单价项目，则可适当地降低报价。

⑥ 有时招标文件要求投标人对工程量大的项目报“综合单价分析表”，投标时可将单价分析表中的人工费及机械设备费报得高一些，而材料费报得低一些。这主要是为了在今后补充项目报价时，可以参考选用“综合单价分析表”中较高的人工费和机械费，而材料则往往采用市场价，因而可获得较高的收益。

(2) 多方案报价法。多方案报价法是指在投标文件中报两个价：一个是按招标文件的条件报一个价；另一个是加注解的报价，即如果某条款做某些改动，报价可降低多少。这样可降低总报价，吸引招标人。

多方案报价法适用于招标文件中的工程范围不很明确、条款不很清楚或很不公正，或技术规范要求过于苛刻的工程。采用多方案报价法，可降低投标风险，但投标工作量较大。

(3) 无利润报价法。对于缺乏竞争优势的承包单位，在不得已时可采用根本不考虑利润的报价方法，以获得中标机会。无利润报价法通常在下列情形时采用。

① 有可能在中标后，将大部分工程分包给索价较低的一些分包商。

② 对于分期建设的工程项目，先以低价获得首期工程，而后赢得机会创造第二期工程中的竞争优势，并在以后的工程实施中获得盈利。

③ 较长时期内，投标单位没有在建工程项目，如果再不中标，就难以维持生存。因此，虽然本工程无利可图，但只要能有一定的管理费维持公司的日常运转，就可以设法渡过暂时困难，以图将来东山再起。

(4) 突然降价法。突然降价法是指先按一般情况报价或表现出自己对该工程兴趣不大，等快到投标截止时，再突然降价。采用突然降价法，可以迷惑对手，提高中标概率。但对投标单位的分析判断和决策能力要求很高，要求投标单位能全面掌握和分析信息，作出正确判断。

(5) 其他报价技巧。

① 计日工单价的报价。如果是单纯报计日工单价，且不计入总报价中，则可报高一些，以便在建设单位额外用工或使用施工机械时多盈利。但如果计日工单价要计入总报价时，则需具体分析是否报高价，以免抬高总报价。总之，要分析建设单位在开工后可能使用的计日工数量，再来确定报价策略。

② 暂定金额的报价。暂定金额的报价有以下三种情形。

a. 招标单位规定了暂定金额的分项内容和暂定总价款，并规定所有投标单位都必须在总报价中加入这笔固定金额，但由于分项工程量不很准确，允许将来按投标单位所报单价和实际完成的工程量付款。在这种情况下，由于暂定总价款是固定的，对各投标单位的总报价水平竞争力没有任何影响，因此，投标时应适当提高暂定金额的单价。

b. 招标单位列出了暂定金额的项目和数量，但并没有限制这些工程量的估算总价，要求投标单位既列出单价，也应按暂定项目的数量计算总价，当将来结算付款时可按实际完成的工程量和所报单价支付。这种情况下，投标单位必须慎重考虑。如果单价定得高，与其他工程量计价一样，将会增大总报价，影响投标报价的竞争力；如果单价定得低，将来这类工程量增大，就会影响收益。一般来说，这类工程量可以采用正常价格。如果投标单位估计今后实际工程量肯定会增大，则可适当地提高单价，以便在将来增加额外收益。

c. 只有暂定金额的一笔固定总金额，将来这笔金额做什么用，由招标单位确定。这种情况对投标竞争没有实际意义，按招标文件要求将规定的暂定金额列入总报价即可。

③ 可供选择项目的报价。有些工程项目的分项工程，招标单位可能要求按某一方案报价，而后再提供几种可供选择方案的比较报价。投标时，应对不同规格情况下的价格进行调查，对于将来有可能被选择使用的规格应适当提高其报价；对于技术难度大或其他原因导致的难以实现的规格，可将价格有意抬高一些，以阻挠招标单位选用。但是，所谓“可供选择项目”，是招标单位进行选择，并非由投标单位任意选择。因此，虽然适当提高可供选择项目的报价，并不意味着肯定可以取得较好的利润，只是提供了一种可能性，一旦招标单位今后选用，投标单位才可得到额外利益。

④ 增加建议方案。招标文件中有时规定，可提一个建议方案，即可以修改原设计方案，提出投标单位的方案。这时，投标单位应抓住机会，组织一批有经验的设计和施工工程师，仔细研究招标文件中的设计和施工方案，提出更合理的方案以吸引建设单位，促成自己的方案中标。这种新建议方案可以降低总造价或缩短工期，或使工程实施方案更合理。但要注意，对原招标方案一定也要报价。建议方案不要写得太具体，要保留方案的技术关

键，防止招标单位将此方案交给其他投标单位。同时要强调的是，建议方案一定要比较成熟，具有较强的可操作性。

⑤ 采用分包商的报价。总承包商通常应在投标前先取得分包商的报价，并增加总承包商推入的管理费，将其作为自己投标总价的一个组成部分并列入报价单中。应当注意，分包商在投标前可能同意接受总承包商压低其报价的要求，但等总承包商中标后，他们常以种种理由要求提高分包价格，这将使总承包商处于十分被动的地位。因此，总承包商应在投标前找几家分包商分别报价，然后选择其中一家信誉较好、实力较强和报价合理的分包商签订协议，同意该分包商作为分包工程的唯一合作者，并将分包商的姓名列到投标文件中，但要求该分包商相应地提交投标保函。如果该分包商认为总承包商确实有可能中标，也许愿意接受这一条件。这种将分包商的利益与投标单位在一起的做法，不但可以防止分包商事后反悔和涨价，还可能迫使分包商报出较合理的价格，以便共同争取中标。

⑥ 许诺优惠条件。投标报价中附带优惠条件是一种行之有效的手段。招标单位在评标时，除了主要考虑报价和技术方案外，还要分析其他条件，如工期、支付条件等。因此，在投标时主动提出提前竣工、低息贷款、赠给施工设备、免费转让新技术或某种技术专利、免费技术协作、代为培训人员等，均是吸引招标单位、利于中标的辅助手段。

3. 投标报价的编制

1) 投标报价的概念

投标报价是投标人(或投标单位)根据招标文件及有关的计算工程造价的依据，计算出投标价，并在此基础上采取一定的投标策略，为争取到投标项目提出的有竞争力的报价。这项工作对投标单位投标的成败和将来实施工程的盈亏起着决定性作用。

2) 投标报价的编制依据

(1) 《建设工程工程量清单计价规范》(GB 50500—2013)。

(2) 国家或省级、行业建设主管部门颁发的计价办法。

(3) 企业定额，国家或省级、行业建设主管部门颁发的计价定额。

(4) 招标文件、工程量清单及其补充通知、答疑纪要。

(5) 建设工程设计文件及相关资料。

(6) 施工现场情况、工程特点及拟定的投标施工组织设计或施工方案。

(7) 与建设项目有关的标准、规范等技术资料。

(8) 市场价格信息或工程造价管理机构发布的工程造价信息。

(9) 其他相关资料。

3) 投标报价的编制方法

(1) 以定额计价法编制投标报价。

(2) 以工程量清单计价法编制投标报价。

4) 投标报价的编制内容

(1) 分部分项工程量清单与计价表的编制。

(2) 措施项目清单与计价表的编制。

(3) 其他项目清单与计价表的编制。

(4) 规费和税金项目清单与计价表的编制。

(5) 投标价的汇总。

9.3.4　施工发承包价格及合同类型的选择

1. 工程合同价款的概念和确定

1)　工程合同价款、发包承包价格及合同的概念

工程合同价款是指发包人和承包人在协议中约定，发包人用以支付承包人按照合同约定完成承包范围内全部工程并承担质量保修责任的价款，是工程合同中双方当事人最关心的核心条款，由发包人、承包人依据中标通知书中的中标价格在协议书中约定。

建设工程施工发包承包价格是指发包人和承包人关于工程施工签订的合同价格，是工程造价价值的一种表现形式。

建设工程施工合同是指发包人和承包人为完成商定的工程任务，明确相互权利、义务、关系的协议。

2)　工程合同价款的确定

合同价可以采用三种方法：固定合同价、可调合同价、成本加酬金合同价。施工合同可以分为多种形式，但根据合同计价方式的不同，可以划分为：固定合同价(固定总价、固定单价)、可调合同价(可调总价、可调单价)、成本加酬金合同价(成本加固定百分比酬金价格、成本加固定酬金价格、成本加浮动酬金价格)三种类型。

2. 合同类型的选择

1)　施工合同的类型及其适用范围

(1)　总价合同(固定总价合同、可调总价合同)。

固定总价合同：合同双方以招标时的图纸和工程量等说明为依据，承包商按投标时发包人接受的合同价格承包实施，并一笔包死。合同履行过程中，如果发包人没有要求变更原定的承包内容，承包商完成承包工作内容后，不论承包商的实际施工成本是多少，均应按合同价获得工程款。

可调总价合同：这种合同合同期较长(一年以上)，只能在固定总价合同的基础上，增加合同履行过程中因市场价格浮动对承包价格调整的条款。由于合同期较长，不可能让承包商在投标报价时合理地预见一年后市场价格的浮动影响，因此，应在合同内明确约定合同价款的调整原则、方法和依据。

(2)　单价合同(固定单价合同、可调单价合同)。

固定单价合同：承包人承担的风险较大，不仅包括了市场价格的风险，而且包括工程量偏差情况下对施工成本的风险。

可调单价合同：承包人仅承担一定范围内的市场价格风险和工程量偏差对施工成本影响的风险；超出上述范围的，按照合同约定进行调整。

(3)　成本加酬金合同，见表 9-21。

2)　选择施工合同类型时应考虑的因素

采用哪一种形式的合同，是由业主根据项目特点、技术经济指标研究的深度以及确保工程成本、工期和质量要求等因素综合考虑后决定的。选择合同形式时所要考虑的因素包括：项目规模和工期长短、项目的竞争情况、项目的复杂程度、项目施工技术的难度、项目进度要求的紧迫程度等。

表 9-21 不同计价方式合同形式的比较

合同类型	总价合同	单价合同	成本加酬金合同			
			百分比酬金	固定酬金	浮动酬金	目标成本加奖罚
应用范围	广泛	广泛	有局限性			酌情
业主投资控制	易	较易	较难	难	不易	有可能
承包商风险	风险大	风险小	/	基本无风险	风险不大	有风险
计价方法	定额计价法	清单计价法	以成本核算为基础			

9.4 建设项目施工阶段工程造价确定与管理

9.4.1 概述

1. 施工阶段影响工程造价的因素

建设工程项目施工阶段是项目价值和使用价值的实施过程，是承包单位按照设计文件、图纸等要求，具体组织施工建造的阶段。由于施工过程中存在较多的不确定性，自然、社会、人为等各种因素都可能对工程造价产生一定影响，造成造价的变更或变化。因此，这一阶段的造价管理较复杂，是工程造价确定与控制其理论和方法的重点及难点所在。

建设工程项目施工阶段影响工程造价的因素包括：工程计量、工程索赔、工程价款调整、价款支付、工程结算和工程变更。

2. 施工阶段工程造价控制的工作内容

施工阶段工程造价控制的主要任务是通过工程付款控制、工程变更费用控制、费用索赔的预防和挖掘节约工程造价的潜力，实现实际发生的费用不超过计划投资的目的。施工阶段工程造价控制应从组织、技术、经济、合同等方面进行。

1) 组织工作内容

(1) 在项目管理班子中落实负责工程造价控制的人员，明确其职能分工与任务分工。

(2) 编制本阶段工程造价控制的工作计划和详细的工作流程图。

2) 技术工作内容

(1) 对设计变更进行技术经济比较，严格控制设计变更。

(2) 在施工阶段继续寻找通过设计挖掘节约造价的可能性。

(3) 审核施工组织设计，并通过技术经济分析，优化施工方案。

3) 经济工作内容

(1) 编制资金使用计划，确定、分解工程造价控制目标。

(2) 对工程项目造价控制目标进行风险分析，并制定防范对策。

(3) 按照设计图及相关规定进行工程计量。

(4) 复核工程付款账单，签发付款证书。

(5) 在施工过程中进行工程造价跟踪控制，定期进行造价实际支出值与目标计划值的比较，发现偏差，分析偏差产生的原因，并作出未来支出预测，采取有效措施进行纠偏。

(6) 协商确定工程变更的价款。

(7) 审核竣工结算。

4) 合同工作内容

(1) 做好工程施工记录，保存各种文件、施工图，特别是注有实际施工变更情况的施工图纸，以便为正确处理可能发生的索赔提供依据。

(2) 严格遵从相关规定，及时提出索赔，并按一定程序及时处理索赔。

(3) 参与合同的修改、补充工作，着重考虑其对工程造价的影响。

9.4.2 施工组织设计

1. 施工组织设计对工程造价的影响

施工组织设计决定着工程估算的编制，并决定着工程结算的编制与确定，而工程估算又是反映和衡量施工组织设计是否切实可行、经济和合理的依据。因此，施工组织设计的优化是控制工程造价的有效渠道。

2. 施工组织设计的内容与编制

1) 施工组织设计的内容

施工组织设计的内容要结合工程对象的实际特点、施工条件和技术水平进行综合考虑，一般包括工程概况、施工部署及施工方案、施工进度计划、施工平面图、主要技术经济指标等基本内容。

根据施工组织设计编制的广度、深度和作用的不同，施工组织设计可分为：施工组织总设计、单位工程施工组织设计、分部(分项)工程施工组织设计。

2) 施工组织设计的编制原则

编制施工组织设计时，应考虑以下原则：重视工程的组织对施工的作用；提高施工的工业化程度；重视管理创新和技术创新；重视工程施工的目标控制；积极采用国内外先进的施工技术；充分利用时间和空间，合理安排施工顺序，提高施工的连续性和均衡性；合理部署施工现场，实现文明施工。

3) 施工组织总设计的编制程序

施工组织总设计的编制通常采用如下程序，如图 9-14 所示。

应该指出，有些顺序必须这样，不可逆转，如拟定施工方案后才可编制施工总进度计划，编制施工总进度计划后才可编制资源需求量计划。

但是在以上顺序中也有些顺序应该根据具体项目而定，如确定施工的总体部署和拟定施工方案，两者有紧密的联系，往往可以交叉进行。

3. 施工组织设计优化的途径

施工组织设计的编制应考虑全局，抓住主要矛盾，预见薄弱环节，实事求是地做好施工全过程的合理安排。在实际编制过程中，应从以下几个方面对施工组织设计进行优化，如图 9-15 所示。

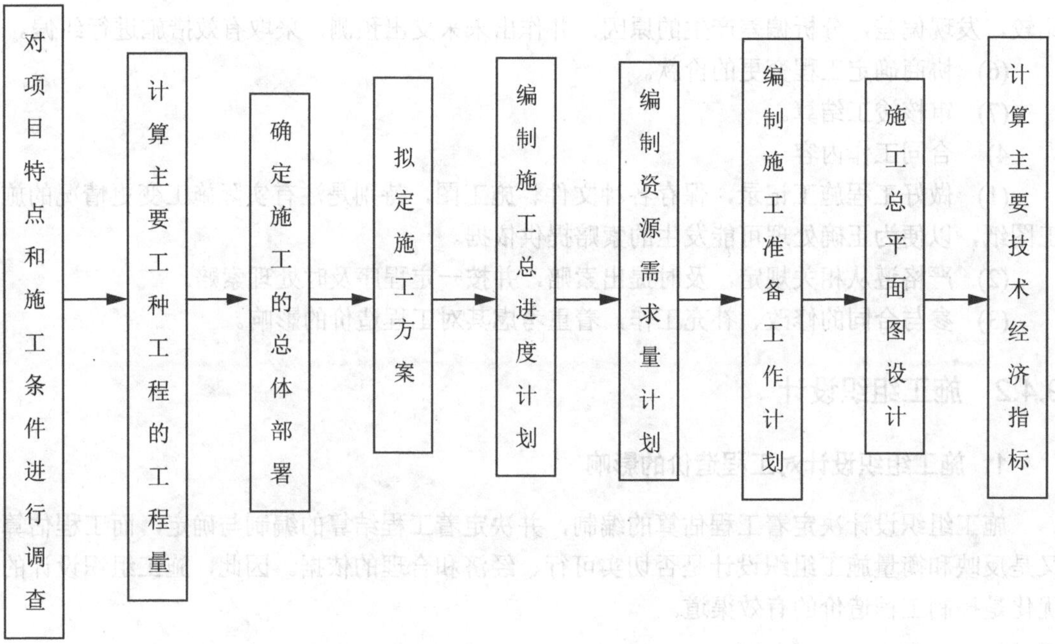

图 9-14　施工组织总设计的编制流程图

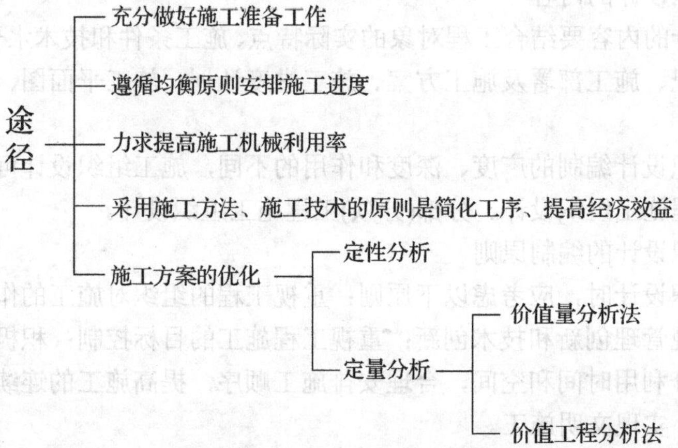

图 9-15　施工组织设计优化的途径

9.4.3　工程变更及其价款的确定

1. 工程变更概述

1)　工程变更的概念

工程变更是指合同工程实施过程中由发包人提出或由承包人提出经发包人批准的合同工程任何一项工作的增减、取消或施工工艺、顺序、时间的改变，设计图样的修改，施工条件的改变，招标工程量清单的错、漏，从而引起合同条件的改变或工程量的增减变化。

2)　工程变更的范围

(1)　增加或减少合同中任何工作，或追加额外的工作。

(2) 取消合同中任何工作，但转由他人实施的工作除外。

(3) 改变合同中任何工作的质量标准或其他特性。

(4) 改变工程的基线、标高、位置和尺寸。

(5) 改变工程的时间安排或实施顺序。

施工中承包人不得对原工程设计进行变更。因承包人擅自变更设计发生的费用和由此导致发包人的直接损失，由承包人承担，延误的工期不予顺延。

3) 工程变更的处理

工程变更的处理原则包括：质量优先原则、工程优先原则、发包人优先原则、合同约定原则、适当补偿原则、工程常规背景原则。

工程变更的处理流程如下。

(1) 出现合同价款调增事项后的14天内，承包人应向发包人提交合同价款调增报告并附上相关资料。若承包人在14天内未提交合同价款调增报告，视为承包人对该事项不存在调整价款的意见。

(2) 发包人应在收到承包人合同价款调增报告及相关资料之日起14天内对其核实，予以确认的应书面通知承包人。如有疑问，应向承包人提出协商意见。发包人在收到合同价款调增报告之日起14天内未确认也未提出协商意见的，视为承包人提交的合同价款调增报告已被发包人认可。发包人提出协商意见的，承包人应在收到协商意见后的14天内对其核实，予以确认的应书面通知发包人。如承包人在收到发包人的协商建议后14天内既不确认也未提出不同意见的，视为发包人提出的意见已被承包人认可。

(3) 如发包人与承包人对不同意见不能达成一致的，只要不影响发承包双方履约的，双方应实施该结果，直到其按照合同争议的解决被改变为止。

(4) 出现合同价款调减事项后的14天内，发包人应向承包人提交合同价款调减报告并附相关资料，若发包人在14天内未提交合同价款调减报告的，视为发包人对该事项不存在调整价款。

(5) 经发承包双方确认调整的合同价款，作为追加合同价款，与工程进度款或结算款同期支付。

2. 工程变更合同价款的确定

1) 合同价款调整概述

合同价款是指发承包双方在工程合同中约定的工程造价。然而，承包人按合同约定完成了全部承包工作后，发包人应付给承包人的合同总金额往往不等于签约合同价。其原因在于施工过程中出现了合同约定的价款调整事项，发、承包双方对此进行了提出和确认。

合同价款调整是指在合同价款调整因素出现后，发、承包双方根据合同约定，对合同价款进行变动的提出、计算和确认。

2) 可以调整合同价款的事件

法律法规变化、工程变更、项目特征描述不符、工程量清单缺项、工程量偏差、计日工、现场签证、物价变化、暂估价、不可抗力、提前竣工(赶工补偿)、误期赔偿、施工索赔、暂列金额、发承包双方约定的其他调整事项(但不限于)等的发生，发、承包双方应当按照合同约定调整合同价款。

9.4.4 工程索赔及其费用的计算

1. 工程索赔概述

1) 工程索赔的概念

工程索赔是指工程承包合同履行过程中，合同一方非自身因素或对方不履行或未能正确履行合同规定的义务，或者由于对方的行为使权利人受到损失时，向对方提出赔偿要求的权利。在项目实施的各个阶段都有可能发生索赔，但发生索赔最集中、处理难度最复杂的情况发生在施工阶段，因此这里所说的索赔主要是指项目的施工索赔。

索赔是双向的，既可以是承包商向业主索赔，也可以是业主向承包商索赔。施工索赔主要是指承包商向业主的索赔，也是索赔管理的重点。

2) 工程索赔的性质

索赔的性质属于经济补偿行为，而不是惩罚。索赔事件的发生，不一定在合同文件中有约定，索赔事件的发生可以是一定行为造成的，也可以是不可抗力所引起的；索赔事件的发生，可以是合同的当事一方引起的，也可以是任何第三方引起的；一定要有造成损失的后果才能提出索赔，因此索赔具有补偿性质。索赔方所受到的损失，与被索赔人的行为不一定存在法律上的因果关系。

3) 工程索赔产生的原因

(1) 当事人违约。当事人违约常常表现为没有按照合同约定履行自己的义务。发包人违约常常表现为没有为承包人提供合同约定的施工条件、未按照合同约定的期限和数额付款等。工程师未能按照合同约定完成工作，如未能及时发出图纸、指令等也视为发包人违约。承包人违约的情况则主要是没有按照合同约定的质量、期限完成施工，或者由于不当行为给发包人造成其他损害。

(2) 不可抗力事件。不可抗力事件又可以分为自然事件和社会事件。自然事件主要是不利的自然条件和客观障碍，如在施工过程中遇到了经现场调查无法发现、业主提供的资料中也未提到的、无法预料的情况，如地下水、地质断层等。社会事件则包括国家政策、法律、法令的变更，战争、罢工等。

(3) 合同缺陷。合同缺陷表现为合同文件规定不严谨甚至矛盾，合同中存在遗漏或错误。在这种情况下，工程师应当给予解释，如果这种解释将导致成本增加或工期延长，发包人应当给予补偿。

(4) 合同变更。合同变更表现为设计变更、施工方法变更、追加或者取消某些工作、合同其他规定的变更等。

(5) 工程师指令。工程师指令有时也会产生索赔，如工程师指令承包人加速施工、进行某项工作、更换某些材料、采取某些措施等。

(6) 其他第三方原因。其他第三方原因常常表现为与工程有关的第三方的问题而引起的对本工程的不利影响。

4) 索赔的分类

(1) 按索赔当事人分类可分为：承包商与业主间的索赔、承包商与分包商间的索赔、承包商与供货商间的索赔、承包商与保险公司间的索赔。

(2) 按索赔目标分类可分为：工期索赔、费用索赔。

(3) 按索赔事件的性质分类可分为：工程变更索赔、工程延误索赔、工程终止索赔、工程加速索赔、意外风险和不可预见因素索赔、其他索赔。

(4) 按索赔对象分类可分为：索赔、反索赔。

(5) 按索赔处理方式分类可分为：单项索赔、综合索赔。

5) 反索赔

反索赔是指发包人向承包人所提出的索赔，由于承包人不履行或不完全履行约定的义务，或是由于承包人的行为使发包人受到损失时，发包人为了维护自己的利益，向承包人提出的索赔。反索赔的措施如图 9-16 所示。

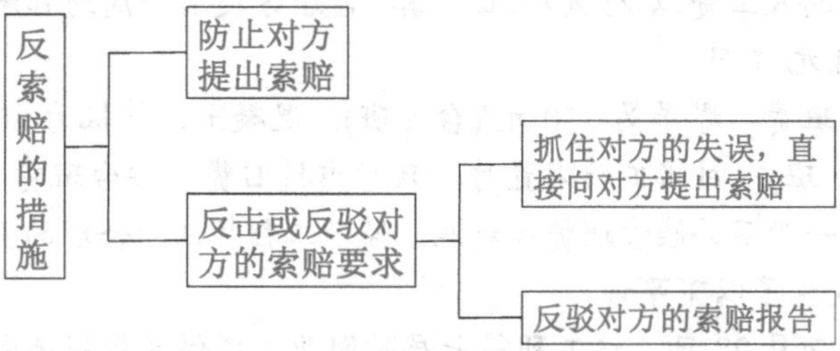

图 9-16　反索赔的措施

在实际工程中，这两种措施都很重要，常常同时使用。索赔和反索赔同时进行，即索赔报告中既有索赔也有反索赔；反索赔报告中既有反索赔也有索赔。

常见的发包人反索赔有以下几种情况：工期延误反索赔，施工缺陷反索赔，承包商未履行的保险费用反索赔，对超额利润的反索赔，对指定分包商的付款反索赔，业主终止合同或承包商不正当地放弃工程的反索赔。

2. 索赔的计算原则与方法

1) 索赔费用的计算原则

承包商在进行费用索赔时，应遵循以下原则。

(1) 所发生的费用应该是承包商履行合同所必需的，若没有该项费用支出，合同无法履行。

(2) 承包商不应由于索赔事件的发生而额外受益或额外受损，即费用索赔以赔(补)偿实际损失为原则，实际损失可作为费用索赔值。

2) 索赔费用的计算方法

(1) 总费用法。总费用法即总成本法，就是当发生多次索赔事件以后，重新计算该工程的实际总费用，实际总费用减去投标报价时的估算总费用即为索赔金额。

$$索赔金额=实际总费用-投标报价估算总费用 \tag{9.4.1}$$

(2) 修正的总费用法：①将计算索赔款的时段局限于受外界影响的时间，而不是整个施工期。②只计算受影响时段内的某项工作所受影响的损失，而不计算该时段内所有施工工作所受的损失。③与该项工作无关的费用不列入总费用中。④对投标报价费用重新进行核算。受影响时段内该项工作的实际单价，乘以实际完成的该项工作的工程量，得出调整后的报价费用。

索赔金额=某项工作调整后的实际总费用−该项工作的报价费用 (9.4.2)

(3) 实际费用法。实际费用法计算通常分三步。

① 分析每个或每类索赔事件所影响的费用项目，不得遗漏。这些费用项目通常应与合同报价中的费用项目一致。

② 计算每个费用项目受索赔事件影响后的数值，通过与合同价中的费用值进行比较即可得到该项费用的索赔值。

③ 将各费用项目的索赔值汇总，得到总费用索赔值。

【例 9.12】某建设项目业主与承包商签订了工程施工承包合同，根据合同及其附件的有关文件，对索赔内容有如下规定。

(1) 因窝工发生的人工费以 25 元/工日计算，监理方提前一周通知承包方时不以窝工处理，以补偿费支付 4 元/工日。

(2) 机械设备台班费。塔吊为 350 元/(台·班)；混凝土搅拌机为 80 元/(台·班)；砂浆搅拌机为 40 元/(台·班)。因窝工而闲置时，只考虑折旧费，按台班费 70%计算。

(3) 因临时停工一般不补偿管理费和利润。监理工程师认为合理的索赔金额应是多少？

在施工过程中发生了以下事件。

(1) 7 月 15 日至 7 月 28 日，施工到第七层时因业主提供的模板未到而使一台塔吊、一台混凝土搅拌机和 25 名支模工停工(业主已于 7 月 7 日通知承包方)。

(2) 7 月 17 日至 7 月 28 日，因公用网停电、停水，进行第四层砌砖工作的一台砂浆搅拌机和 20 名砌砖工停工。

(3) 7 月 27 日至 7 月 30 日，因砂浆搅拌机故障，在第二层抹灰的一台砂浆搅拌机和 25 名抹灰工停工。

承包商在有效期内提出索赔要求时，监理工程师认为合理的索赔金额应是多少？

解：合理的索赔金额如下。

(1) 窝工机械闲置费：按合同机械闲置只计取折旧费。

塔吊 1 台：350 × 70% × 14=3 430(元)

混凝土搅拌机 1 台：80 × 70% × 14=784(元)

砂浆搅拌机 1 台：40 × 70% × 12=336(元)

因砂浆搅拌机机械故障闲置不应给予补偿。

小计：3 430+784+336=4 550(元)

(2) 窝工人工费：因业主已于 1 周前通知承包商，故支付补偿费。

支模工：4 × 25 × 14=1 400(元)

砌砖工：25 × 20 × 12=6 000(元)

因砂浆搅拌机机械故障造成抹灰工停工不予补偿。

小计：1 400+6 000=7 400(元)

(3) 临时个别工序窝工一般不补偿管理费和利润，故合理的索赔金额应为：4 550+7 400=11 950(元)

3) 工期索赔

工期索赔是指承包人依据合同对由于非自身原因导致的工期延误向发包人提出的工期顺延要求。

共同延误是指在实际施工过程中，工期拖延很少是只由一方面原因造成的，往往是多方面原因同时发生(或相互作用)而形成的。

工期索赔的计算方法一般有：直接法、网络图分析法、比例计算法。

【例 9.13】某工程合同总价为 500 万元，总工期为 18 个月，现业主指令增加附属工程合同价格为 50 万元，计算承包商应提出的工期索赔时间？

解：工期索赔值=额外增加的工程量的价格÷原合同总价×原合同总工期

=50÷500×18

=1.8(月)

3. 工程索赔费用的组成与索赔程序

1) 工程索赔费用的组成

工程索赔费用的组成包括：人工费、材料费、施工机具使用费、工地管理费、总部管理费、利息、利润。

2) 工程索赔费用的索赔程序

(1) 承包人应在知道或应当知道索赔事件发生后 28 天内，向监理人提交索赔意向通知书，并说明发生索赔事件的事由。承包人未在前述 28 天内发出索赔意向通知书的，丧失要求追加付款和(或)延长工期的权利。

(2) 承包人应在发出索赔意向通知书后 28 天内，向监理人正式递交索赔通知书。索赔通知书应详细说明索赔理由以及要求追加的付款金额和(或)延长的工期，并附必要的记录和证明材料。

(3) 索赔事件具有连续影响的，承包人应按合理时间间隔继续递交延续索赔通知，说明连续影响的实际情况和记录，列出累计的追加付款金额和(或)工期延长天数。

(4) 在索赔事件影响结束后的 28 天内，承包人应向监理人递交最终索赔通知书，说明最终要求索赔的追加付款金额和延长的工期，并附必要的记录和证明材料。

3) 《标准施工招标文件》中规定可索赔的条款

根据《标准施工招标文件》中通用合同条款的内容，可以合理补偿承包人的条款如表 9-22 所示。

表 9-22 《标准施工招标文件》中合同条款规定可以合理补偿承包人的条款

序号	条款号	条款主要内容	可补偿内容		
			工期	费用	利润
1	1.10.1	施工过程中发现文物、古迹及其他遗迹、化石、钱币或物品	√	√	
2	4.11.2	承包人遇到不利的物质条件	√	√	
3	5.2.4	发包人要求向承包人提前交付材料和工程设备		√	
4	5.2.6	发包人提供的材料和工程设备不符合合同要求	√	√	√
5	8.3	发包人提供基准资料错误导致承包人的返工或造成工程损失	√	√	√
6	11.3	发包人的原因造成工期延误	√	√	√
7	11.4	异常恶劣的气候条件	√		
8	11.6	发包人要求承包人提前竣工		√	

续表

序号	条款号	条款主要内容	可补偿内容		
			工期	费用	利润
9	12.2	发包人原因引起的暂停施工	√	√	√
10	12.4.2	发包人原因造成暂停施工后无法按时复工	√	√	√
11	13.1.3	发包人原因造成工程质量达不到合同约定验收标准的	√	√	√
12	13.5.3	监理人对隐蔽工程重新检查，经检验证明工程质量符合合同要求的	√	√	√
13	16.2	法律变化引起的价格调整		√	
14	18.4.2	发包人在全部工程竣工前，使用已接受的单位工程导致承包人费用增加的	√	√	√
15	18.6.2	发包人的原因导致试运行失败的		√	√
16	19.2	发包人原因导致的工程缺陷和损失		√	√
17	21.3.1	不可抗力	√		

9.4.5 工程价款的结算

1. 工程价款结算概述

1) 工程价款结算的概念

工程价款结算是指依据基本建设工程发承包合同等进行工程备料款、进度款、竣工价款结算的活动。项目建设单位应当严格按照合同约定和工程价款结算程序支付工程款。竣工价款结算一般应当在项目竣工验收后 2 个月内完成，大型项目一般不超过 3 个月。项目主管部门应当会同财政部门加强工程价款结算的监督，重点审查工程招投标文件、工程量及各项费用的计取、合同协议、施工变更签证、人工和材料价差、工程索赔等。

根据工程建设的不同时期以及结算对象的不同，工程结算分为备料款结算、中间结算和竣工结算。

2) 工程价款结算的依据

(1) 国家有关法律、法规和规章制度。

(2) 国家建设行政主管部门或有关部门发布的工程造价计价标准、计价办法等有关规定。

(3) 施工发承包合同、专业分包合同及补充合同，有关材料、设备采购合同。

(4) 招投标文件等相关可依据的材料。

3) 工程价款结算的主要内容

工程价款结算的主要内容包括：竣工结算、分阶段结算、专业分包结算、合同终止结算。

4) 工程价款结算的方式

工程价款结算的方式有：按月结算、分段结算、竣工后一次结算、其他方式。

2. 工程备料款

1) 工程备料款的概念

工程备料款是指建设工程施工合同订立后，由发包人按照合同约定，在正式开工前预先支付给承包人的工程款。它是施工准备和所需要的材料、结构件等流动资金的主要来源，国内习惯上又称其为预付备料款。

2)　工程备料款的预付与扣还

(1)　确定工程备料款数额。确定预付款的数额，应该以保证施工所需材料和构件的正常储备，保证施工的顺利进行为原则。确定工程备料款数额的方法有以下两种。

①　影响因素法。影响因素法主要是将影响预付款数额的各个因素作为参数。

$$M = \frac{PN}{T}t \tag{9.4.3}$$

式中，M——工程备料款数额(元)；

P——年度建筑安装工作量(元)；

N——主要材料所占合同总价的比重，可根据施工图预算确定(%)；

T——年度施工日历天数(天)；

t——材料储备时间，可根据材料储备定额和当地材料供应情况确定(天)。

②　额度系数法。为了简化工程备料款的计算，将影响工程备料款数额的各因素进行综合考虑，确定为一个系数，即工程备料款额度。其含义是预收工程备料款数额占年度建筑安装工作量的百分比。

$$M = Pq \tag{9.4.4}$$

式中，M——工程备料款数额(元)；

P——年度建筑安装工作量(元)；

q——工程备料款额度(%)。

(2)　工程备料款的扣还。

①　确定工程备料款起扣点。工程备料款起扣点的确定有以下两种方法。

a. 确定累计工作量起扣点。根据累计工作量起扣点的含义，即累计完成建筑安装工作量达到起扣点的数额时，开始扣还工程备料款。

$$(P-Q)N = M \tag{9.4.5}$$

$$Q = P - \frac{M}{N} \tag{9.4.6}$$

式中，Q——工作量起扣点，即备料款开始扣回时的累计完成工作量金额(元)；

M——工程备料款数额(元)；

P——年度建筑安装工作量(元)；

N——主要材料费所占合同总价的比重(%)。

b. 确定工作量百分比起扣点。根据百分比起扣点的含义，即建筑安装工程累计完成的建筑安装工作量占年度建筑安装工作量的百分比达到起扣点的百分比时，开始扣还工程备料款。

$$D = \frac{Q}{P} = \left(1 - \frac{M}{PN}\right) \tag{9.4.7}$$

式中，D——工作量百分比起扣点(元)；

其他同上。

② 扣还工程备料款数额的方法。

a. 分次扣还法

第一次扣还工程备料款数额：

$$A_1 = (F - Q)N \tag{9.4.8}$$

式中，A_1——第一次扣还工程备料款数额(元)；

F——累计完成建筑安装工作量(元)。

第二次及其以后各次扣还工程备料款数额：

$$A_i = F_i N \tag{9.4.9}$$

式中，A_i——第 i 次扣还工程备料款数额(元)；

F_i——第 i 次扣还工程备料款时，当次结算完成的建筑安装工作量(元)。

b. 一次扣还工程备料款

工程备料款的扣还还可以在未完工程的建筑安装工作量等于预收备料款时，用其全部未完工程价款一次抵扣工程备料款，施工企业停止向建设单位收取工程价款。

$$K = M(1-s) - M \tag{9.4.10}$$

式中，K——停止收取工程价款的起点(元)；

s——扣留工程价款比例，一般取 5%～10%，其目的是加快收尾工程的进度，扣留的工程价款在竣工结算时结清。

【例 9.14】某工程承包合同价为 660 万元，预付备料款额度为 20%，主要材料及构配件费用占工程造价的 60%，每月实际完成的工作量及合同价调整额如表 9-23 所示，根据合同规定对材料和设备价差进行调整(按有关规定上半年材料和设备价差上调 10%，在 6 月一次调整)，求该工程的预付备料款、2～5 月结算工程款及竣工结算工程款各为多少？

表 9-23　每月实际完成的工作量及合同价调整额

月　份	2 月	3 月	4 月	5 月	6 月
完成工作量(万元)	55	110	165	220	110

解：(1) 预付备料款为：660×20%=132(万元)。

(2) 预付备料款起扣点为：660−132÷0.6=440(万元)

即当累计结算工程款为 440 万元时，开始扣备料款。

(3) 2 月应结工程款 55 万元，累计拨款额 55 万元。

(4) 3 月应完成工作量 110 万元，结算 110 万元，累计拨款额 165 万元。

(5) 4 月份完成工作量 165 万元，结算 165 万元，累计拨款额 330 万元。

(6) 5 月份完成工作量 220 万元，累计拨款额 550 万元，已达到预付备料款起扣点 440 万元，应结工程款为：220 − (220 + 330 − 440)×60%=154 万元，累计拨款额 484 万元。

(7) 工程结算总造价为：660+660×0.6×10%=699.6(万元)

3. 工程进度款结算(中间结算)

1)　工程进度款的概念

在工程建设过程中，以施工单位提出的统计进度月报表作为支取工程款的凭证，即通常所称的工程进度款。

2) 工程进度款的计算

(1) 未达到起扣工程备料款情况下工程进度款结算的计算方法：

$$应收取的工程进度款=[\sum(本期已完工程量\times预算价格)+相应该收取的其他费用] \tag{9.4.11}$$

(2) 已达到起扣工程备料款情况下工程进度款结算的计算方法：

$$应收取的工程进度款=[\sum(本期已完工程量\times预算价格)+相应该收取的其他费用]\times(1-主要材料所占合同总价的比重) \tag{9.4.12}$$

3) 工程进度款支付的程序

工程进度款支付的程序如图 9-17 所示。

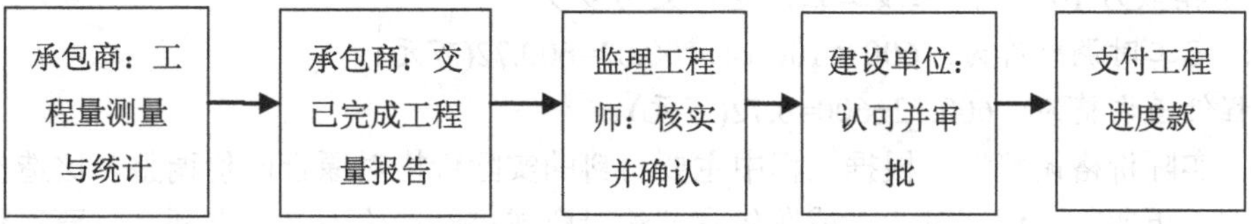

图 9-17 工程进度款支付的程序

4) 质量保证金

建设工程质量保证金是指发包人与承包人在建设工程承包合同中约定，从应付的工程款中预留，用以保证承包人在缺陷责任期内对建设工程出现的缺陷进行维修的资金。

保证金的预留及管理：发包人应按照合同约定的方式预留保证金，保证金总预留比例不得高于工程价款结算总额的 3%。合同约定由承包人以银行保函替代预留保证金的，保函金额不得高于工程价款结算总额的 3%。

保证金的返还：由于发包人原因导致工程无法按规定期限进行竣工验收的，在承包人提交竣工验收报告 90 天后，工程自动进入缺陷责任期。

对返还期限没有约定或者约定不明确的，发包人应当在核实后 14 天内将保证金返还承包人，逾期未返还的，依法承担违约责任。

4. 工程竣工结算

工程竣工结算是指工程项目完工并经竣工验收合格后，发承包双方按照施工合同的约定对所完成的工程项目进行的工程价款的计算、调整和确认。工程竣工结算分为单位工程竣工结算、单项工程竣工结算和建设项目竣工总结算，其中，单位工程竣工结算和单项工程竣工结算也可看作分阶段结算。

工程竣工结算的造价控制应着重做好以下工作。

(1) 严格按招标文件和合同条款处理结算问题，不得随意改变结算方式和方法。

(2) 认真复核施工过程中出现的设计变更、施工签证、索赔事项及材料、设备的认价单，并对其量、价与工程实际和市场价格进行对比分析，发现问题，追查落实，保证其公正性。

(3) 与招标工程量清单和报价单核对，审查编制的依据和各项资金数额的正确性。

5. 工程价款的动态结算

1) 常用的工程价款动态结算方法

(1) 造价指数调整法。根据工程所在地造价管理部门所公布的该月度(或季度)工程造价指数，结合工程施工的合理工期，对原承包合同价予以调整的方法。调整时，重点调整由于实际人工费、材料费、机械使用费等上涨及工程变更等因素造成的价差，并对承包商给予调价补偿。

【例 9.15】某地建筑公司承建一教学楼，工程合同价款为 600 万元，2009 年 3 月签订合同并开工，2010 年 11 月竣工完成，已知该地区 2009 年 3 月造价指数为 100.02，2010 年 11 月造价指数为 100.14，求该工程调整价差为多少？

解： 完工时调整价为：600 × 100.14÷100.02=600.72(万元)

工程价差调整为：600.72−600=0.72(万元)

(2) 实际价格调整法。根据工程中主要材料的实际价格对原合同价调整，比造价指数法更具体、更实际，但这对业主或发包商节约投资或控制造价不是很有利，主要造价风险全部由发包方承担。

(3) 调价文件法。由于建筑市场材料的采购范围很广，造价指数法又比较综合，按实际价格计算时，上限价控制“价”与“质”的符合性及价格管理控制等都有一定难度。因此，很多地区造价管理部门定期颁布主要材料的价格信息，承包人可依据工程施工的工期及完成工程量的相关阶段，对主要材料执行当地价格信息指导价，对工程实行动态调差。

(4) 调值公式法。

$$P = P_0\left(a_0 + a_1 \times \frac{A}{A_0} + a_2 \times \frac{B}{B_0} + a_3 \times \frac{C}{C_0} + \cdots\right) \tag{9.4.13}$$

式中，P——调值后结算价；

P_0——合同规定结算价；

a_0——合同支付中不能调整的固定部分所占合同总价的比例，一般在 0.15～0.35；

a_1，a_2，a_3，…——代表各项费用所占合同总价的比例，如人工费所占结算价的比例、材料费所占结算价的比例等，$a_0+a_1+a_2+a_3+\cdots=1$；

A，B，C，…——工程结算时各项费用的现行价格指数或价格；

A_0，B_0，C_0，…——签订合同时各项费用的基期价格指数或价格。

(5) 设备、工器具和材料价款的动态结算：

$$p_1 = p_0\left(a + b \times \frac{M_1}{M_0} + c \times \frac{L_1}{L_0}\right) \tag{9.4.14}$$

式中，p_1——应付给供货人的价格或结算款；

p_0——合同价格(基价)；

M_0——原料的基本物价指数，取投标截止前 28d 的指数；

L_0——特定行业人工成本的基本指数，取投标截止日期前 28d 的指数；

M_1、L_1——在合同执行时的相应指数；

a——代表管理费用和利润占合同的百分比，这一比例是不可调整的，因而称之为“固定分”；

b——代表原料成本占合同价的百分比；

c——代表人工成本占合同价的百分比。

(6) 工程合同价款中综合单价的调整。当工程量清单项目工程量的变化幅度在 10%以内时，其综合单价不作调整，执行原有综合单价。

当工程量清单项目工程量的变化幅度在 10%以外，且其影响分部分项工程费超过 0.1%时，其综合单价以及对应的措施费(如有)均应作调整。调整的方法是由承包人对增加的工程量或减少后剩余工程量提出新的综合单价和措施项目费，经发包人确认后调整。

2) 工程价款动态结算的程序

(1) 调整因素确定后 14 天内，由受益方向对方递交调整工程价款报告。受益方在 14 天内未递交调整工程价款报告的，视为不调整工程价款。

(2) 收到调整工程价款报告的一方应在收到之日起 14 天内予以确认或提出协商意见，如在 14 天内未作确认也未提出协商意见时，视为调整工程价款报告已被确认。

经发、承包双方确定调整的工程价款，作为追加(减)合同价款，与工程进度款同期支付。

9.5 建设项目竣工阶段工程造价确定与管理

9.5.1 概述

1．建设项目竣工验收及其工程造价管理

1) 建设项目竣工验收的概念

建设单位、施工单位、设计单位、其他有关部门以及项目验收委员会等，以项目批准的设计任务书和设计文件、国家或部门颁发的施工验收规范和质量检验标准为依据，按照一定的程序和手续，在项目建成并试生产合格后，对工程项目总体进行检验和认证，综合评价和鉴定的过程。

2) 建设项目竣工验收的条件

(1) 完成建设工程设计和合同约定的各项内容。

(2) 有完整的技术档案和施工管理资料。

(3) 有工程使用的主要建筑材料、建筑构配件和设备的进场试验报告。

(4) 有勘察、设计、施工、工程监理等单位分别签署的质量合格文件。

(5) 由施工单位签署的工程保修书。

3) 建设项目竣工验收的作用

(1) 全面考核建设成果，检查设计、工程质量是否符合要求，确保项目按设计要求的各项技术经济指标正常使用。

(2) 通过竣工验收办理固定资产使用手续，可以总结工程建设经验，为提高建设项目的经济效益和管理水平提供重要依据。

(3) 建设项目竣工验收是项目实施阶段的最后一个程序，是建设成果转入生产使用的标志，是审查投资使用是否合理的重要环节。

(4) 建设项目建成投产交付使用后，能否取得良好的宏观效益，需要经过国家权威管理部门按照技术规范、技术标准组织验收确认，因此，竣工验收是建设项目转入投产使用的必要环节。

4) 建设项目竣工阶段工程造价管理

在竣工验收阶段，从工程造价的管理角度来看，主要是工程竣工结算及竣工决算的办理与计算。在竣工验收阶段，无论是与施工企业的结算，还是业主自身的最终决算，都要及时办理，否则，将会影响竣工验收及交付使用，这对是否能够发挥投资的经济效益影响非常重大。

2. 建设项目竣工验收的内容

不同的建设项目，其竣工验收的内容不完全相同，一般包括工程资料验收和工程内容验收两部分，具体内容如图 9-18 所示。

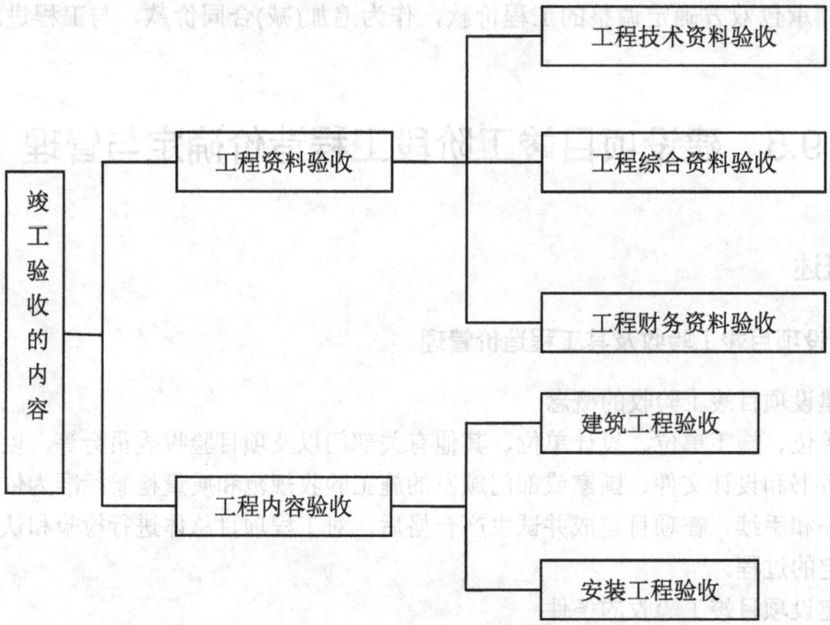

图 9-18 竣工验收的内容

3. 建设项目竣工验收的程序

建设项目全部建成，经过各单项工程的验收符合设计的要求，并具备竣工图表、竣工决算、工程总结等必要文件资料，由建设项目主管部门或发包人向负责验收的单位提出竣工验收申请报告，按程序验收。工程验收报告应经项目经理和承包人有关负责人审核签字。建设项目竣工验收程序如图 9-19 所示。

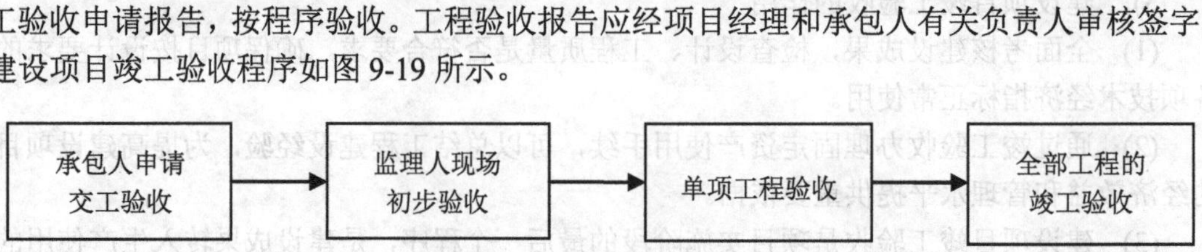

图 9-19 竣工验收的程序

4．《建设工程施工合同(示范文本)》中关于拒绝接收、移交、接收全部与部分工程的相关规定

1) 拒绝接收全部或部分工程

对于竣工验收不合格的工程，承包人完成整改后，应当重新进行竣工验收，经重新组织验收仍不合格且无法采取措施补救的，发包人可以拒绝接收不合格工程，因不合格工程导致其他工程不能正常使用的，承包人应采取措施确保相关工程的正常使用，由此增加的费用和(或)延误的工期由承包人承担。

2) 移交、接收全部与部分工程

除专用合同条款另有约定外，合同当事人应当在颁发工程接收证书后 7 天内完成工程的移交。

发包人无正当理由不接收工程的，发包人自应当接收工程之日起，承担工程照管、成品保护、保管等与工程有关的各项费用，合同当事人可以在专用合同条款中另行约定发包人逾期接收工程的违约责任。

承包人无正当理由不移交工程的，承包人应承担工程照管、成品保护、保管等与工程有关的各项费用，合同当事人可以在专用合同条款中另行约定承包人无正当理由不移交工程的违约责任。

9.5.2 竣工决算

1．竣工决算概述

1) 竣工决算的概念

建设项目竣工决算是指在建设项目竣工后，建设单位按照国家的有关规定对新建、改建及扩建的工程建设项目编制的从筹建到竣工投产的全过程的全部实际支出费用的竣工决算报告。

2) 竣工决算的作用

(1) 建设项目竣工决算是综合、全面反映竣工项目建设成果及财务情况的总结性文件。

(2) 建设项目竣工决算是办理交付使用资产的依据。

(3) 通过竣工决算，可以全面清理基本建设财务，做到工完账清，便于及时总结经验、积累各项技术经济资料、考核和分析投资效果、提高工程建设的管理水平和投资效果。

(4) 通过竣工决算，有利于进行设计概算、施工图预算和竣工决算的对比，考核实际投资效果。

3) 竣工结算与竣工决算的区别

(1) 编制单位不同。竣工结算是由施工单位编制的，而竣工决算是由建设单位编制的。

(2) 编制范围不同。竣工结算主要是针对单位工程，而竣工决算主要是针对建设项目编制的。

(3) 编制作用不同。竣工结算是建设单位与施工单位结算工程价款的依据，是施工单位核算其工程成本、考核其生产成果、确定经营活动最终收入的依据，是建设单位编制建设项目竣工决算的依据；竣工决算是建设单位考核投资效果、正确确定固定资产价值和正确核定新增固定资产价值的依据。

2. 竣工决算的组成内容

竣工决算的内容包括竣工财务决算说明书、竣工财务决算报表、建设工程竣工图和工程造价对比分析四部分，前两部分称为项目竣工财务决算，是正确核定项目资产价值、反映竣工项目建设成果的文件，是办理资产移交和产权登记的依据，是竣工决算的核心内容和重要组成部分。

1) 竣工财务决算说明书

竣工财务决算说明书主要反映竣工工程建设成果和经验，是对竣工决算报表进行分析和补充说明的文件，是全面考核分析工程投资与造价的书面总结，其内容主要包括以下几方面。

(1) 建设项目概况。一般从进度、质量、安全和造价四个方面进行分析说明。进度方面主要说明开工和竣工时间，对照合理工期和要求工期，分析是提前还是延期；质量方面主要说明竣工验收委员会或相当一级的质量监督部门的验收评定等级、合格率和优良品率；安全方面主要根据劳动工资和施工部门的记录，对有无设备和人身事故进行说明；造价方面主要对照概算造价，说明节约还是超支，用金额和百分率进行分析说明。

(2) 资金来源及运用等财务分析。它主要包括工程价款结算、会计账务的处理、财产物资情况及债权债务的清偿情况。

(3) 基本建设收入、投资包干结余、竣工结余资金的上交分配情况。通过对基本建设投资包干情况的分析，说明投资包干数、实际支用数和节约额、投资包干节余的有机构成和包干结余的分配情况。

(4) 投资效果简要分析。例如，各项经济技术指标分析包括：概算执行情况分析，即根据实际投资完成额与概算进行对比分析；新增生产能力效益分析包括支付使用财产占总投资的比例说明分析，固定资产的造价占投资总额的比例是否增加，有机构成和成果分析三项。

(5) 待解决的问题。工程建设的经验及项目管理和财务管理以及竣工财务决算中有待解决的问题。

(6) 其他需要说明的事项。

2) 竣工财务决算报表

建设项目竣工财务决算报表要根据大、中型建设项目和小型建设项目分别制定。大、中型建设项目竣工财务决算报表包括：建设项目竣工财务决算审批表，大、中型建设项目交付使用资产总表等。小型建设项目竣工财务决算报表包括：建设项目竣工财务决算审批表，竣工财务决算总表，建设项目交付使用资产明细表等。

(1) 项目竣工财务决算审批表。该表作为竣工决算上报有关部门审批时使用，其格式是按照中央级小型项目审批要求设计的，地方级项目可按审批要求做适当的修改。

(2) 大、中型建设项目竣工工程概况表。该表综合反映大、中型建设项目的基本概况，为全面考核和分析投资效果提供依据。

(3) 大、中型建设项目竣工财务决算表。该表反映竣工的大、中型建设项目从开工到竣工为止全部资金来源和资金运用的情况，它是考核和分析投资结果，落实结余资金，并作为报告上级核销基建支出和基建拨款的依据。在编制该表前，应先编制出项目竣工年度财务决算，根据编制出的竣工年度财务决算和历年财务决算编制该项目的竣工财务决算。

此表采用平衡表形式，即资金来源合计等于资金支出合计。

(4) 大、中型建设项目交付使用资产总表。该表反映建设项目建成后新增固定资产、流动资产、无形资产和递延资产的情况和价值，作为财产交接、检查投资计划完成情况和分析投资效果的依据。小型建设项目不编制“交付使用资产总表”，而直接编制“交付使用资产明细表”；大、中型项目在编制“交付使用资产总表”的同时，还需编制“交付使用资产明细表”。

(5) 建设项目交付使用资产明细表。该表反映交付使用的固定资产、流动资产、无形资产和递延资产及其价值的明细情况，是办理资产交接和接收单位登记资产账目的依据，是使用单位建立资产明细账和登记新增资产价值的依据。大、中型和小型建设项目均需编制此表。编制时要做到齐全完整、数字准确，各栏目价值应与会计账目中相应科目的数据保持一致。

(6) 小型建设项目竣工财务决算报表。由于小型建设项目内容比较简单，具体编制时可参照大、中型建设项目竣工工程概况指标和大、中型建设项目竣工财务决算指标口径填写。

3) 建设工程竣工图

建设工程竣工图是真实地记录各种地上、地下建筑物、构筑物等情况的技术文件，是工程进行交工验收、维护改建和扩建的依据，是国家的重要技术档案。各项新建、扩建、改建的基本建设工程，特别是基础、地下建筑、管道线、结构、井巷、桥梁、隧道、港口、水坝以及设备安装等隐蔽部位，都要编制竣工图。为了确保竣工图质量，必须在施工过程中(不能在竣工后)及时做好隐蔽工程检查记录，整理好设计变更文件。其具体要求如下。

(1) 凡按图竣工没有变动的，由施工单位(包括总包和分包工程施工单位)在原施工图上加盖“竣工图”标志后，即作为竣工图。

(2) 凡在施工过程中，虽有一般性设计变更，但能将原施工图加以修改补充作为竣工图的，可不重新绘制，由施工单位负责在原施工图(必须是新蓝图)上注明修改部分，并附以设计变更通知单和施工说明，加盖“竣工图”标志后，作为竣工图。

(3) 凡结构形式改变、施工工艺改变、平面布置改变、项目改变以及有其他重大改变，不宜再在原施工图上修改、补充时，应重新绘制改变后的竣工图。由原设计原因造成的，由设计单位负责重新绘制；由施工原因造成的，由施工单位负责重新绘图；由其他原因造成的，由建设单位自行绘制或委托设计单位绘制。施工单位负责在新图上加盖“竣工图”标志，并附以有关记录和说明，作为竣工图。

(4) 为了满足竣工验收和竣工决算的需要，还应绘制反映竣工工程全部内容的工程设计平面示意图。

4) 工程造价对比分析

在分析时，可先对比整个项目的总概算，然后将建筑安装工程费、设备工器具购置费和其他工程费逐一与竣工决算表中所提供的实际数据和相关资料及批准的概算、预算指标、实际的工程造价进行对比分析，以确定竣工项目总造价是节约还是超支，并在对比的基础上，总结先进经验，找出节约和超支的内容和原因，提出改进措施。在实际工作中，应主要分析以下内容。

(1) 主要实物工程量。对于实物工程量出入比较大的情况，必须查明原因。

(2) 主要材料消耗量。考核主要材料消耗量，要按照竣工决算表中所列明的三大材料超过概算的消耗量，查明是在工程的哪个环节超出量最大，再进一步查明超耗的原因。

(3) 主要材料、机械台班、人工的单价。主要材料及人工的单价对工程造价影响较大。

3．竣工决算的编制

1) 竣工决算的编制依据

(1) 可行性研究报告、投资估算书、初步设计(或扩大初步设计)、设计总概算或修正总概算及其批复文件等。

(2) 设计变更文件、施工记录、施工签证单及其他施工发生的费用记录文件。

(3) 经批准的施工图纸、工程标底、承包合同价、工程结算等经济文件资料。

(4) 各年度基建计划、本年度财务决算及批复文件。

(5) 批准的开工报告、项目竣工平面图及各种竣工验收资料。

(6) 施工合同、投资包干合同，其他监理及造价咨询等合同(或协议)资料。

(7) 设备、材料价格签证或定价合同，以及调价文件和调价记录。

(8) 其他有关资料。

2) 竣工决算的编制要求

为了正确核定新增固定资产价值，考核分析投资效果，建立健全经济责任制，所有新建、扩建和改建等建设项目竣工后，都应及时、完整、正确地编制好竣工决算。建设单位要做好以下工作。

(1) 按照规定组织竣工验收，保证竣工决算的及时性。

(2) 积累、整理竣工项目资料，保证竣工决算的完整性。

(3) 清理、核对各项账目，保证竣工决算的正确性。

9.5.3 保修金的处理

1．保修的概念、范围、最低保修期限及操作程序

1) 建设工程保修及项目保修

建设工程保修是指建设工程在办理交工验收手续后，在规定的保修期限内(按合同相关保修期的规定)，因勘察设计、施工、材料等原因造成的缺陷，应由责任单位负责维修。

项目保修是指工程竣工验收交付使用后，在一定期限内由施工单位到建设单位或用户进行回访，对于工程发生的，确实是由于施工单位施工责任造成的建筑物使用功能不良或无法使用的问题，由施工单位负责修理，直到达到正常使用的标准。

2) 工程质量的保修范围和最低保修期限

(1) 工程质量的保修范围。发、承包双方在工程质量保修书中约定的建设工程的保修范围包括：地基基础工程、主体结构工程，屋面防水工程、有防水要求的卫生间、房间和外墙面的防渗漏，供热与供冷系统，电气管线、给排水管道、设备安装和装修工程，以及双方约定的其他项目。具体的保修内容，双方在工程质量保修书中约定。

(2) 最低保修期限。

① 基础设施工程、房屋建筑的地基基础工程和主体结构工程，为设计文件规定的该

工程的合理使用年限。

② 屋面防水工程、有防水要求的卫生间、房间和外墙面的防渗漏为 5 年。

③ 供热与供冷系统为 2 个采暖期和供冷期。

④ 电气管线、给排水管道、设备安装和装修工程为 2 年。

⑤ 其他项目的保修期限由发、承包双方在合同中规定。建设工程的保修期自竣工验收合格之日算起。

3) 保修的操作程序

保修的操作程序具体如图 9-20 所示。

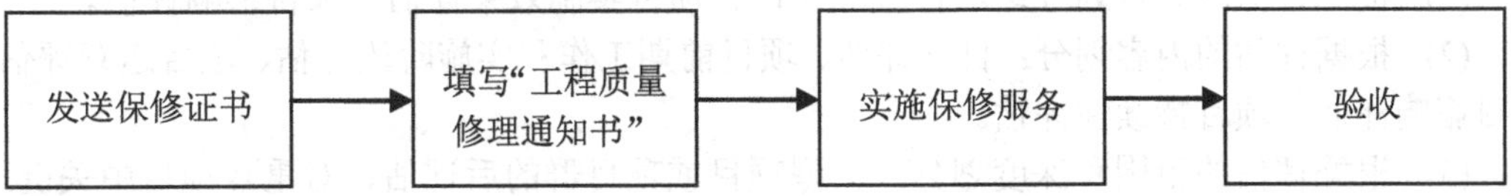

图 9-20 保修的操作程序

2. 保修金的概念及其处理

1) 保修金的概念

保修金是指对保修期间和保修范围内所发生的维修、返工等各项费用支出。保修金按合同和有关规定合理确定和控制。保修金一般可按照建筑安装工程造价的确定程序和方法计算，也可按照建筑安装工程造价或承包工程合同价的一定比例计算。

2) 保修金的处理

(1) 由于勘查、设计方面的原因造成的质量缺陷，由勘查、设计单位承担经济责任；由施工单位负责维修或处理，勘查、设计单位继续完成勘查、设计工作，减收或免收勘查、设计费并赔偿损失。

(2) 承包单位未按国家的有关规范、标准和设计要求施工，造成的质量缺陷，由承包单位负责返修并承担经济责任。

(3) 由于建筑材料、设备及构配件质量不合格引起的质量缺陷，谁采购谁承担相应经济责任。至于施工单位、建设单位与材料、设备及构配件供应单位或部门之间的经济责任，按材料、设备及构配件的采购供应合同处理。

(4) 因使用单位使用不当造成的损坏问题，由使用单位自行负责处理。

(5) 因地震、洪水、台风等不可抗拒的自然原因造成的损坏问题，施工、设计单位不承担经济责任，由建设单位负责处理。

(6) 其他保修问题及涉外工程保修问题，除参照上述办法进行处理外，还可以通过合同条款约定执行。

9.5.4 建设项目后评估

1. 建设项目后评估概述

1) 建设项目后评估的概念及意义

建设项目后评估是指在项目建成投产或投入使用后的一定时刻，对项目的运行进行全面的评价，即对投资项目的实际费用和效益进行系统的分析评价，将项目决策时的预期效果与项目实施后的终期实际效果进行全面对比考核，对建设项目投资的经济、技术、社会及环保等方面的效益与影响进行全面科学的评估，以检验项目的前评估理论和方法是否合理、决策是否科学，从中总结经验，吸取教训，及时反馈到新的决策中去，为今后同类项目的评估和决策提供分析依据，从而提高可行性研究及项目决策的科学性，保证项目投资效益的实现。

2) 建设项目后评估的种类

从不同的角度出发，建设项目后评价可分为不同的种类。

(1) 根据评估的时点划分：项目跟踪评估、项目实施效果评估、项目影响评估。

(2) 根据评估的内容划分：目标评估、项目前期工作和实施阶段评估、项目运营评估、项目影响评估、项目持续性评估。

(3) 根据评估的范围和深度划分：大型项目或项目群的后评估、对重点项目中关键工程运行过程的追踪评估、对同类项目运行结果的对比分析、行业性的后评估。

(4) 根据评估的主体划分：项目自评估、行业或地方项目后评估、独立后评估。

2. 建设项目后评估的内容、程序及方法

1) 建设项目后评估的内容

建设项目后评估的内容包括：目标评估、执行情况评估、成本效益评估、影响评估、持续性评估。

2) 建设项目后评估的程序

建设项目后评估的程序如图 9-21 所示。

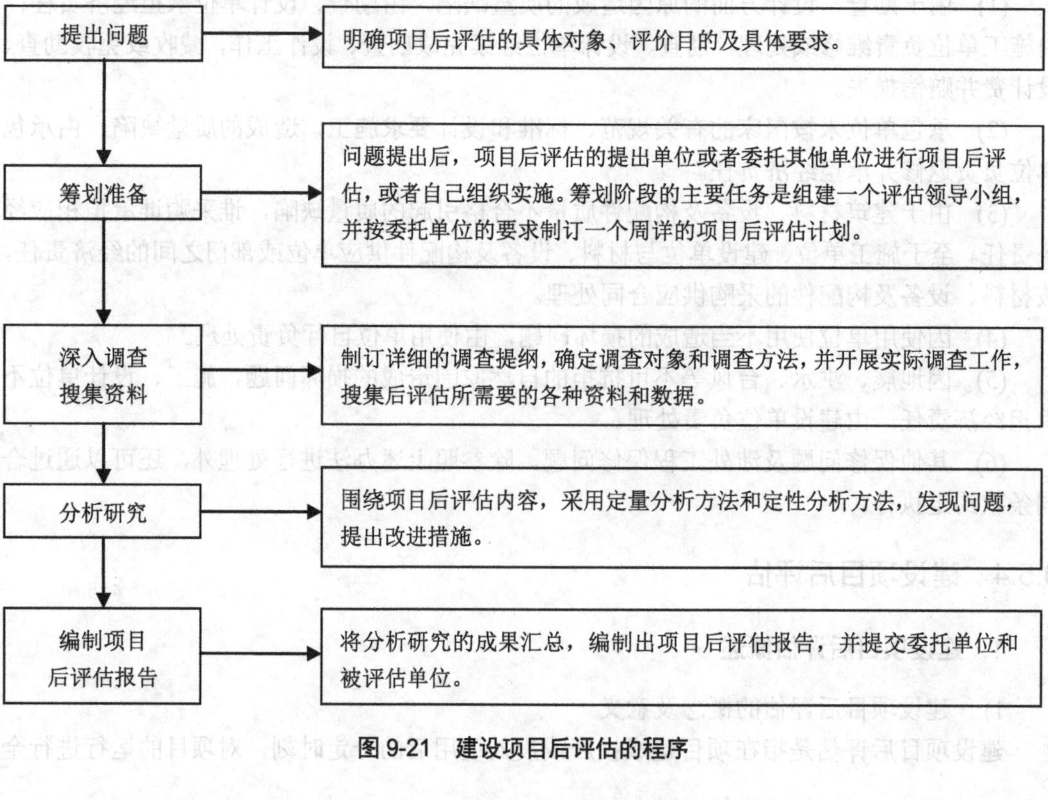
提出问题
明确项目后评估的具体对象、评价目的及具体要求。
筹划准备
问题提出后，项目后评估的提出单位或者委托其他单位进行项目后评估，或者自己组织实施。筹划阶段的主要任务是组建一个评估领导小组，并按委托单位的要求制订一个周详的项目后评估计划。
深入调查
搜集资料
制订详细的调查提纲，确定调查对象和调查方法，并开展实际调查工作，搜集后评估所需要的各种资料和数据。
分析研究
围绕项目后评估内容，采用定量分析方法和定性分析方法，发现问题，提出改进措施。
编制项目
后评估报告
将分析研究的成果汇总，编制出项目后评估报告，并提交委托单位和被评估单位。

图 9-21 建设项目后评估的程序

3)　建设项目后评估的方法

建设项目后评估中，通常是设置一些具体的指标，如项目前期和实施阶段的后评估指标、项目营运阶段的后评估指标，通过对这些具体指标的计算和对比，求出项目实际运行情况与预计情况的偏差和偏离程度，对其进行分析，采用具有针对性的解决方案，保证项目的正常运营。

3. 项目后评估指标的计算

1)　项目前期和实施阶段后评估指标

项目前期和实施阶段后评估指标包括：实际项目决策(设计)周期变化率、竣工项目定额工期率、实际建设成本变化率、实际工程合格(优良)品率、实际投资总额变化率。

2)　项目营运阶段后评估指标

项目营运阶段后评估指标包括：实际单位生产能力投资、实际达产年限变化率、主要产品价格(成本)变化率、实际销售利润变化率、实际投资利润(利税)率、实际投资利润(利税)变化率、实际净现值、实际内部收益率、实际投资回收期、实际借款偿还期。

本 章 小 结

工程造价人员的工作范围可覆盖工程建设全过程。工程建设全过程造价管理可分为决策、设计、发承包、施工和竣工等阶段，工程造价人员应掌握工程建设全过程造价管理的内容和方法。

全过程造价管理是指覆盖建设工程策划决策及建设实施各阶段的造价管理。它包括：策划决策阶段的项目策划、投资估算、项目经济评价、项目融资方案分析；设计阶段的限额设计、方案比选、概预算编制；招投标阶段的标段划分、发承包模式及合同形式的选择、招标控制价或标底编制；施工阶段的工程计量与结算工程变更控制、索赔管理；竣工验收阶段的结算与决算等。

习　　题

一、单项选择题

1. 确定建设规模需要考虑的首要因素是(　　)。
   A. 建设规模方案比选　　B. 市场因素
   C. 环境因素　　D. 技术因素
2. 下列选项中，不是决策阶段影响工程造价的因素是(　　)。
   A. 建设规模和厂址　　B. 技术方案和工程方案
   C. 试验方案和操作方案　　D. 工程方案和环境保护措施
3. 下列选项中，对于可行性研究阶段划分错误的是(　　)。
   A. 前期准备　　B. 初步可行性研究
   C. 详细可行性研究　　D. 后评价

4. 下列选项中，不属于项目建议书的内容的是(　　)。

A. 产品方案、拟建规模的初步设想　B. 项目进度安排

C. 建厂条件和厂址方案　D. 经济效益和社会效益的初步估计

5. 下列选项中，不是影响投资估算精度的因素的是(　　)。

A. 价格变化　B. 工程结算

C. 现场施工条件　D. 项目特征的变化

6. 确定建设项目的总概算是(　　)的工作内容之一。

A. 投资决策阶段　B. 可行性研究报告

C. 设计阶段　D. 建设准备阶段

7. 决定承包商能否中标的关键因素是(　　)。

A. 标书　B. 评标条件　C. 招标公告　D. 招标邀请书

8. 招标单位在评标委员会中人员不得超过1/3，其他人员应来自(　　)。

A. 招标单位的董事会　B. 上级行政主管部门

C. 省、市政府部门提供的专家名册　D. 参与竞标的投标人

9. 以下不属于工程变更范围的选项是(　　)。

A. 调减合同中规定的工程量　B. 调整地方工程管理的相关法规

C. 更改工程有关部位的标高　D. 改变有关施工时间和顺序

10. 下列关于工程量偏差引起合同价款调整的叙述，正确的是(　　)。

A. 实际工程量比招标工程量清单减少15%时，应相应调高综合单价

B. 实际工程量比招标工程量清单减少15%，且引起措施项目变化时，若措施项目按系数计价，则应相应调低措施项目费

C. 实际工程量超过招标工程量清单的15%时，应相应调低综合单价，调低措施项目费

D. 实际工程量比招标工程量清单增加10%，且引起措施项目变化时，若措施项目按系数计价，则应相应调高措施项目费

11. 根据《标准施工招标文件》中合同条款的规定，承包人可以索赔工期的是(　　)。

A. 施工过程中发现文物

B. 发包人要求向承包人提前交付工程设备

C. 政策变化引起的价格调整

D. 发包人原因导致的工程缺陷和损失

12. 某项工程合同价款为1 000万元，约定预付备料款为25%，主要材料占工程价款的60%。在未施工工程需要的主要材料及构配件价值相当于备料款时开始扣回预付备料款。该工程备料款为(　　)。

A. 350万元　B. 850万元　C. 600万元　D. 250万元

13. 根据国家现行规定，下列关于建设项目竣工验收的表述正确的是(　　)。

A. 无论规模大小，建设项目完工后均应进行初验，然后进行正式验收

B. 建设项目竣工图应由施工单位绘制并加盖“竣工图”标志

C. 由项目主管部门或建设单位向负责验收的单位提出竣工验收申请报告

D. 施工单位必须及时编制竣工决算，分析投资计划执行情况

14. 根据《建设工程质量管理条例》的有关规定，电气管线、给水排水管道、设备安装和装修工程的保期为(　　)。

A. 2 年　　B. 5 年

C. 合同约定的年限　　D. 双方协议约定的年限

15. 缺陷责任期从(　　)之日起计算。

A. 工程交付使用　　B. 工程竣工验收合格

C. 提交竣工验收报告　　D. 应付工程价款

二、计算题

1. 已知建设一座日产 15t 某绿色建筑材料装置的投资额为 2 450 万元，试估算建设一座日产 40t 该材料设备的投资额，已知综合调整系数为 1.06，且拟建项目生产规模的扩大仅靠增大设备规模来达到。

2. 某办公楼项目的建设有四个备选设计方案，经专家打分，得到方案 A、B、C、D 的功能加权得分分别为 8.900 分、9.275 分、9.125 分、9.275 分，经造价管理人员测算，方案 A、B、C、D 的单方造价分别为 1 420 元、1 250 元、1 190 元、1 360 元，试为投资方选择最佳设计方案。

3. 某工程合同总额为 350 万元，工程备料款为 25 万元，主要材料、构件所占比重为 60%，试计算起扣点。

4. 某建筑工程承包合同总额为 650 万元，主要材料及构件金额占合同总额的 62.5%，预付备料款额度为 25%，工程备料款扣款的方法是以未施工工程尚需的主要材料及构件的价值相当于工程备料款数额时起扣，从每次中间结算工程价款中，按材料及构件比重抵扣工程价款。保留金为合同总额的 5%。2021 年上半年各月实际完成合同价值如下表所示，请问如何按月结算工程款？

2021 年上半年各月实际完成合同价值

月份	2 月	3 月	4 月	5 月
完成合同价值(万元)	110	160	180	200

参 考 文 献

[1] 全国造价工程师执业资格考试培训教材编审委员会．建设工程造价管理[M]．北京：中国计划出版社，2019．

[2] 全国造价工程师执业资格考试培训教材编审委员会．建设工程技术与计量[M]．北京：中国计划出版社，2019．

[3] 全国造价工程师执业资格考试培训教材编审委员会．建设工程计价[M]．北京：中国计划出版社，2019．

[4] 全国造价工程师执业资格考试培训教材编审委员会．建设工程造价案例分析[M]．北京：中国计划出版社，2019．

[5] 谭大璐．工程估价[M]．4版．北京：中国建筑工业出版社，2018．

[6] 李建峰，等．工程造价管理[M]．北京：机械工业出版社，2021．